アフリカ可能性を生きる農民

African farmers who live on possibilities

環境―国家―村の比較生態研究

島田周平［著］

京都大学学術出版会

はしがき

　私にとって初めてのアフリカはナイジェリアであった．1974年10月，私は北部ナイジェリアにある古都カノの国際空港に降り立った．この時の調査期間はわずか1ヶ月と短かいものであったが，北部，東部，西部と一筆書きにナイジェリア全土をまわった[1]．

　ビアフラ戦争が終わって4年後のことであり，東部ナイジェリアではまだ戦禍の跡が色濃く残っていた．エヌグ近くのヌスカにあるナイジェリア大学のキャンパスには，壊れた戦車が数台放置されていた．国道はいたる所で破壊され，車は森の中に作られた迂回路を土煙をあげて走らなければならなかった．銃弾の痕が生々しい教会や学校の白壁が，生い茂る草木の中で空を突いていた．一方，戦禍の無かった北部や西部では，戦争が終った安堵感と原油価格の急騰で経済が好転するだろうという期待感があふれ，人々に明るさが感じられた．

　2度目(1977年10月)のアフリカも行き先はナイジェリアであった．西部ナイジェリアにあるイバダン大学に2年間滞在し，ナイジェリアの農業について研究しようと考えていた．この時のナイジェリアはオイル・ブームの真っ只中にあった．首都ラゴスとイバダンを結ぶ高速道路が建設中で，イバダンの町中でもビル建設や道路工事が盛んであった．大学のキャンパスでは，週末ともなればスタッフ・クォーター(教職員住宅地区)のあちこちで夜遅くまでダンス・パーティが開かれていた．イバダン郊外のココア

---

1) 北部ナイジェリアでは大学都市ザリアにあるアハマド・ベロ大学，北部の高原都市ジョスにあるジョス大学を訪問した．東部ナイジェリアでは中心都市エヌグとヌスカにあるナイジェリア大学を訪問し，西部ナイジェリアでは西部の中心都市イバダンにあるイバダン大学とナイジェリア社会経済研究所，さらにそこから約100km東にある古都イフェのイフェ大学も訪問した．この旅行の結果，ナイジェリアでの長期滞在の基地をイバダン大学にすることを決めた．

栽培の農村では，農民たちが村のバーでビールを飲んでいた．イバダンから遠く離れた田舎の村でも，出稼ぎ先から隠居のため帰ってきた老人たちが，冷蔵庫で冷えたビールを楽しんでいた．

ビアフラ戦争の終焉からくる開放感とオイル・ブームの高揚感が織り交ぜになったナイジェリアをみていると，ナイジェリアという国家の存在を強く意識せざるをえなかった．当時アフリカにおける国家の虚構性に関する議論が盛んであったが，それは近代国家論に偏りすぎたものであったと思う．ナイジェリアが近代国家であるかどうかは議論のあるところであろうが，その国境線の内部で「国家のあり方」をめぐって戦争を闘い，その後のオイル・ブームで国民経済が沸き立っていたことは紛れもない事実であった．オイル・マネーは，私が調査していた周辺部の農村にもさまざまな影響を与えていた．この経験が，たとえ農村調査であろうとも，国家や国民経済の枠組みに対する配慮のない調査は不完全であるという意識を私に植え付けた．

アフリカの農業研究や農村研究においては，独立後の政治や国民経済の影響はもとより，植民地支配の歴史をも踏まえなくてはならないことを実感させられたのは，ナイジェリアを出て西アフリカの旧仏領や東アフリカ諸国へ旅した時である．そしてそれは，私のアフリカ観の修正の旅ともなった．それまで，私にとってのアフリカとは，1970年代のナイジェリアであった．しかし，そのナイジェリアがアフリカの中ではむしろ特異な政治体制（連邦制）をとり，経済規模もその構造も特別なものであることをこれらの旅で実感することができたのである．この2つの旅でアフリカの多様性を学ぶとともに，少しずつナイジェリアを相対化してみることができるようになったといえる．

1979年1月，私は初めてナイジェリアを出て，ガーナ，コート・ジボワール，セネガルを訪問し，旧英領と旧仏領の違いを直接体験することになった．旧仏領のコート・ジボワールとセネガルでは，銀行やホテルの管理職らしいポストにごく普通にフランス人が働いていた．地方の町に出かけてもフランスパンを焼くベーカリーがあり，フランス人が経営するフランス

料理店があった．まさに「フランスの香り」が漂っていた．ナイジェリアでは町の商店や銀行でイギリス人が働く姿を見ることはほとんどなかった．西アフリカの最高学府を自負していたイバダン大学では，客員身分の外国人教師は少しはいたものの，副学長はもとより学部長，研究科長にいたるまでほとんどナイジェリア人の教授が占めていた．

　そして1983年8月，東アフリカのケニアと南部アフリカのジンバブウェを訪ねた時，今度は入植地型植民地のその後を実感することになった．その実感は，正直に告白すればナイロビの空港に降りたった瞬間に私を包み込んだ「感じ」であったといえる．暑く湿った甘酸っぱい臭いのラゴスからナイロビに直行した私は，真夏の東京を出て信州の高原の空気に触れた時の爽やかさを飛行機のハッチが開いてすぐに感じた．その冷涼で爽やかな空気は，この地が白人入植者の土地であることを即座に納得させるに充分であった．ナイロビやハラレの町でみる人々の動きやホテルのレセプションの応対ぶりも，ヨーロッパ人の存在を意識させるもので，アフリカにあって「ヨーロッパの薫り」を感じさせるものであった．

　ケニアとジンバブウェで感じたこの植民支配の影響に対する驚きは，はじめて旧仏領を訪ねた時の驚きよりも強烈なものであった．それは私の心の中に，「これはアフリカではない」という軽い拒否反応を引き起こすほどであった．しかし，ケニアやジンバブウェの農村部に出かけアフリカ人の農業をみるうちに，栽培作物や耕作方法に違いはみられるものの，農村で会う農民たちには共通する何かがあるように感じられ，私の拒否反応も次第に薄れていった．

　その共通するものとは何なのか，それをどのように捉えれば良いのか今も私にはよく分からない．植民地支配の違いによる国家の多様性，さらには独立後の政治と国民経済の多様な変化にもかかわらず，国をまたいで農村で私が感じる共通性とは何なのか，それをどのように理解すべきなのか長い間課題となっていたのである．

　このような想いから，いつかはナイジェリア以外のアフリカのどこかで農村調査を行ってみたいと思っていた．それによって，自然環境はもとよ

り歴史性や現代政治の力学，経済環境も異なる農村地域の中で，農民たちがどのように多様な生活を営み，その多様性の中に，差異性を突き抜けたどのような共通性を持っているのか，考えてみたいと思っていた．本書は，ザンビアでの調査が 10 年を過ぎたところで過去のナイジェリアの調査結果と比較検討することによって，両者の差異性と共通性を見比べつつこの課題に一定の答えを出せないかと試みたものである．

ところで，タイトルにある「可能性に生きる農民」は，アフリカ農業とアフリカ農民像をめぐって存在する大きく異なる 2 つの見方を繋ぐ適切な言葉を探している中で見つけたタイトルであって，ハーシュマンのいう「ポシビリズム：可能性追求主義」[2] からヒントを得てつけたものではない．

アフリカ農業とアフリカ農民像をめぐって存在する大きく異なる 2 つの見方については本文で明らかにするのでここでは述べないが，アフリカの農業生産を，技術的・制度的に「遅れた」農業であるという見方と，アフリカの農業が長期的にみて総じて環境適合的で持続的であると評価する見方にみられる相違のことを指している．それはマクロな食糧生産のデーターで描かれる悲観的なアフリカ農業観と，ミクロな観察で明らかにされる農民たちの豊かな環境認知能力と巧みな自然資源利用の評価の違い，といってもよいであろう．

アフリカ農業とアフリカ農民像にみられるこのような 2 つの見方の乖離は，どちらか一方が決定的に間違っていることが原因で起きている訳ではなさそうである．いま我々が問わなければならないのは，両方がともに一面の真理を含むと仮定して，それをどのように整合的に理解するかということではなかろうか．

本書で試みたナイジェリアとザンビアの 2 つの村の比較研究が，アフリカの農業と農民像の統一的理解の 1 里塚になれば幸いである．また，ミクロな農村調査の結果を，より広い政治経済的枠組みの中で捉え直し，その

---

2) しかしハーシュマンの主張する，不確定な世界での人間の主体的行動の反復こそが社会の豊かさの根源である，という認識には賛同するところが多い．矢野修一　2004『可能性の政治経済学―ハーシュマン研究序説』法政大学出版局

上でさらに比較検討して共通の特性を見いだそうとする本書の試みが，地域間比較研究の1つの方法論としても有効であることを期待したい．

目　次

はしがき　i

第 I 章　序論

1　マクロな視点とミクロな視点　1

2　地域研究的視点の重要性と留意点　3

3　地域間比較研究の試み　4

4　2つの国における調査環境の違い　6

5　本書の構成　8

第 II 章　分析視点としてのポリティカル・エコロジー論

1　ポリティカル・エコロジー論の系譜　12

2　第三世界ポリティカル・エコロジー論　14

3　ポリティカル・エコロジー論の展開―脆弱性概念の重要性―　17

　(1) 脆弱性論　18

　(2) 回復能力　21

4　脆弱性とエンタイトルメント　23

　(1) センのエンタイトルメント・アプローチ　24

　(2) エンタイトルメント概念の再検討　26

5　不確実性をどう考えるか　30

　(1) リスク研究から不確実性研究へ　31

(2) 対不確実性戦略―アクセス・チャンネルの増大―　32

6　アフリカの農村を開放系の中で考えるということの意味
　　―新しいアフリカ農業研究の可能性を求めて―　34
　(1) 農業生産の相対化　35
　(2) 土地に対する権利の相対化　36
　(3) ブリコラージュ性の理解　37
　(4) 社会資本との関係　38

第III章　植民地時代のナイジェリアの農業政策：換金作物生産重視と食糧生産無視

1　はじめに　40

2　植民地時代の農業政策　42

3　植民地政策の食糧生産への影響　46

第IV章　独立後のナイジェリアの農業政策と食糧生産：オイル・ブームと食糧増産運動

1　食糧生産論の研究動向概観　51

2　1960-1974年の食糧生産と農業政策　55
　(1) 食糧生産の推移　55
　(2) 農業政策　56

3　オイル・ブーム期（1975年-1985年）の食糧生産と農業政策　58
　(1) オイル・ブーム期の農業生産　58
　(2) オイル・ブーム期の農業政策　63

4　1986年以降の食糧生産と農業政策　67
　(1) 1986年以降の農業生産　67

(2) 構造調整政策下の農業政策　67

5　まとめ　70

第 V 章　食糧生産の村で起きていたこと：
　　　　　E 村の人々の出稼ぎ労働

1　E 村の概況　74

2　調査方法　77

3　E 村の人々の労働移動　80

　　(1) 世帯員の移動歴と世帯主の職業　80

　　(2) 1969 年以前の労働力移動　82

　　(3) 1970 年代の労働力移動　87

　　(4) 1980 年代の労働力移動　89

第 VI 章　出稼ぎを支える E 村の農業

1　農業生産地域区分からみた E 村の位置　96

2　栽培作物　98

3　農業の担い手：性別分業と若年労働力　100

　　(1) 性別分業と雇用労働　100

　　(2) 若年労働力　103

4　作付け様式　106

5　農作業　115

6　耕作形態の変化　121

第VII章　E村の青年にみるポリティカル・エコロジー：
　　　　　夢見る青年たちの闘い

1　非農業活動と耕作形態　124

　(1) 若者の求職活動　125

　(2) 農外活動と農作業時間の関係　129

2　E村の労働移動とマクロな政治経済的変動との関連　131

　(1) 経済変動の中の労働移動　131

　(2) 政治の影響　135

3　まとめ　138

第VIII章　ザンビアの農業政策と農業生産の変化：
　　　　　銅依存と経済二重構造

1　ザンビアの経済的特徴—第2次大戦までの植民地支配にみる—　141

2　第2次大戦後から独立まで　146

　(1) ローデシア・ニヤサランド連邦の結成　146

　(2) ローデシア・ニヤサランド連邦からの離脱と独立　149

3　独立直後のザンビア経済と農業（1964-75年まで）　150

　(1) 第1次国家開発計画
　　　（F. N. D. P.: First National Development Plan, 1966-1971）　151

　(2) 第2次国家開発計画
　　　（S. N. D. P.: Second National Development Plan, 1972-1976）　153

4　経済危機と構造調整下の農業生産（1976年以降）　155

　(1) 構造調整計画　155

　(2) 構造調整計画下の農業　158

第IX章　ザンビアの中心部のC村で起きていたこと：民族的多様性とダンボにおける野菜生産

1　はじめに―C村との出会い― 161

2　レンジェの土地　165

　(1) レンジェの歴史とC村の土地　166

　(2) レンジェ人の経済活動　169

3　C村の成り立ちと人々の構成　171

　(1) 人口の増加　171

　(2) 多民族構成の村ができた理由　172

　(3) Kダンボ周辺の多民族構成　174

　(4) 家族と世帯　177

　(5) ジンバブウェ人のC村への定住過程　179

第X章　C村の農業生産とそれを支える社会関係

1　C村の農業　188

　(1) アップランド耕作　189

　(2) ダンボ耕作　192

2　一般畑とダンボ畑の用益権　196

　(1) 一般畑の用益権　197

　(2) ダンボ畑の用益権　200

3　用益権の「安全性」　202

　(1) S家の土地をめぐる確執　202

　(2) 村を出たMo家の事例　205

4　土地を巡る村レベルでの最近の変化　207

第 XI 章　C 村の変容にみるポリティカル・エコロジー：
変わる農村社会と農業生産

1　共同耕作の変化と「過剰な死」の関係　210

　(1) S 家のアップランドにおける共同耕作　210

　(2) S 家の共同耕作の組み替え要因　214

2　孤児養育の問題　217

3　森林破壊　223

　(1) 森林保護区内への移住　223

　(2) MMD 政権の発足と森林破壊　226

4　灌漑農業の導入　229

5　村長職をめぐる争い　232

第 XII 章　変容の中での可能性の追求：
2 つの村からみられた農民の流動性と開放性

1　ナイジェリアとザンビア　236

2　2 つの調査村の各国内での位置　240

3　共通する特性　242

　(1) 高い流動性　243

　(2) 多生業・多就業性―巧みなのか，必死なのか―　244

　(3) 開放系の中で農業・農村をみる―相対化する農業？―　246

　(4) アフリカ農民の「変わり身の速さ」　247

参考文献　250

あとがき　259

索　引　265

第Ⅰ章

序論

1──マクロな視点とミクロな視点

　アフリカの農業について考えた場合，1人当たり食糧生産の減少といったマクロ数字にみられる悲劇的状況と，干魃や政治・経済変動に直面して，相互扶助や出稼ぎ，さらには野生植物の採取，野生動物の狩猟などを通して柔軟に対処している活動的な農民の姿の乖離にとまどうことがある．

　国レベルで問題にされている食糧作物生産がいわゆる主食作物が中心であり，アフリカ農民が口にする食事の一部しか表していないので，1人当たり食糧生産という数字が実際の農民の食卓の事情とはかけ離れている，と説明することは可能である．また，マクロな食糧生産統計自体が信用できないとして，そもそも1人当たり食糧生産の減少という言説自体を信じないということも可能である．穀物のように限られた期間に集中的に収穫されることがなく，必要に応じて収穫されるヤムイモ，キャッサバ，バナナ，プランティン，ココヤムなどの生産量は，計測が難しい．この単純な事実を示しただけで，アフリカ農業の危機という言説の根拠が，疑わしいことが分かる．もしかすると，「1人あたり食糧生産の減少」は作られた言説かもしれないということになる．

このようなマクロにみたアフリカ農業とミクロにみたアフリカ農民の生業としての農業との間の乖離に関しては，最近出版されたサセックス大学の開発学研究所の Bulletin 36-2 の特集号「アフリカ農業の新方向」において，スクーンズ他（Scoones et al. 2005）が少し別の角度から同じことを述べている．すなわち，生産性の伸びがほとんどなく成長が遅く，インフラも貧弱で環境破壊も進んでいるといったアフリカ農業に関する一般的な理解は，しばしば重要な成功の物語を覆い隠してしまっているというのである．すなわちマクロレベルでのアフリカ農業理解が，ミクロレベルでのいくつかの成功例を見ずに無視しているというのである．ここでいう成功例を，私がいう活動的な農民の例に置き換えれば，この特集号の著者たちが感じているマクロとミクロの乖離は私が感じているものと同質のものであることがわかる．

　もっともこの特集号は，アフリカの貧困削減に対する農業の役割を再評価し，新しい農業開発の視点と方法論を模索しようという意図で書かれたものであるので，彼らの関心はマクロな視点から漏れ落ちた成功の物語から，どのような教訓を汲み取るべきかという点に集中している．そこで問題とされているのが，いくつかのミクロレベルでの成功の物語が，ある時期に特定の状況の下で起きた限られた成功例なのか，あるいは他の地域でも再現可能な物語なのかという点である．この問いかけは，ミクロレベルとマクロレベルの間でみられる乖離を打ち破り，両者の間に橋を架ける上で重要なことである．

　もっともこの特集号の編集者たちの意図は，そのようなミクロとマクロの双方から橋桁を延ばして架橋することにあるのではなく，むしろこれまでのマクロレベルのアフリカ農業像に基づく農業開発政策を徹底的に批判し，それに代わってミクロレベルで見つけた成功の物語から将来の新しい農業開発のあり方を探ろうという一方的な試みであるという点にある．すなわち，農業の専門家や世界銀行，国際農業研究諮問グループ（CGIAR: Consultative Group for International Agricultural Research）などが主役となって推進してきた 1960 年代の農業近代化政策，1970 年代の総合農村開発政策，

1970年代末から1980年代初頭にかけての耕作形態研究，そして1980年代から1990年代にかけての構造調整政策等，に取って代わるまったく新しい農業開発の視点と方法論を探ろうというものである．そこにはミクロな視点による発見をマクロな分析に反映するといった融合的な視点などなく，後者と決別して新しい視点を構築しようという意欲が感じられる．

2──地域研究的視点の重要性と留意点

　このような新しい農業開発の視点と方法論には，本書で取りあげているポリティカル・エコロジー論と相通じるところがある．それらは，農業生産を地域の政治的，文化的，歴史的背景，さらには生態的な条件も含めた枠組みの中で捉え直す必要性を強調している．農業の技術的開発や農業開発政策の立案においては，農業経済学や農学を超えて，社会学，政治学，保健学，環境学ほかの新しい専門が包含されるべきことを主張している．このことは，農業をみる場合に，視点を農業生産のみに限ってはいけないことを意味している．1地域の農業が，地理的，農業生態的，歴史的，政治的，文化的な条件と深く結びついているという捉え方は地域研究における農業の捉え方とも極めて近い．筆者が，IDSの特集号の編集者たちの問題意識に共感を覚えるのはこのためである．

　農業を他の要素との関連性の中で捉え直すということ，あるいは敢えて言えば地域研究的手法で農業をみるということには注意すべき点もある．スクーンズたちも自覚しているように，地域研究は地域的特殊性という問題を抱えている．つまり，農業を，地理的，農業生態的，歴史的，政治的，文化的な条件との関わりの中で総合的にみるという方法論の中に，研究を閉鎖的なものにするという危険性が潜んでいるのである．せっかくアフリカの農業研究を農業経済学や農学の枠組みから開放したはずなのに，次に待っていたのは地域研究が持つ別の閉鎖系であったということになりかねない．彼らはこの危険性を避けるために，「1地域の成功の物語が他の地域でも再現可能な物語なのか」という形の問いかけをおこなっている．

私は，アフリカの1地域の農業をみる場合，それを歴史的にも空間的にも繋がりと広がりを持つ開放系の中でみなければならないと考えている．それには，農業を現地において地域研究的手法で詳細に観察し，その後でその結果をより広い時間的・空間的広がりのなかで再検討する必要がある．1地域の農業を閉鎖系の中でみないということは，農村社会が外からのさまざまな働きかけに対して露出していることを意識することであり，同時にそこに住む農民たちも農業に限定されない広い社会的空間に向けた視野をもっていることを常に意識することでもある．

3——地域間比較研究の試み

　本書は筆者がこれまでおこなってきたナイジェリアとザンビアにおける2つの農村調査の結果をもとに取りまとめたものである（I-1図参照）．どちらの研究においても今述べたような視点から，可能な限りミクロな観察結

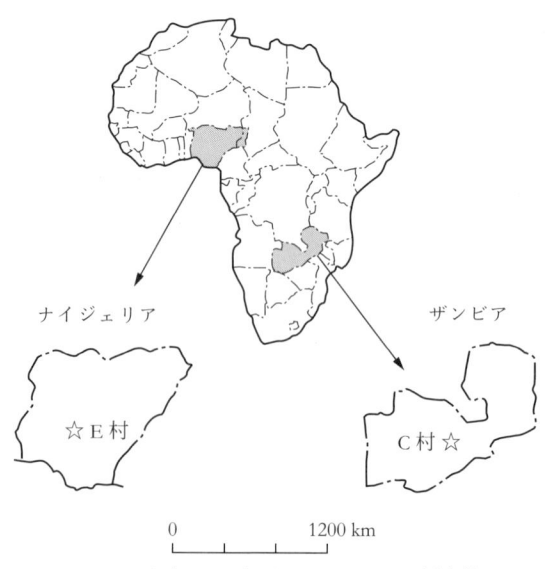

I-1：ナイジェリアとザンビアの二つの調査地

果をより広い時間的・空間的広がりの中で捉えようと努力した．2つの調査は，あまりに調査条件が異なる中でおこなわれたため，調査方法，調査内容に大きな違いがあるばかりか調査年にも約10年のズレがある．しかしその2つの調査結果を，より広い時間的，空間的広がりの中で捉え直すことで，何らかの関連性のあるものとして把握してみたいとずっと考えてきた．それは方法論的には地域間比較研究の試みにも通じるといえる．

　もちろん地域間比較研究が容易ではないことは充分承知している．先にあげた特集号「アフリカ農業の新方向」の場合でも，多くの成功の事例をあげているが，それらはさまざまな背景抜きには語れない成功の物語として提示されているのであり，各物語は筋立てもプロットもすべて異なっていて，それはあたかもオムニバスのようである．この特集号の場合かろうじて編集者が序論で，それらの物語から抽出できる意味を解説してみせてくれているので，各物語の閉鎖性を開放することにある程度は成功している．

　筆者が本書において地域間比較研究の必要性を感じたのは，地域研究の閉鎖性に捕らわれたくないという思いのほかに，自分の心の中に併存する相反する思いを一度整理しておきたいと考えたからでもある．相反する思いとは，「ナイジェリアの農村とザンビアの農村は違う」という思いと「でもよく似ているところもある」という2つの思いである．この相反する思いは，先に述べたミクロな視点とマクロな視点との間の乖離とどこかで繋がっている気がする．絡み合いつつ併存するこの相反する思いを整理して理解するためには，いくつかの方法があると思われる．それを本書では，ポリティカル・エコロジー論的視点，すなわちミクロからマクロに至るさまざまなレベルにおける人間—環境関係を歴史的文脈の中でみる分析視点，に倣っておこなってみようとした．

　ポリティカル・エコロジー論者がよくおこなう，経済のグローバル化の中に取り込まれてゆく過程でみられる農業生産の変化や，国家による土地制度や経済政策による資源利用システムの変容などを，地域の行為者の対応や地域的特殊性に注意を払いつつみるというその分析視点は，地域間比

較のフレームワークとしても有効であると考える．国民経済レベルにおける経済のグローバル化の影響や，国家の土地制度・経済政策の違いは，利用可能な統計数値や開発計画書等があればある程度可能であり，すでに多くの研究書が存在する．このマクロレベルでの比較研究を中間項として，実際に調査で知り得た個別農村レベルの農業の比較研究をおこなうことができないかというのが本書の試みである．そのためには，個別の農村でおこなわれている農業が，その農村を取り囲むより広い政治経済状況とどのような関連性を持っているのかといった点に関し，十分に注意を払う必要がある．2つの農村でみられた事象を，アトム化してその類似点と相違点に着目して直接比較するのではなく，それらの農村を取り巻くより広い空間的・時間的状況との関係性の中で比較しようというわけである．

4──2つの国における調査環境の違い

しかしながら，私がおこなった2つの国における調査は，あまりにも調査の条件が異なっていた．このため，筆者の意気込みにもかかわらず本書は多くの点で欠点を抱えている．その理由の一端をここで明らかにしておきたい．それは，外国で研究する場合に誰もが直面する調査許可をめぐる問題に関することでもあり，このような機会に述べておくのも悪くはないと考えるからである．

ナイジェリアでは国レベルの調査許可制度はなく，調査の環境を整えるための準備が大変であった．しかも軍政下で国家安全局と呼ばれる治安当局の末端役人が，つかず離れず行動を監視している場合もあり，調査に没頭できない状況が常にあった[1]．これに対しザンビアではザンビア大学のローズ・リビングストン研究所（Rhodes-Livingstone Institute for Social Research）[2] における現地調査の伝統があって，現地調査はすこぶるやりやす

---

1) 2度ほど出頭を命じられ取り調べを受けた．調査の目的が分かれば何もその後追求される訳ではなくすぐに解放されるのだが，政府の特務機関に監視されているようで，しばらくは調査をする気が起きなかった．

かった．現在では調査許可制度も整い，国レベルで調査研究に対する理解も進んでいる．このような調査環境の制度的違いが，調査地域の選定，調査項目の選定，そして調査方法の設定にまでさまざまな影響を与えた．

　私は当初，ナイジェリアで農業研究を目指していた．しかし結局，本書で示すように人口移動の調査が主なものとなったのは，次のような理由による．1980年代始めに西部ナイジェリアを中心にミシガン大学の人口移動調査が実施されており，その調査に参加していた友人の地理学者が，筆者が調査したいと思っているクワラ州もこの調査対象地域に入っており，人口移動関係の調査であれば，州政府および地方政府宛に紹介状が出せるといわれたことによる．もちろんその紹介状は調査許可を意味するものではない．すでに人口調査に対する協力依頼がクワラ州に発信してあるので，何かの場合「救いになる」という程度の手紙ということになる．しかしそれでも当時の筆者にとってはこのアドバイスは大きな救いであった．エビラ人の村における人口移動調査はこうして始めることが可能となったのである．最終的には人口移動調査をおこなった村の中の1つの村で後日ささやかながらも農業調査をおこなうことができるようになったのであるが，それは人口移動調査によって培われた，筆者と村の調査協力者との間の個人的関係に負うところが大きい．それが開始できたのは，聞き取り調査を始めてから数年後のことであった．

　一方ザンビアの方は，出かける前からダンボと呼ばれる低湿地帯での農業と環境に興味を持っており，調査申請時からその1点に目的を絞り調査地も選定するという，ナイジェリアでは考えられないような環境の中で調査を開始することができた．自然環境と政治経済的環境の両方を視野に入れた調査をおこないたいと思っていたので，何人かの人に参加をお願いし，はじめから総合的かつ集中的な調査をおこなうことができた．複数人でお

2）この研究所は1966年にザンビア大学の付置研究所となった時にInstitute for Social Researchになり，1970年にCentre for African Studiesと併合されInstitute for African Studiesとなった．その後1996年に，経済社会研究所（Institute of Economic and Social Research）と改称され現在に至っている．

こなう調査は集まる情報量が豊富で多面的であったが，村の人たちには多大な負担をかけることになった．もっとも村人も，聴き手によって違う説明をするので我々の反応を楽しんでいる風もみられた．個人で調査する時には感じられない，人々の奥深い思惑と思慮深い行動に触れることができ，複数で聞き取りをおこなうことの醍醐味を感じることもできた．

このように調査環境が大きく異なり調査方法も調査目的もかなり異なることになったのであるが，アフリカの農業・農村を開放系の中でみたいという思いは2つの調査を通じて一貫して持っていた．開放系の中でみるということの意味は，調査している農村とそこでの農業を，他の地域の社会と繋がりの中で捉えるということはもちろんのこと，農村と農業を社会科学の対象から引きずり出しそれを取り巻く自然環境の中に置き直してみるという意味も込めていた．農村を空間的閉鎖性の中から開放してみるということは，農民がすでにそのような閉鎖的空間から抜け出た視野を持って，活発に自らの可能性を求めて行動していることを前提にしている．それが本書のタイトルを「可能性を生きる農民」としたことの理由である．

5──本書の構成

最後に本書の構成について述べておきたい．本書は大きく3つの部分から成っている．1つは，農業・農村を開放系の中でみるための分析視点を示した第II章であり，他の2つは，第III章から第VII章までのナイジェリアの農業・農村研究に関する部分と，第VIII章から第XI章までのザンビアの農業・農村に関する部分とである．

第II章では，「可能性を生きる」アフリカ農民を捉える際の有効な分析視点の整理をおこなっている．ポリティカル・エコロジー論を出発点として，農村における農業の相対性や農民のブリコラージュ性を考えるための概念の理論的検討をおこなっている．第III章以降のナイジェリアとザンビアの農業・農村研究の分析部分はさらに各々2つの部分に分かれている．いずれも最初に各国の経済状況や農業政策などに関するマクロ分析をおこ

なっており，その後にナイジェリアの場合はE村，ザンビアの場合はC村でおこなってきた村落調査の分析結果をもとにミクロなレベルの農業変化や農村社会変容の分析を試みている．

先に述べたようにマクロな分析とミクロな分析の結果が，明確な関係性をもって我々の前に立ち現れるということは極めて少ない．とりわけナイジェリアのE村の場合，その村の地理的位置がナイジェリアの政治的中心地や経済発展の中心地から遠く離れた周辺部にあり，国レベルの経済政策や農業政策がこの村の農業や農村社会に及ぼす影響は間接的で弱いものであった．これに対しザンビアの経済発展の中心地に近い地域にあるC村では，国の政策の影響はもとより国際的NGOの直接的進出なども盛んで，マクロレベルの政策変更が直接的な形で村の農業や農村社会に一定の影響を及ぼしている様子がみられた．

しかしながら，農村部におけるミクロ調査をおこなっている我々の眼には，国レベルのマクロ政策の変化が農村部の農業や農村社会に与える影響は概して緩慢で，直接的な因果関係を持つようにはみえない．とりわけ本書で取り上げた食糧生産を主たる生業とする農村にあってはその印象が強く，国の価格政策や国際市場での価格変動の影響を直接受ける輸出換金作物生産地域の農村とは事情が異なるようにみえる．同じアフリカの農村研究といいながら，ココア・ベルトやコーヒー栽培地域の農村研究と食糧作物生産地域の研究との間で，分析視点や研究内容に大きな隔たりがみられるのはこのためである．そしてこの点が，食糧生産を主とするアフリカの農村研究や農村社会変容の研究において，国レベルの政策とのつながりを無視しても構わないという心やすさを研究者に与えてきたことも事実であろう．

結果的には本書で明らかにしたナイジェリアとザンビアの事例でも，国レベルの経済政策や農業開発政策が村の農業生産や農村社会変容に与えた影響は部分的でしかないようにみえる．しかしそれでも，このようなマクロとミクロをつなぐ眼をもつことこそ農民たちの日常的生活における「可能性を生きる農民」の姿を理解する上で重要なことであると考えるので，

本書では敢えてその関係性が極めて薄いナイジェリアの場合も，国レベルの分析結果を示しておいた．

　ナイジェリアとザンビアの経済政策や農業政策の方により興味がある人は第 III, IV 章と第 VIII を最初に読んでもらえれば良い．農村調査に強い興味がある人は，ナイジェリアの場合は第 V, VI, VII 章を，ザンビアの場合は第 IX, X, XI 章から読み進めてもらえれば良いと思う．しかし，本書の意図するところはあくまで，農村調査でみたミクロな現象を，マクロな国家レベルあるいはザンビアの例でみられるような国際的レベルの援助や人権意識などとの関連性の中でみて欲しいという点にあるのであり，最終的にはすべてを通して読んでもらいたいたいと考えている．その上で最後の「あとがき」に進んでもらえれば，本書で筆者が伝えたいと思っている意図がより良く理解してもらえると考える．

第 II 章
分析視点としてのポリティカル・エコロジー論

　私が，ミクロなレベルで観察したアフリカ農村における農業を，開放系の中で捉え直す必要性を感じたのは，現代のアフリカの農村社会を閉鎖系の中で捉えることはできないと痛感していたからである．農民たちは外部世界とのつながりの中でさまざまな活動をおこなっている．外部世界とのつながりの中で農村社会のあり様や農民の行動の理由を理解するためには，1970年代以降展開されてきたポリティカル・エコロジー論が示唆するところを出発点とすることも一つの方法としてよいだろう．
　ポリティカル・エコロジー論は2つの点で私のアフリカ農村・農業研究に大きな影響を与えた．1つはアフリカ農村を開放系の中で考えるという点で共通の認識をもっていたという点であり，今1つはアフリカの農業生産を考える場合に避けて通れないと考える，農民や農家世帯がもつ危機回避能力や脆弱性といった問題に対しても重要な議論を展開しているという点からである．この危機回避能力や脆弱性に関する議論は，経済学や社会人類学におけるエンタイトルメントやアクセス・チャンネルなどに関する議論にも通じるものであり，アフリカの農業生産や農民，農村を一般概念で捉えようとする場合に必要なものであると考える．
　本章では，ナイジェリアとザンビアにおける具体的調査結果に入る前に，農村社会を開放系の中で考えるために必要と思われる概念の整理をおこ

なっておきたい．それらの概念の多くはポリティカル・エコロジー論の中で展開されてきたものであるが，文化人類学や経済学においても共通の問題意識をもって議論されてきたものも多い．ここではまず最初に，ポリティカル・エコロジー論の発展過程を概観し，次にアフリカの農民，農村社会の理解にとってキー概念となると思われるいくつかの概念について検討する．最後にそれらがアフリカ農村を開放系の中で考える場合にどの様に有効であるかを検討しておきたい．

1 ── ポリティカル・エコロジー論の系譜

地理学者であるブライアント&ベイレイ(Bryant and Bailey 1997)によると，ポリティカル・エコロジー論の発展経路は大きく分けて3つあるという．1つはネオ・マルサス学派に対する反発を起爆剤としたラディカル地理学の分野からの発展であり，第2は生態人類学内部での「閉鎖生態系」視角に対する懐疑から出発したものであり，第3は，実証研究と理論研究との統合を目指すネオ・マルキストの反「エコ・バランス」の動きから発展してきたものであるという．

第1の発展経路は，1970年代に地理学の雑誌 Antipode 紙上で盛んにネオ・マルサス学派批判を展開したラディカル地理学者によって支えられてきた(Johnston et al. 1995)．彼らは，地球規模の環境破壊が第三世界の人口急増と第1世界の消費増大によって引き起こされるというネオ・マルサス学派の人々の予見に対して，政治経済構造と生態学的プロセスとの相互関係を見ることの重要性を訴えてきた．そして，1980年代初頭には，このような研究を可能にする条件も揃いつつあり，自然災害や飢饉に関する研究，特に第三世界における実態調査研究の成果が蓄積され始めてきた(Watts 1983)．

第2の発展経路は，生態人類学内部で1980年代初頭に盛んになってきた，「閉鎖生態系」視点批判の中から生まれてきたものである．生態人類学における研究対象地域が第三世界に集中していたこともあり，この「閉鎖生

態系」批判から生まれてきたポリティカル・エコロジー論は始めから第三世界ポリティカル・エコロジー論としての性格を持っていた．

1960年代の人類学で扱われていた環境に関する研究は，閉鎖生態系内での文化と環境維持方法との関係を，人間の適応行動といった側面から説明するものが多かった．そのことが，一方でエネルギー循環モデルやシステム分析に力点を置きすぎた研究を生むことになり，他方ではローカル・レベルの文化や生態に視点が集中され，対象地域の社会がもっと広い政治経済構造の一部をなしているといった点を軽視した研究を多く生むという欠陥を持つに至ったという批判である．本書で言うところの「開放系でみることの重要性」の指摘もこの批判と重なる．このような批判を受け，1980年代初頭以降の人類学的研究では，ローカル・レベルでの観察記録を，より広い政治経済的構造の認識の上で再吟味する必要性がより強く認識されるようになってきた[3]．

第3の発展経路は，ネオ・マルキストの参入によるものであると述べたが，この参入は理論研究の方からの一方的な参入ではなかった．1970年代末から80年代初頭にかけて実証的研究をおこなってきたポリティカル・エコロジー論者達は，実証研究と理論研究との統合の必要性を感じていた．この当時第三世界の政治経済学の分野で強い影響力を持っていたのはネオ・マルクス主義の諸理論であり，実証的研究をおこなってきたポリティカル・エコロジー論者達はその影響を受けることになった．ローカルな社会的圧迫や環境悪化の原因を，より広い政治経済的問題に結びつける上で，従属理論，世界システム論，生産様式論などのネオ・マルクス主義の諸理論は，有効な視点を提供すると思われた (Blaikie 1985)．このため，ネオ・

---

3) 日本の生態人類学者の間でもこのような認識が1980年代以降強まってきている．彼らはポリティカル・エコロジー論という用語こそ用いないものの，研究対象地域の政治経済的状況の変化にこれまで以上注意を払うようになってきている．伊谷・田中 (1986) とその続編である田中他 (1996) とを比較すると，そのことがよく分かる．特に後者の本の中における池谷和信，佐藤俊，掛谷誠の諸論文にその傾向がよくみられる．また池谷は，狩猟採集民であるサンや牧畜民フラニ，ソマリの文化人類学的研究において，狩猟採集民や牧畜民と国家の関係を常に問うてきている．

マルクス主義的研究は1970年代後半から1980年代半にかけて，ポリティカル・エコロジー論で盛んに利用されるようになってきた．しかし1980年代後半になると，これらの研究の構造主義的硬直性に対する批判が出始めた．政治経済的構造を強調することによって，小農や焼き畑農民などの政治的経済的弱者の抵抗能力を過小評価しているという批判である(Blaike and Brookfield 1987; Watts and Peet 1996)．

環境問題に対して貧農，焼き畑農民さらに草の根運動家が持っている潜在力を，逃避行動や日常的抵抗といった概念で説明しようとする試みもこの批判から出てきたものである．世帯内における力関係が土地や自然資源，労働，資本の管理にどのような影響を与えているか，あるいは知識や権力や栄養状態[4]がポリティカル・エコロジー的状況(Peet and Watts 1996)を現出する上でどのような役割を果たしているかといった研究(Mayer 1996)も，反構造主義的なポリティカル・エコロジー論として盛んになってきている．また，ローカル・レベルの生産過程とより大きな政治経済の意志決定とを結びつける厳密な分析方法として，ローカル・レベルの生産過程に関与するすべての担い手(行為主体＝actor)の役割に注目する行為主体分析なども盛んになってきている．

2──第三世界ポリティカル・エコロジー論

以上見てきたように，ポリティカル・エコロジー論はその出発点が単一

---

4) 貧しい人々にとって肉体は唯一の財産である．彼らの肉体労働に対する依存度は他の人々よりも遙かに高く，それ故肉体的能力の低下の影響もまた大きい．雨季に現れる季節的症候群―重労働，食糧不足，伝染病の蔓延―や，事故による貧困化，脆弱化といった問題が最近のポリティカル・エコロジー論ではよく取り上げられるようになってきた．これらの研究の結果，世帯の大黒柱(稼ぎ手)の病気が，他の世帯メンバーの健康にとって極めて大きな影響を与えていることが明らかになった．「子供の栄養失調を防ぐ最も安上がりな方法は，大人の病気の予防にある」という彼らの提案は，これまでの母子衛生強化の援助政策に一石を投じるものとなっている(Pryer 1989: 56)．

ではなく発展経路も複線的で学際的性格を持っていたため,分析視点も多面的で,取り扱う問題群の領域も広い.二酸化炭素問題やオゾン層破壊,核拡散といった地球規模の環境問題を扱うポリティカル・エコロジー論[5]もあれば,ローカルな地域的土壌浸食の原因を,その地域における政治経済学的状況との関連で分析するポリティカル・エコロジー論もあるといった状態である.著者が本書で対象とする地域はアフリカに限られるので,ここでは第三世界に特有な環境問題を扱う第三世界ポリティカル・エコロジー論を中心に検討してみたい.第三世界のポリティカル・エコロジー論では,実態調査の中に問題群を探る研究が多いため,実証的研究が多く思弁的研究が相対的に少ない.

第三世界で特徴的に起き,そこの住民にとってより切実な問題となっている環境問題を扱う第三世界ポリティカル・エコロジー論では,貧困,干魃,飢饉,砂漠化,森林破壊等の問題が取り上げられることが多い.しかし今日では,構造調整計画の影響や民主化の影響なども取り上げられるようになり,対象とする問題も多様化している.また第三世界の人々の豊かな環境認知の能力が「発見」されることによって,第三世界の環境問題が単線的な環境破壊のシナリオでは描けないことも理解されはじめ,第三世界ポリティカル・エコロジー論が対象とする問題群は複雑化してきている.

第三世界ポリティカル・エコロジー論が対象とする問題群は,このように多様であり複雑なものとなっているが,それらは人々が日常的に直面し

---

5) 地球規模の環境問題に最も早くから関心をもって取り組んできたのは,カナダのトロントのヨーク大学の環境研究学部の研究者達であろう.彼らの中には20年前からポリティカル・エコロジーという用語を使っていた研究者がいるという (R. Keil et al. 1998: 13).1994年にポリティカル・エコロジーというタイトルを持つ初めての雑誌 "The Journal of Political Ecology" を創刊したのもこれらのグループの人たちである.彼らは,ポリティカル・エコロジー論の形成に最も影響を与えた理論として,政治経済学(ポリティカル・エコノミー)と生態学とを挙げている.前者は権力の分配と生産活動との関連づけをおこない,後者は生物と環境の相互関係をより広い視野から見ることを要求する.

ている環境問題の中にあり人々の生業活動と深く関係していることにかわりはない．このため，第三世界ポリティカル・エコロジー論は，農業，牧畜，林業といった生業活動を研究対象とすることが多くなる．ここで初期のポリティカル・エコロジー論者の中から何人かを取り上げ，彼らがどの様な問題を取り上げてきたのか見ておきたい．

ワッツ（Watts 1983）は，北部ナイジェリアにおける研究で，小農が旱魃に対する対応力（耐干性）を失ってくる歴史的過程を明らかにした（島田 1995; Shimada ed. 1995）．その中で彼は，小農社会が耐干性を失ったのは，資本主義の浸透の結果であることを示した．初期の第三世界ポリティカル・エコロジー論では，環境破壊問題を資本主義の展開過程と結びつけるものが多かった．またブレイキーは，小農や牧畜民に対する資本主義の影響の拡大過程と，その結果である彼らの環境利用の変化過程を分析した（Blaikie 1985: 119）．ベネット（Bennett 1984），ブレイキー，バセット（Bassett 1988）等は，小農や牧畜民が，開発政策や国内政治への参加やそれらからの疎外を通して，彼らの生活基盤である土地へのアクセスを悪化させ，生業形態を変化させ，環境悪化を引き起こしている様子を明らかにした．

バセットはポリティカル・エコロジーの研究視点として重要な点を5点挙げた．すなわち，(i) さまざまなレベルにおける人間—環境関係の歴史的文脈での分析，(ii) 地球規模経済に取り込まれてゆく過程でみられる，資源利用の伝統的システムの変容に注目した歴史学的接近，(iii) 農家の土地利用パターンに対する国家干渉の影響の分析，(iv) 生産や交換に関する社会関係の変化に対してみられるローカル・レベルでの行為者（意志決定主体）の対応，(v) 地域的特殊性に対する注意，の5点である．

これらの研究は，小さな地域における環境調査や生態人類学的調査に基づく研究に対しては，経済社会的状況を意識的に掘り起こす努力が必要なことを要求し，逆に，現地調査結果をローカルな特殊性として重要視しない傾向の強い開発学や一部の政治経済学の研究に対しては，ローカル・レベルでの生態学的問題を特殊例として無視する態度を改める必要性を訴えている．また，人間—環境関係を，ローカル・レベルでしかも歴史的文脈

の中で捉えるということは，ローカル・レベルでの主要な生業の実態に注目しなければならないことを意味する．アフリカにおけるポリティカル・エコロジー論研究が農業や牧畜研究と密接な関係を持つのは，このためである．アフリカの農村社会，農業をポリティカル・エコロジー論の視点で見るというのはどのようなことなのか，さらにはそれによって，アフリカの農村社会や農業がどのように新しく理解されうるのか，以下の節で検討してみたい．

3——ポリティカル・エコロジー論の展開—脆弱性概念の重要性—

　第三世界ポリティカル・エコロジー論は，特定の経済社会関係の中におかれている集団や社会が，自然に対してどのような働きかけをおこない，それが環境にどのような影響を与えているのか，という点に強い関心を持っている．したがって，ポリティカル・エコロジー論では，特定の経済社会関係の中で環境破壊を引き起こしやすいのはどのような社会，集団であるのか，といった問いかけがなされる．前述した初期の研究では，支配従属関係がみられる社会にあっては被支配者が搾取されることによって脆弱性を増大させ，彼らが環境を収奪的に利用し環境破壊を引き起こすといったことが指摘されていた (Watts & Bohle 1993)．つまりそこに見られたのは，［経済社会関係→特定個人・組織・社会の脆弱性の大小→環境破壊の大きさ］といった関係である．ここでは脆弱化という概念が，経済社会関係と環境問題との間に入って両者を連結する概念として利用されている[6]．

　脆弱性が経済社会関係と環境問題とを連結する重要な概念であることは，リスク研究の分野からも指摘されてきた．リスク研究の分野では，自然災害による被害は，脆弱性が大きい社会，集団ほど甚大なものとなりやすいこと，すなわち［自然災害→特定個人・組織・社会の脆弱性の大小→被害

---

[6] 脆弱化といった問題を介在しない環境破壊も第三世界には多く存在し得る．しかしながら，環境破壊が一旦起きた社会では，その後に何らかの脆弱化を抱え込むことになる．

の大きさ］という関係があることが指摘されてきた．このような関係から脆弱性概念は，ポリティカル・エコロジー論とリスク研究の両方において経済社会関係と環境問題をつなぐ枢要な位置を占めるようになってきた．

ところで，後ほど述べるエンタイトルメント（entitlement）の概念はここで述べる脆弱性概念にとって欠くことのできない概念である．エンタイトルメントの方が脆弱性を規定する関係にあるという点では，先ずエンタイトルメント概念の検討を先におこなうべきかもしれない．しかし，ポリティカル・エコロジー論の中においては，脆弱性概念の方が先に提起され，それがエンタイトルメント概念によって裏打ちされ強化されたという経緯があるので，ここでは脆弱性概念の検討から先におこなっておきたい[7]．

（1）脆弱性論

脆弱性（vulnerability）は，もともと貧困や飢饉の発生原理を説明する概念として出てきたものである．それは，食糧や財の欠乏や不足を意味するのではなく，物に対する支配力を低下させることによって，危険や衝撃やストレスに対する防備能力を低下させたり失うことを意味しているとされた（Chambers 1989）．

脆弱性が物の所有不足ではなく，物に対する支配力の低下と関係しているという考え方は，センが『貧困と飢餓』（Sen 1981）で提唱したエンタイトルメントの概念と理解の仕方は同じである．エンタイトルメント概念については後ほど検討するのでここでの詳述は避けるが，センはエンタイトルメントを，「社会から認められた方法で個人が入手することができる，

---

[7] ブライアント＆ベイレイのように，脆弱性を述べるにあたってエンタイトルメントという用語をまったく使っていないポリティカル・エコロジー論者もいる（Bryant & Bailey 1997）．脆弱性論は必ずしもエンタイトルメントの剥奪といった定義から出発してきた概念ではない．現実にある飢饉の発生原因を探る中から出てきたキー概念である．しかしワッツ＆ボール（1993）が脆弱性論の中で述べているように，エンタイトルメントの定義無くして脆弱性は語れないというほど両者は密接な関係にある．彼らに言わせれば，エンタイトルメント理論も飢えに関する2つのアプローチ—食糧保障と対処戦略モデル—に当初から取り組んでいた（Watts & Bohle 1993: 47）という．

すなわち個人が社会的に賦与された，物に対する支配力」と定義した．このエンタイトルメントの定義をもとに脆弱性を定義し直せば，脆弱性とはエンタイトルメントを喪失したときに増加するものであるといえる．

　ポリティカル・エコロジー論の中で脆弱性の問題に最も強い関心を注いできたのは主として地理学者であった．ワッツ＆ボール（Watts and Bohle 1993）は，脆弱化を規定する3要素として，(i) 危機，緊張，衝撃に晒される危険性（exposure），(ii) それらに対抗し得る十分な能力に欠く危険性（capacity），(iii) 上記の結果引き起こされる厳しい状況の危険性，および付随的危険性（potentiality），の3点を挙げた．

　農村社会，農家世帯，農民個人は，さまざまな政治経済的変化や自然環境の変化に晒されている．社会，世帯，個人は，直接行動，慣習遵守，制度利用，その他さまざまな行動でそれらの変化に対応しつつ，自らも変容する．その変容が農村社会，農家世帯内部で制度化され蓄積されてきた制度，慣習，権力構造，資源配分等の在り方に変化をもたらす．そしてこの変化が，社会，世帯，個人の各レベルで，危機に対する脆弱性を強めているのではないかというのが，彼らの問題意識である．(i) の危機や衝撃に晒される危険性は，エンタイトルメントの状況と関連している．危機に晒された結果脆弱性が増大するかどうかは，権利剥奪の危険性と結びついていることが多い．(ii) の危険性に対する対処能力もまた，エンタイトルメント状況と関係がある．

　このように定義された脆弱性概念は，政治経済状況，階級構造と関連しつつかつエスニシティ，カースト，世代，性別等の社会関係とも関連した概念となる．当然のことながら脆弱性増大は具体的にはさまざまな局面で多様な様相を呈して現れることになる．世代間，性別間分業などに見られる世帯内の不平等，土地利用や農業融資を巡る村落レベルの階層間の対立，国家予算配分を巡る地域および国家レベルの闘争，国際的食料援助や構造調整計画の実施に際してみられる地球規模でのリスクなどといった具合である．

　ワッツ＆ボールの exposure, capacity, potentiality の3要素を別の視点か

ら整理して提示したのがブライアント＆ベイレイ（1977）である．彼らは，環境を政治的に見るときに必要なのは，(i) 日常的，(ii) 突発的，(iii) 組織的，の3次元から見ることであるという．(i) 日常的次元とは，人々の日々の活動に起因し，その活動に影響を与えるところの自然的変化を含み，脆弱化の3要素から言えば晒される危険性 (exposure) と関連が深いと考えられる．(ii) の突発的次元は，長い沈黙のあと突然起き，しばしば大規模かつ瞬間的に人々に大きな影響を与える，通常「天災」と呼ばれているような自然的変化を指す．そこからの回復は，それらの「天災」に対抗し得る能力 (capacity) が関係する．(iii) の組織的次元は，人々に無差別に影響を与えるような工業活動による自然的変化を指すものである．

このように脆弱化を，日常的，突発的，組織的の3次元から見た場合，日常的次元で自然の変化と深く結びついている社会的要因は周辺化であり (Blaikie and Brookfield 1987: 23)，突発的自然変化と人間活動との関係を理解するのに重要な社会的要因が，脆弱性であるという．しばしば突発的に起きる「天災」の影響も，脆弱性論で明らかにしている exposure, capacity, potentiality の概念と深く結びついているというわけである．この周辺化と脆弱性は無関係ではなく，ある人々の相対的脆弱性はしばしば彼らの政治的，生態的周辺性と関連しており，彼らの脆弱性がまた逆に彼らの周辺性を強める［周辺化→脆弱性→周辺化］という悪の循環が働いていると述べる (Bryant and Bailey 1997: 32)[8]．自然と，それを利用する人間との関係が，脆弱性を軸として悪循環を遂げるということである．

脆弱性概念はこのようにポリティカル・エコロジー論の中で枢要な概念の1つとして重用されるようになってきた．

8）焼き畑農耕民が社会経済的に周辺的地位におかれているが故に経済的に限界的な土地に追いやられ，その土地で必死に生きるためにそこで集約的土地利用をおこない，それが土地の疲弊を早めるといった場合がそれである．この時,「土壌浸食は社会の周辺化の結果であり原因である」といえる (Blaikie & Brookfield 1987: 23).

(2) 回復能力

　脆弱性論は，脆弱性増大に注目する一方でその脆弱性増大を緩和あるいは減少させる回復能力 (resilience) にも注目することになる．さもなければ脆弱性の増大メカニズムを真に理解することはできないからである．ワッツ＆ボールがセンのエンタイトルメント概念の欠点として掲げた3点のうちの1つが，飢饉からの回復視点の欠如であった (Watts & Bohle 1993: 48) ことからも分かるように，脆弱性論にとって危機脱出過程を明らかにする回復能力研究は不可欠のものである．個人，世帯，社会はエンタイトルメントの剥奪，それによる脆弱性増大を供手傍観しているわけではない．彼らはそれらを阻止あるいは緩和するよう不断の努力をおこなっている．したがって脆弱性論では，脆弱性増大とは逆向きのベクトルを持つ回復能力にも強い関心を払ってきた．

　脆弱性論の歴史が浅いこともあり，未だこの回復能力に関する研究は多くない．もともと生態学で利用されてきたresilienceの概念が社会科学の中に取り込まれるようになったのは，生態系の安定に非線形の概念が導入されてから以降のことで，1970年代と新しい (Holling 1973)．この概念は未だ社会科学の中で定位を得ているとは言えないが，脆弱性論との関係で重要なので敢えてここで取り上げておきたい．いずれ，環境認知研究の諸成果が回復理論の中に取り入れられ，脆弱性緩和，危機からの脱出過程の研究が発展してくれば，社会の回復能力の研究といった分野も発展してくることになると考えられる．

　ここでは回復理論に真正面から取り組んだ地理学者ゴールドマンの研究を取り上げ，脆弱性と回復能力との関係について考えてみたい．彼が回復能力に関する研究から導き出した脆弱性増大の構図は，先に紹介した脆弱性論のいずれのものとも異なっている．

　ゴールドマンは，個人や社会が擾乱やストレスに直面したときに見せる生産性維持能力を，生態システムのダイナミックスにおける回復能力と呼び，これを農業生産や農村社会の持続性 (sustainablility) と関連させて考えた

(Goldman 1995).彼は，農業における回復能力を考える場合，2つのレベルで考えることが可能であるとする．1つは作物レベルで，もう1つはより高度なシステムレベルにおいてである (Goldman 1995: 311)．

彼は，この2つのレベルにおいて，これまで定説とされてきた作物栽培や土地利用にみられる「多様性」が，本当に回復能力として作用しているかどうかを，さまざまな調査結果から検討した．たとえばこれまで，作物レベルの多様性は病気に対する耐性を高めているとする報告が多くなされてきた．また高度のシステムレベルでの多様化として農家世帯の農業外経済活動が取り上げられ，農民の経済活動の多様化が回復能力に対して与える影響も議論されてきた (Goldman 1995: 312)．彼はその真偽のほどを実態調査の結果から確かめようとしたわけである．そして彼が実態調査の中から得た結論は，先に紹介してきた脆弱性論にみられる脆弱性発現のシナリオと真っ向から異なるものであった．

彼は，作物レベルでの回復能力の喪失原因として，第1に病気の発生や鳥害が挙げられ，2番目には作物に対する嗜好の変化に伴う需要の減退が挙げられることを示した．そして脆弱性論でしばしば指摘されてきている土地利用率の増大による地力低下や生産性低下などは，前2者の後に続く第3次的理由でしかないとした．間植・混作といった耕作方法にみられる作物の多様性も，鳥害や作物の病害防止にはあまり役立ってはいないというのである．彼によれば，脆弱性増大は，脆弱性論が主張するエンタイトルメントの剥奪や，さらにはブライアント＆ベイレイが述べるような〔周辺化⇒脆弱性⇒周辺化〕の悪循環によって説明されるものではなく，突発的エピソードと直接結びついているという．彼は，これまでの研究があまりに「晒される危険性」(exposure：ワッツ＆ボール 1993) や日常的次元での周辺化（ブライアント＆ベイレイ 1997）を，脆弱性増大の原因と結びつけすぎてきたと批判するのである．

また，より高度なシステムにおける回復能力の喪失に関しては，人口増大が土地の人口支持力を上回って，農業の持続性も失うという人口支持モデルが描いているカタストロフィー的変化を否定している．彼はアフリカ

で実際に起きたカタストロフィー的なシステム崩壊の事例を見ると，人口増加を原因とするものよりも，自然的・生物学的あるいは社会的衝撃を原因とする崩壊が多いと主張する．すなわち，旱魃，伝染病の流行，戦争（特に内戦），民族紛争などである．これらは，人口支持力とは関係のない要因である．旱魃による被害例を除き，土壌劣化がシステムの崩壊につながったものは見あたらないという（Goldman 1995: 317）．

彼の脆弱性概念や回復能力に関する議論は，危機に晒される頻度の増大や危機に対する対処能力の低下といった累積的，漸進的脆弱性増大ではなく，突如として襲う突発的イベントに注意を集中させすぎているきらいがある．しかし彼の提起した問題は，脆弱性論における突発的エピソードの重要性を示唆するものであり，後述する不確実性の議論とも関係する点を含み重要な課題を含んでいると考える[9]．

4——脆弱性とエンタイトルメント

脆弱性論においてエンタイトルメントの概念が枢要な概念になっていることを述べたが，ここではこのエンタイトルメントの概念の検討をおこなっておきたい．最初にセンが『貧困と飢餓』（Sen 1981）で提唱したエンタイトルメント・アプローチ（Entitlement approach）を紹介し，その後で彼のエンタイトルメント概念の拡張を試みる Swift(1989)他の提案を紹介しておきたい．

---

9) アフリカ各地で難民が大量に出てくる様子をみていると，脆弱性論で述べている周辺化や脆弱性化のプロセスの結果としてよりも，ゴールドマンが言っているカタストロフィー的な事件が原因のことが多いようにみえる．このため彼の提起は，簡単に退ける訳にはいかない．今後実証的研究が積み重ねられ，脆弱性や回復能力の内容が豊富になることによって，両者の関係はより厳密に再定義されることになろうが，脆弱性論の有効性は失われることはないと思われる．

(1) センのエンタイトルメント・アプローチ

センは，飢えあるいは飢餓が，食料の絶対量の不足がない場合にもよく起きていることに注目し，その真の理由をエンタイトルメントという概念によって説明しようとした．彼が言うエンタイトルメントとは，社会の中で許容され認知されている方法で，ある個人が入手することのできる，すなわち個人が社会的に賦与された，物に対する支配力を意味する．したがってこの概念を使って飢えや飢饉の分析をおこなうということは，人の「物に対する支配力」，この場合具体的には人が食糧を意のままにする（入手し，消費する）能力に焦点をあてた分析ということになる．彼はこのことをエンタイトルメント・アプローチと称した．なお彼は，人の「物にたいする支配力」は，社会的に認知された合法的なものでなければならず，略奪などは含めないとした（Sen 1981: 45）．この点が後にスウィフト他の批判を受けることになる．

いま個人 i がある社会状況の中で賦与されているエンタイトルメントの総体を E_i とする．それは，個人 i がその気になれば手に入れることができる選択可能な品物群（commodity bundles）の総体ということができる．この E_i は，個人所有が認められ，交易（他人との間の交換）と生産（自然との間の交換）がおこなわれている経済のもとでは，2つの変数，すなわち所有と交換によってその性格が決められることになる．すなわち E_i は，i が所有する所有物全体—センはこれを基本財産（endowments）と呼ぶ—と，i が自分の基本財産との交換でどのような品物群を手に入れることができるかを特定する機能—彼はこれを交換エンタイトルメント・マッピング（exchange entitlement mapping）と呼ぶ—の，2つの変数によって決定されるという（Sen 1981: 46）．

このように考えると，個人 i が飢えや飢餓に陥る理由はつぎの2つが考えられる．1つは個人 i が基本財産を喪失して飢餓に陥る場合であり，もう1つは彼の交換エンタイトルメント・マッピングにおける条件が悪化し，基本財産と必要食糧との間の交換条件が悪化して，飢饉になる場合である．

第 II 章　分析視点としてのポリティカル・エコロジー論　25

前者を直接的なエンタイトルメントの失敗と呼び，後者を交易によるエンタイトルメントの失敗と呼んでいる (Sen 1981: 49-51)．

　このエンタイトルメント・アプローチの限界としてセン自身は以下の4点を挙げている．第1は，エンタイトルメントを特定することの困難さである．これについて彼は，無理にエンタイトルメントの定義づけに努力するよりも，必要に応じて主要なエンタイトルメントの内容を交換することの方に努力を傾注すべきであると主張している．第2として，エンタイトルメントの諸関係を一定の法体制の中の諸権利に限定した点を挙げている．暴力による違法なエンタイトルメント移譲がみられるところではこのアプローチは有効ではない．第3として，実際の食料消費が，食料に対する無知や食習慣などの影響を受け，人々が実際に持っているエンタイトルメントを十分反映しない可能性があることを指摘している．第四として，エンタイトルメント・アプローチは飢饉に焦点を絞っているとはいえ，飢饉は死亡率の上昇には関与し得ないという点を挙げている．飢饉時の死亡は疫病によって引き起こされるものであり，エンタイトルメントとは別のパターンで起きるものであるとする (Sen 1981: 50)．

　このような説明をおこなった上で彼は，ベンガル，エチオピア，サヘル，バングラデシュにおける飢饉の事例をとりあげ，エンタイトルメント・アプローチの有効性を検証している．このセンのエンタイトルメント・アプローチを理解するためには，彼が『財と潜在能力』(セン著　鈴村訳 1988) で提唱した潜在能力の概念を理解すればより分かりやすい．彼は，財とはそれが備える諸特性の組み合わせであり，財を所有するということは財の持つ特性に対して支配権を確立することであると考える．しかし人がその特性を用いて何ができるかを知るためには，人がそれによってなし得る機能に注目しなければならないとする．そして，財の特性を機能の実現へと移す変換は，さまざまな個人的・社会的要因に依存しているという (セン著　鈴村訳 1988: 21-50)．彼が福祉評価の方法として「効用」や「富裕」の概念に代えて潜在能力という概念を提起したことと，飢饉の原因分析において，「所有」概念に代えてエンタイトルメント概念を持ちだしたこととは無関

係ではない.

(2) エンタイトルメント概念の再検討

センのエンタイトルメント概念は多くの研究者によって支持され利用されているが,彼の概念の適用性の狭さを指摘する意見が少なくない.彼のエンタイトルメント概念を部分的に改変して,分析用具としての有効性を高めようとする提案がアフリカ研究者の中から出されている.ここではその中から,スウィフト(Swift 1989)とリーチ他(Leach, Mearns & Scoones 1997)の意見を見てみよう.

飢饉に対する脆弱性といった問題に焦点を絞り,脆弱性の増大過程の分析をおこなったスウィフト(1989)は,センのエンタイトルメントの概念を一部拡大することで,飢饉の発生過程がより正確に把握できると主張した.センは個人のエンタイトルメントが,個人所有が認められている市場社会においては所有と交換によってその性格が決められること,そして飢饉に陥るのは基本財産の喪失とそれと必須食糧との交換条件の悪化に原因があるとしている.しかしスウィフトは,所有と交換以外にもエンタイトルメントの概念を適用しようとしたのである.

スウィフトは飢饉の原因を,間接的ではあるが主要な要因と,飢饉に直結する直前の媒介的要因との2つに分け,前者としては旱魃や家畜や作物の病気,都市優遇政策や農産物価格政策,内戦を挙げ,後者としては生産,交換,財産処理の3要因があるとした.脆弱性を決定づける要因は前者の主要因であるが,その作用の仕方を規定し多様な脆弱性を引き起こすのは後者の媒介的要因である.したがって,脆弱性が増大,維持あるいは減少される過程を知るためには,後者の媒介的要因の分析が必要となる.

先ず最も理解しやすい飢饉は,生産の失敗に起因するものである.これに至る主要因としては旱魃,多雨,洪水,牛疫などがある.生産の失敗による生産不足は,結局消費不足を引き起こし飢饉をもたらす.この時,飢饉に対する脆弱性を決定するのは,生産の不確実性である.

つぎに,生産が十分でも飢饉が発生することがある.その場合の理由の

表 II-1　センとスウィフトのエンタイトルメント概念の比較

セン	所有 ＝	生産	交換
		直接的失敗	間接的失敗
スウィフト	財産処理	生産	交換
	投資　貯蔵　請求		
		生産の失敗	交換の失敗

1つが交換の失敗に起因する飢饉である．たとえばアフリカでは摂取カロリーの半分以上を穀物に依存し，それを交換によって取得しなければならない牧畜民がしばしばこの種の飢饉を経験する．畜産物と穀物の交換において牧畜民の交換条件が悪化するとそれが牧畜民の脆弱性を増大させることになるからである．センが交換の失敗による飢饉と述べていたものと同じである．このような交換の失敗による脆弱化の増大は，個人間でも起きるし，世帯レベルでも起きる．

　スウィフトが最後に挙げた財産処理に，センのエンタイトルメント概念の適用性の狭さを打破する意図が込められている．彼は，センのエンタイトルメント概念が，労働力と有形財産の支配に限定されていることを問題とし，その概念に含まれる支配の対象を広義の財産（Assets）に拡大することを提案した（第II-1表参照）．これによってセンの定義から漏れる多くの脆弱性増大プロセスを捕捉しようとした．センがエンタイトルメントの定義で考えていたように，個人の支配（所有）の対象を労働力と有形財産に限定している限り，脆弱性は飢饉とほぼ同義として扱われ，多様な脆弱性といった視点は失われてしまうとスウィフトは考えた．スウィフトは，センが所有に代わる新しい概念としてエンタイトルメントを提示しておりながら結局は飢饉に対する脆弱性を相対的貧困と直接結びついたものと考え，さらにその相対的貧困は個人あるいは世帯の有形財産あるいは労働力，家畜，土地などの所有状況，さらにそれらと食糧との交換比率に直接関与していると考えていた，として批判する．

　エンタイトルメントのもう1つの対象として考えた財産処理は，投資，貯蔵，請求の3つの形態に分けることができるという．投資には，家畜，家

具，家，家財道具，土地，樹木，井戸などの個々人が所有する生産的財と，土壌保全作業，灌漑事業，灌漑システム，共有財産へのアクセス権等の共有財への投資とがある．貯蔵には，食糧貯蔵，穀物貯蔵，金や宝石などの貴重品の貯蔵，現金や銀行預金等への貯蔵がある．そして請求として彼は，集団内の他の世帯への要求（生産資源，食糧，労働，家畜），パトロン，富裕者，首長，あるいは他の社会集団への援助要求，政府への要求，国際社会への要求等があるとした．この第3番目の請求権こそセンの定義するエンタイトルメントには入っていなかったものである．これを加えることによって，アフリカに広く存在する垂直的あるいは水平的相互扶助システムの役割を正当に評価することが可能となり，目に見える形の有形財産の賦存状態のみでは推し量れない農村社会の回復能力（resilience）を理解することが可能になる．

　人々は，生産が消費を上回ったときに投資を増やし，貯蔵を増やし，そして請求権にも「投資」する．この請求権への「投資」にはさまざまなものが含まれる．血縁者，地縁者への援助，家畜の貸借関係の強化，村の共同基金や共同労働への献金や奉仕，伝統的貢納などがある．これらの「投資」は，飢饉といった緊急時の請求権をより確固としたものにする効果がある．アフリカの農民の危機回避戦略はしたがって，有形財産や農業技術や牧畜技術などの技術力にのみ依存するものではなく，社会的政治的システムに深く根ざしているといえる．人々は危機に際して自分自身を酷使し，物的財産を現金化したりすると同時に，さまざまな請求権のルートを利用して危機回避の途を模索する．絶対的な食糧不足の危機がすぐに飢饉に結びつかず，数年後に飢饉が訪れるといった時間的ズレが生じることがあるのはこのような理由からである．

　センのエンタイトルメント概念の非歴史性を批判したのはワッツ＆ボール（Watts & Bohle 1993: 48）である．彼らは，センのエンタイトルメント・アプローチがエンタイトルメントの挙動（移動，剥奪）に注目しすぎたが故に，エンタイトルメントの在り方を規定している構造的・歴史的過程を軽視しすぎていると批判した．したがってセンは，飢饉発生後に起きる事態やそ

の危機からの脱出・回復といった問題についても説明できないでいると批判している．この後者の点はリーチ他 (Leach, Mearns & Scoons 1997) も指摘している問題点である．

　リーチ他は，センのエンタイトルメント概念をスウィフトとは異なる面から検討した (Leach, Mearns & Scoons 1997)．彼らもセンのエンタイトルメント概念の適用性の狭さを指摘した．彼らは，社会実在論や構造＝機能分析にみられる行為決定論的見方を廃し，社会や共同体概念の見直し，行為者の主体性や行為の役割の再検討を主張し，その一環としてセンが提起したエンタイトルメント概念の再検討をおこなった．

　彼らは先ず，センがエンタイトルメント概念の定義において，それを人々の規範的権利―持つべき権利―ではなく可能性としての権利―持つことが可能な権利―を指す用語として用いることを提案していたにもかかわらず，実際には狭義の権利概念としてしか利用しなかった点を批判する．さらに彼らは，センが基本財産 (endowments) がどのようにエンタイトルメントに変換されてくるのか―彼はこれをエンタイトルメント・マッピングと呼んだ―にのみ注目し，肝心の基本財産の形成過程には注意を払わなかったことに対しても批判を加えた．そして彼らは，このエンタイトルメントをより柔軟で動的な権利と見ることで，基本財産の形成過程とそれからエンタイトルメントが生み出されてくる過程の両方に焦点をあてることができることを主張した (Leach, Mearns & Scoons 1997: 16)．

　彼らはエンタイトルメントを「さまざまな品物群に対する正当で効果的な請求権」と定義した．この概念はスウィフトの財産処理の概念と相通じるものがある．この定義の中で注意しなければならないのは，「正当で効果的な」の内容である．これは法律などによって保障された正当性を意味するのではなく，行為者相互間の交渉を前提としている．したがって，請求が正当であるかどうか，効果的であるかどうかは，一義的でも固定的でもない．請求された事項をめぐって行為者間相互で交渉がもたれ，その交渉の中で請求の正当性が検討されることになる．

　このように定義すると，正当性が認められる条件，さらには正当性を付

与する主体である制度を明確にする必要が出てくる．しかしこの点に関してリーチ他は，正当性も一定の取り決めによって与えられているものではなく，すなわち固定的条件が存在するわけではないと主張する．彼らは，制度も構造的に捉えることをやめ，それは下部構造や日常的に守られている一連のルールから生み出されてくる「秩序だった行動パターン」であると捉える (Leach, Mearns & Scoons 1997: 26)．しかもこの行動パターンは，それが規準とした日常的ルールの変更に関与するという相互規定的関係にあるものと考えている．

5──不確実性をどう考えるか

センが提案したエンタイトルメントの概念やスウィフトの部分的修正版のエンタイトルメントの概念を見ると，所有権に代わって請求権を表舞台に登場させ，さらに請求権の内容も，静態的な権利から動態的な交渉力への読み替えをおこなっていることが分かる．この視点の移行は，アフリカ農民が直面している不確実性の理解にとっても必要なことであったと言わざるを得ない．

アフリカ農民が年毎に直面するさまざまな不安定要因に関する研究は少なくない．それらは，農業生産の不安定さはもとより，市場の不安定さ，交換の不安定さをも示している．特に乾燥地域においては，主食作物の生産量に関してもそれを「平均値」で捉えることの無意味さを指摘するものが多い．

農業研究がどちらかといえば静態的理解に傾斜しがちで，不確実性やリスクに対する配慮が不足していたことは，スクーンズ (Scoones et al. 1996) が指摘しているところである[10]．彼は，これまでほとんどの農業システム研究において，リスクは「通常の耕作経営」状態からは離れた異常時の状態

---

[10] スクーンズは，乾燥地域のエコシステムのもとでは，バイオマスの生産における年変動，地域格差が非常に大きく，変化や不確実性に対する配慮，柔軟性を見る視点がなくてはならないと言っている (Scoones 1996)．

と理解されるのが常であり,農業システムの分析では正面からこの問題が取り上げられることがなかったと述べている.所有権概念から請求権概念へ,権利概念から交渉力へといった分析視点のシフトによって,これまで捕捉が困難であった不確実性やリスクが,農業生産分析においても内部化が可能なのではないかという希望が生まれてきた.これも広く言えばポリティカル・エコロジー論の成果の1つであると言えよう.

(1) リスク研究から不確実性研究へ

農業研究においてリスクに対する配慮がまったく欠けていたというわけではない.しかし農業システム研究で多く見られたリスク研究とは,確率論的研究が主体であった.リスクとは,危険が起きる可能性を数量的に表したものとされた.したがって,それが発生する確率を知ることによって,不確実性を分析の中に取り込むことができるとするのがこの確率論的リスク研究である.それは,農業におけるリスクを,機械工学における技術的失敗と同じレベルの問題として扱うことでもあった(Scoones et al. 1996: 267).

しかし,アフリカの農民がリスクに直面する仕方には,確率論に還元できない問題が多く含まれている.彼らにとってのリスクは,1,2の指標で危険性を数量化できる単純なものではなく,彼らの価値観,嗜好,常識的判断などと強い関連を持つ危険性である.彼らのリスクに対する認知は,したがって,歴史,政治,社会経済的条件や制度的ダイナミックスなどの複合的相互作用から生まれるものであると言え,工学的失敗と同じレベルで計量化することが難しいものなのである.

リスクが社会的認知に関わるものであるとすると,確率論的リスク研究はその効果を発揮することが難しい.アフリカの農業研究の場合がこれにあたる.アフリカの農民が直面しているリスクとは,その発生確率が不確かであることもさりながら,それに対する農民の対応も社会的認知に左右され多様で,起きてくるであろう結果も予測不可能なものであるという特徴を持っている.このような場合,リスクの発生を確率論的に処理することは,困難なばかりで有効ではない.そこで,リスクに代わって,不確実

性そのものを分析の対象にしなければならないという考えが生まれてきた(Scoones et al. 1996). すなわち, 予測の数量的推計は不可能なものの, 未来は不確定なものとして, すなわち「不確実性を所与のものとして人々はさまざまな判断をおこなっている」と考えるわけである. 彼らが不確実性をどの様に所与のものとしているかを知るためには, 彼らの行動を詳細に見ることが必要である.

農民達が日々直面している不確実性を理解するためにスクーンズ達がとった方法は, 実態調査に基づく学際的研究であった. 彼らは, ジンバブェの乾燥地帯の現地調査の結果から, 農民達が, さまざまな制限や限界に直面しながらも, 空間的にも時間的にも自然の多様性をうまく利用することによって不確実性に対処していることを明らかにした. しかしながら農民達は, 干魃によって財産喪失などのストレスを抱え, 突然訪れた生産と消費パターンの変化によって, 脆弱性を高めていることも示されている.

スクーンズ達のリスク研究から不確実性への移行の提起は, アフリカ農業研究にとって必要不可欠のことであったと言える. しかし, その結果が単に不確実性の存在の確認に終わっては意味がない. 農民達が不確実性を所与のものとして日々の活動の中に取り込んでいるという考え方は, 次に述べるベリーのアクセス・チャンネルや「取り込み戦術(inclusive strategies)」といった概念に繋がり発展してきた.

(2) 対不確実性戦略―アクセス・チャンネルの増大―

ベリーは, 西部ナイジェリアにおける自らの調査結果やその他のアフリカにおける調査結果を参照して, アフリカの農民が不確実性に対してとっている戦略を分析した(Berry 1989). その結果彼女は, 農民達が生産資源に接近するためのチャンネルの増大を通して, 不確実な社会状況に対処しようとしていることを明らかにした. 血縁関係のネットワークは言うに及ばず, 彼らは資源への接近の途を増やす可能性がある限り, エスニック団体, 同郷者団体, 職業ギルド, 専門家組合, 政治団体とあらゆる社会組織に投資をするという.

社会組織の方でも，メンバーシップの要件を厳密に適用して新しいメンバーの参入に障壁を設けるというよりは，その組織の基本的規範と権威を侵害しない限り，積極的に新しいメンバーを取り込むということが多くみられる．このことを彼女は「取り込み戦術」と呼んでいる．松田(1996)もナイロビの都市出稼ぎ民が組織する互助講において，一貫して互助のベースの量的拡大が進行した経緯を詳しく報告している(松田1996: 227 - 237)．しかし同時に松田は，求職の扶助や住探しにおける扶助ネットワークが，身内や同郷集団内で閉じている例も示している(松田1996: 186-198)．資源への接近の道筋が確実になった段階では，「取り込み戦術」は不要なわけで，この戦術がとられるのは不確実性の存在がやはり重要な要因として働いているものと考えられる．

ところで社会組織への投資にはいろいろな方法がある．現金，家畜，食料，金やその他の品物などの贈与はもちろんのこと，組織の中で積極的に活動することも重要な投資の1形態と考えられる．

ベリーは，農民が危機に対処するためにとっているこのような戦略の結果として，農民達はせっかく手に入れた余剰を生産部門に投資する余裕を失っているという．農民達は，彼らを取り捲く経済的，政治的，自然的環境が不安定性を増せば増すほど，資源へのアクセスのチャンネルの確保やその増大により一層真剣になる．貯金を取り崩してでもそれを社会的投資に振り向け，可能な限り自分の「財産保有形態」を流動的なものにしておくことを望む傾向にあるという．

人々がこのようなチャンネルの増大に励み，組織の方が「取り込み戦術」でそのような努力を可能にする状況が続くと，やがて組織も個人のチャンネルもインフレーションを起こす．社会全体で商品量もサービス量も一定か減少傾向にある中でも，それらの「循環の速度(velocity of circulation)」のみが異常に増大する現象はこのようなところから生じるという(Berry 1989: 50)．1970年代のナイジェリアで，石油輸出の急増に伴って食糧需要が急増したときにも，農業生産が伸びず，農民達が都市であれ農村であれ1カ所に留まることを嫌って絶え間なく流動していたのも，こ

れが原因であったとベリーは分析している[11].

　アクセスのチャンネルを増やすには，伝統的ネットワークを活用するのが最も容易だが，時には伝統的権威と対立する組織に参画することもある．このため，社会組織への絶え間ない投資は，その組織の絶え間ない変容をもたらす．ベリーは別の本(1993b)で，アフリカの文化や制度や伝統といったものが，極めて流動的で可変的であることを指摘している．その中で農民達は彼らの生産資源に対するアクセスや資源利用パターンを自分に有利に変化させるために，常に闘争を繰り返しているという (Berry 1993b: 6).

　不確実性を農民の行動・戦略分析の中心に据えることによって，農民の資源との関わり方を考察したベリーは，「動態的な交渉力」の内容をより明確に説明することに成功したように見える．すなわち彼女は，不確実性を増す状況の中で農民がとっている行動原理は，社会的投資という形をとった絶え間ない闘争であるという．

6――アフリカの農村を開放系の中で考えるということの意味
　―新しいアフリカ農業研究の可能性を求めて―

　ポリティカル・エコロジー論や人類学，経済学において提示されてきた新しい概念をいくつか取り上げ，それらの意味や適応性について検討してきた．それらの概念が，アフリカ農業を開放系の中で理解する上でどの様に有効なのかを最後に検討しておきたい．

　我々は，ポリティカル・エコロジー論や人類学，経済学において，権利や財産を考える場合のキー概念の変化をみてきた．そして，権利概念の再検討の結果「休みのない働きかけ」行為にたどりつき，財産概念の再検討の結果「アクセスのチャンネル」の概念にたどりついた．前者は，所有権から始まり用益権⇒請求権⇒交渉力⇒休みのない闘争（働きかけ）へと，権

---

11) 島田 (1989) と Shimada (1991) も，1970年代の石油ブーム期のナイジェリアで農民の出稼ぎ労働がいかに盛んであったかを明らかにしている．また島田 (1996) では，1980年代の不況期に農村部の若者達が求職活動の代償に，農業生産の粗放化を招来していることを明らかにしている．

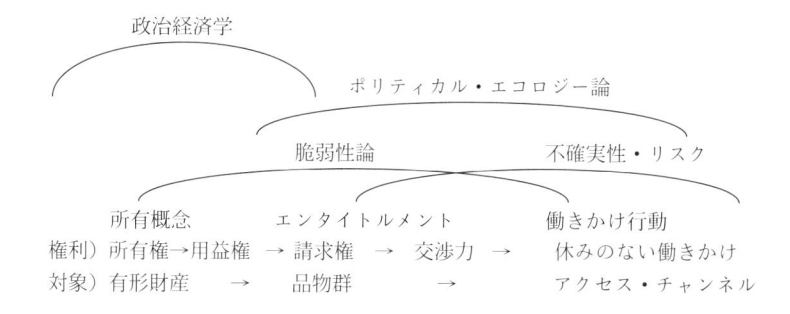

```
       政治経済学
      ⌒
            ポリティカル・エコロジー論
           ⌒
          脆弱性論      不確実性・リスク
         ⌒      ⌒
      所有概念   エンタイトルメント   働きかけ行動
  権利）所有権→用益権 → 請求権  →  交渉力  →  休みのない働きかけ
  対象）有形財産   →  品物群   →         アクセス・チャンネル
```

II-1：キー概念の変化とポリティカル・エコロジー論の関係

利概念を放棄した後に到達した概念であり，後者は，有形財産⇒品物群⇒アクセス・チャンネルへと変化してきたものである．

このようなキー概念の変更をもたらす過程で，ポリティカル・エコロジー論の中における脆弱性概念が重要な役割を果たしていた．農業の持続性や農民（社会）の脆弱性を考える場合，有形財産に対する権利概念に代えてエンタイトルメントの方が重要な概念であると考えられるようになった．つまり有形財産の所有から品物群に対する請求概念へとキー概念が変更されたのである．つぎにそれが不確実性やリスク研究の成果を取り入れることによって，最終的に「休みのない働きかけ」や「アクセス・チャンネル」といった不定形で規定性の低い概念へと置き換えられてしまったわけである（第II-1図）．

（1）農業生産の相対化

権利・財産概念の解体によって，我々はアフリカの農業生産や農村社会を違う視点から見ることになった．農民にとって農業生産も1つのエンタイトルメントの利用にすぎないということである．農民達は「アクセス・チャンネル」の内容の確実性を高めるため，さまざまな社会組織に対して休みない働きかけをおこなう．彼らは，可能性を追求して自らも流動（移動）する．

アフリカの農村を開放系の中で考えるときに，この視点は重要である．

人々が豊かな環境認知能力を持っていながら，なぜそれが十全に活用されず出稼ぎ労働に出かけてしまうのか，またベリーがオイル・ブーム期のナイジェリアの例で明らかにしたように，食糧需要が増えたにもかかわらず農業生産が伸びず人々が絶え間なく流動していたのは何故か，などの疑問に1つのヒントを示唆しているように思われる．

(2) 土地に対する権利の相対化

キー概念の移動は，アフリカの農業研究を土地所有のドグマから解放する効果も持っている．私的土地所有権が存在せず，土地用益権も十分に安全が保障されない不確実性の高い農村にあっては，エンタイトルメントの対象としての土地の魅力は相対的に低くなり，より高い確実性を求めて投資は他のチャンネルを求めて流動する[12]．農村部といえども農業と非農業，生産活動と非生産活動の障壁は低くなり，農業活動が相対化されることになる[13]．誰もが利用する権利があるという用益権の虚構性が，つまり有資格者全員が要求すれば到底配分するだけの土地はないことを彼ら自身知っているという虚構性が高まれば高まるほど，土地に対するエンタイトルメントの不確実性は上昇し，人々の他チャンネルを求める流動は活発化することになる．その具体的形態が人々の他地域（都市であろうが農村部であろうが）への絶え間ない移動であろう[14]．

---

[12] エンタイトルメントの1つとしての土地用益権の確実性が，他のものに比べ絶対的に低いということは稀であろう．しかし重要なのは，土地用益権をエンタイトルメントの中の1つとして，他の権利や機会と同列にあつかって見るという視点の転換である．これは共同体論のアフリカへの適用問題に大きな疑問を投げかけることになる．（赤羽1971参照）．

[13] このような点の研究はすでに日本でもおこなわれており，池野(1989)の優れた研究書がある．

[14] 松田は都市出稼ぎ民の研究から，この点を異なる見方で捉えている．彼は，アフリカ都市出稼ぎ民の世界には，強度に自立した生成能力を持つ2つの世界，すなわち定型化された語りが紡ぎ出す論理調和のアポロ的世界と，論理を超えて微細な想像力が充満するディオニソス的世界が存在し，それらが別個の論理で展開していると．しかも彼は，この2つの世界は互いに作用しあうことなく断絶したまま自己生成を続けているという（松田1996）．

農民たちの中には，排他的権利を保障してくれる土地私有権の取得を熱望している者が少なくない．しかしそれが不可能と知るや彼らは，土地に対する権利も1つのチャンネルとして相対化して考え，より高い可能性と確実性を求めて流動するということである．

(3) ブリコラージュ性の理解

　農民のこのような流動化の動きが，農民を農業活動から完全に撤退させたわけではないことに注意しておく必要がある．多くのアクセス・チャンネルへの働きかけは，重要なチャンネルである農業生産から他のチャンネルへの切り替えといった形でおこなわれるのではなく，既存のチャンネルに追加する形でおこなわれることが多い．

　このため農業生産に直接関係するアクセス・チャンネルも都市部の社会組織を通すアクセス・チャンネルも長く併存しつつ残る．このことが土地や組織に対する権利の重層的状態を常態化する．権利が重層化する中で自分の権利を行使するためにはさまざまな交渉が必要となる．このような社会では，組織は規約によって機能するというよりは実践的交渉の場であり，特定の目的をもつものではなく複数の目的をもつことが多い．

　Mehta, Leach and Scoones (2001) は，「不確実な世界における環境管理」の特集で，これまでの農村部の環境管理において，資源に対する権利の重層性・錯綜性や，制度や組織のブリコラージュ性が理解されてこなかったことを批判している．組織は人々の文化や信心，実生活と複雑な関係を持っているものであり，規約によって機能するものというよりは社会実践の場であり交渉の場であるという．また Cleaver (2001) は，ある組織が特定の目的のために成長してきたものと考えることにも疑念を投げかけ，組織は複数の目的を持つことが多いことを示している．組織の運営自体が，社会関係や構成メンバー間での交渉の結果に左右されるものである．組織は，既存の組織にある考えから学んだりそれを模倣したりして，つまりブリコラージュの過程を経て常に自らを構築するものであると考えるのである．

　このような一見不定形で可塑性のある組織のとらえ方は，先に述べたア

クセス・チャンネルの増大を目指した休みのない働きかけを，組織の面からみたものであるとも言える．個人レベルで新たなアクセス・チャンネルを求めて流動するブリコラージュ性と組織のブリコラージュ性とはここでは対の現象となっているのである．このような農民の捉え方，また組織の捉え方も，農村を開放系でみるときの重要な視点となるといえよう．

(4) 社会資本との関係

アクセス・チャンネルの増大の可能性を求め流動する個人と，それを積極的に取り込もうとする社会組織の隆盛は，パットナムが生産的であると考える社会資本と考えられるのであろうか．

彼はアフリカで広くおこなわれている互助講を社会資本の1つとして評価している(パットナム著 河田潤一訳2001)．しかし同時に，アフリカに多くみられるパトロン―クライアント関係や親族の絆などは，「一方的友人関係」や「特定の集団内部にかたまってしまいがちな強い結合」として一般化された互酬性の発達にとってむしろマイナスの働きをすると述べている．彼がイタリアの調査において示した社会資本の豊かさの指標である，一般化された互酬性の規範と，市民的積極的参加のネットワークは，これまでみてきたアフリカ的平等性や積極的な社会組織への参加とは異なるようである．またアフリカの社会組織がもつブリコラージュ性も，パットナムが社会資本に求めた一般化された規範とは対局にあるもののようにみえる．

本書においてアフリカ農村部における社会組織と社会資本概念との関係について論じる準備はない．しかし，アフリカ的市民社会論の可能性を論じることと同じレベルで「アフリカ的社会資本」の可能性を考えることも今後必要なのではなかろうか．遠藤(2001)は，アフリカでは「関係資本(本書でいう社会資本)」が「市民社会」と同様に外から与えられる形になっていること，そして「市民社会」は，支配的な言説としてアフリカに対する援助やアフリカの政治改革に対する圧力をなすに至っていることを述べている．こうした圧力に対する抵抗の様式として「アフリカ的市民社会」概

念を構想することも可能であると遠藤は考えているようである．このことは，彼が述べる「アフリカ的社会集団」，「アフリカ的団体」概念の検討とも関連し，「アフリカ的社会資本」概念の構築にも途を開くものであると考える．この点は今後の課題として残さざるを得なかった．

第III章

植民地時代のナイジェリアの農業政策：
換金作物生産重視と食糧生産無視

1——はじめに

　ミクロな農村調査の分析に入る前にナイジェリア政府による農業政策とマクロレベルの食糧生産の動向について概観しておきたい．対象とする期間は主として独立(1960年)後とするが，政治的独立が直ちに農業政策と食糧生産に画期的な変化をもたらしたというわけではないので，独立時のナイジェリア政府の食糧生産に対する姿勢を見定めておくため，植民地時代の農業政策と食糧生産についても簡単に見ておきたい．

　ナイジェリアの農業生産をマクロに把握しようとする時に我々は，食糧生産統計と人口統計の信頼性の問題に直面する．ナイジェリアの国レベルの食糧生産統計に関しては，独立の前後を問わず，信頼性に問題があり，生産量の絶対値を示すものとして利用するには問題があると考えられる．ミレットやソルガムといった穀類の生産統計は比較的信頼できるが，収穫時期が季節的に限定されないキャッサバやヤム，ココヤム等の根茎作物の統計に至っては，サンプル調査の方法を巡っても統一した見解がない状態で，生産量の推計は著しく精度を欠いている[15]．そのため同じ作物に複数の生産量推計値が出されることになる(次章の第IV-2図から第IV-6図参照).

したがってナイジェリアの場合，食糧生産の統計数値は，絶対値としては利用しない方が良い．わずかに許されるのは，生産量統計を，食糧生産の変動傾向を読みとるために用いることであろう．本書でも食糧生産統計はもっぱら，生産量の変動傾向をみる場合にのみ利用する．

次に人口統計であるが，これもいささか信頼性に欠ける．後述するように1970年代以降のナイジェリアにおける食糧不足原因論では，人口増加率が食糧生産の伸びを上回ってきたことを理由とするものが多かった．開発計画書はもとより，多くの農業関係の論文においても「人口成長率は2.8％-3.0％の水準」で推移してきたものとして議論されてきた．また，FAOの年報でも，ナイジェリアの食糧生産の伸びは1960年代に2.7％であり，1970年，1971年には1.4％に低下したのに対し，人口増加率は2.5％であったと推計し，食糧生産の伸び率が人口増加率に追いつかなくなったと述べられている（FAO 1987）．

ところが，1991年に実施された人口センサスによれば，ナイジェリアの総人口は，これまで予想されていた1億2200万人でも1億1380万人でもなく8850万人に過ぎないという結果が示された[16]．もしこれが正しいとすれば，1963年の5570万人を基準にした人口成長率は約1.7％にすぎなかったことになり，高い人口増加率を理由とする食糧不足のシナリオは成り立たないことになる[17]．

1970年代以降に発表されたほとんど全てのマクロ経済分析が，この実態のはっきりしない数字に依拠して論じられてきた．やや誇張した言い方に

---

15) ナイジェリアのキャッサバ生産量を推計するにあたって，FAOとUSADは1人当たり消費量推計値をもとに算出している．しかしその消費量推計値は75 kgから386 kgの幅がある（Berry 1993: 7）．

16) ナイジェリア国家人口委員会（National Population Commission）は，1992年3月19日にその前年11月に実施した人口センサスの暫定結果を発表した．その結果は88,514,501人というものであった（West Africa 1992（30 March–5 April）. 539–541）．最終結果は現在に至るまで発表されていないが，この数字と大きく異なることはないと言われていた．

17) 同様の事例は1960年代にもあった．この時は，1963年の人口センサスの結果えられた人口数が予想より多かったことによる（Wells 1974: 14–20）．

なるが，ナイジェリアの国レベルの食糧生産論は空論であったということになる．そしてナイジェリアの農業政策がこの空論に基づいて実施されてきたということである．

ナイジェリアの農業研究においても，この統計数値の問題は大きな影響を与えている．ベリー (Berry 1993a) もこの点を指摘し，ナイジェリアにおいては，いろいろな農業生態地域において農業生産に関するより深い理解を可能にする現地調査が必要であると述べている[18]．政府や中央銀行さらには国際機関が発表する統計類を操作して食糧生産について議論することの危険性を改めて指摘しているのである．著者もこのベリーの主張に賛成するものである．

1農村の調査結果をもってナイジェリアの農業の実態について述べることができないことは言うまでもない．しかし，それでも農村調査が必要であると考える理由の1つはここにある．さらに言えば，1農村の住民といえども，周辺地域，州域内，そしてナイジェリア国内の他の地域や社会とさまざまな関わりを持っている．それを探ることにより，1農村の個別特殊性の枠を超え，現代ナイジェリアの農村が共通に直面している「ナイジェリア的」特殊性にも触れることができる可能性があると考える．マクロな議論が成り立たない状況の中で，農村調査結果を手がかりに地域レベルあるいは国レベルの農業生産を見つめ直すことが可能性を追求することは無駄なことではないのである．その時に著者が一縷の望みをつないでいるのが，前章で紹介したポリティカル・エコロジー論的視点による村落調査である．

2 ── 植民地時代の農業政策

1890年代のイギリスの対西アフリカ政策は「3つのRの発展」におかれ

---

18) ベリーは，古文書館やさまざまな研究所に埋もれている耕作方法，環境変化などに関する記録の整備の必要も訴えている (Berry 1993a: 15.)．

ていたという(Helleiner 1966: 5). すなわち英国による統治(Rule), 鉄道建設(Railway), ロス(Ross)の医学的発見(マラリヤの伝染経路の解明)である. このうち統治は1900年に実現した. そして鉄道の方も早々に着手し, 1898年にラゴスから内陸部のヨルバランドに向け鉄道建設が開始された. 1905年にはヨルバランドの文化的中心都市のOyoにまで到達し, 1908年にはヨルバランドの北辺の都市イロリンにまで延びた.

この急速な鉄道建設には, 内陸部のヨルバランドの政治的安定を願う意図も込められていたが, 何よりも輸出農産物の輸送手段としての意味が重要であった. 1900年にナイジェリア全土を保護領化したイギリスにとって, ナイジェリアの農業は輸出農産物生産以上の意味は持っていなかった. イギリス人は生産者としてではなくもっぱら交易相手としてナイジェリアの農業に関与し始めた. 総額200万ポンドであった1900年のナイジェリアの輸出の80％以上はパーム製品(パーム核, パーム油)のみによって占められていた. 初期の植民地政府にとって現地で求められる歳入源としては, 換金輸出作物しかなかった. 植民地政府は, 現地で活躍する王立アフリカ会社などの商社を使ってココア, パーム製品, 落花生油, 綿花などの買い上げをおこなっていた(室井 1992).

鉄道が西部ナイジェリアのヨルバランドに延びてからは, この鉄道沿線地域でココア生産が急速に伸び始め(Shimada 1979, 島田 1977), 1912年に北部の中心都市カノにまで鉄道が開通する(第III-1図)と, 北部サバンナ地帯で生産される落花生の輸出も急速に伸び始めた. これらの輸出農産物は, 宗主国イギリスにとって, 二重三重の意味で重要であった. まず最初にこれらの換金作物はイギリス国民の需要に応えるものであった. そして油脂類は戦略物資としても重要であった. さらにそれらは, 税収源が限られた植民地政府にとって効果的に徴収できる歳入源であった.

農産物輸出をおこなう商社の中には, 大規模プランテーションを建設するため, 植民地政府に土地の取得を申し出る会社があった. しかし, 植民地政府は小農による生産の方がヨーロッパ人による大規模プランテーション経営より労働力供給の点で安定的で生産も安上がりであるばかりか, 生

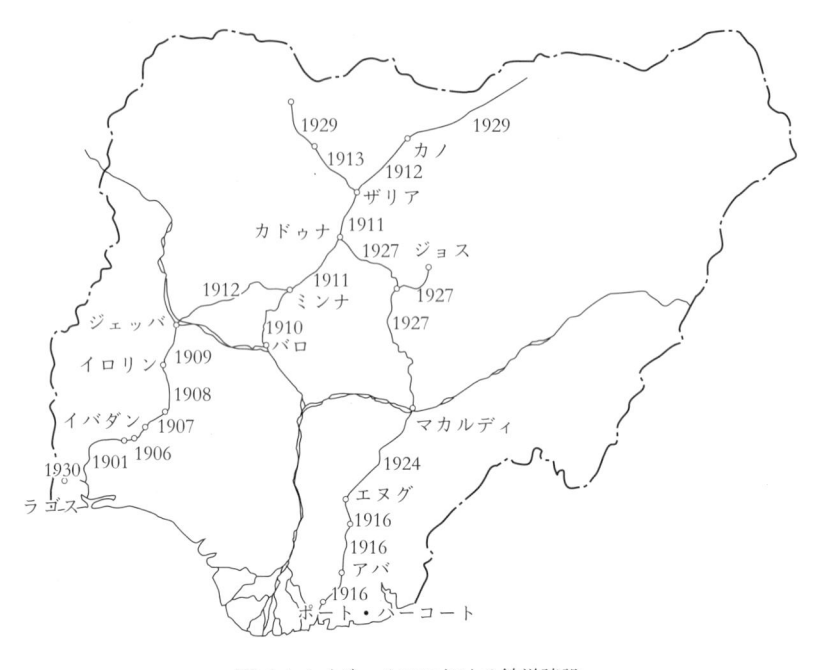

III-1：ナイジェリアにおける鉄道建設

産の拡大も迅速であるとの理由から，プランテーション経営に許可を与えなかった．植民地統治の側に，一貫した農業政策があったわけではないが，小農生産に急激な変化をもたらす政策の導入をおこなわなかったという点では植民地時代を通じて一貫していたと言えよう[19]．

植民地政府の重要な歳入源として，換金作物は第2次大戦後ますますその重要性を増してきた．イギリスは，第2次大戦中の1940年代に戦略的理由から西アフリカ・ココア統制局を設置した．この統制局は，やがてオイル・パーム，落花生，ゴムなどの主要輸出農産物をすべて取り扱うことに

---

19) Forrest (1981: 223-224) を参照．また同書のなかで Forrest は，植民地政府の農業省が珍しく小農生産に技術的指導を試みた例として，北部ナイジェリアにおける食糧作物と棉花の混合栽培の例を挙げている．しかしこれも成功はしなかったという (Forrest 1981: 226-227)．

なった[20]．統制局によるこれら農産品の買い上げ価格は，ロンドン市場でのそれよりも大幅に低く抑えられた．

第2次大戦が終わり，作物統制の必要性がなくなると，この統制局は作物別のマーケッティング・ボード（Marketing Board 以下 M. B. と略称する）に再編された．買い上げ価格の低位据え置き政策は M. B. に改編されてからも続けられ，後に M. B. に莫大な余剰金が蓄積されるようになった．これが後に植民地政府にとって重要な開発資金となった．余剰金は，一部は輸出農産物の開発と発展のために使われたが，多くは都市部に投資され小農の食糧作物生産に投資されることはなかった．こうして M. B. は「第2の徴税」機構として植民地政府によって利用されたのである[21]．

換金作物とは異なり，食糧生産は植民地政府から一貫して無視されてきた．わずかに第2次大戦時に，デンプンを作るために植民地行政官がキャッサバに関心を寄せたことがあった．1940年に，オヨ（Oyo）の駐在弁務官から域内の地方事務官に対し，キャッサバから作ったデンプンを月500トンイギリスに輸出できないかを問う文書が送られた．これが発端で以降2年間にわたって西部ナイジェリア各地でキャッサバからデンプンを精製する方法が試された．しかしながら，イギリスで要求される品質のデンプンを作ることがオヨ地域の農民には困難であるとの結論に達し，1943年にこの計画は全面的に取りやめられることになった．こうして，植民地政府が食糧作物に関心を持つ契機はしばらく失われることになった．

第2次大戦後の1945年に，イギリスは植民地開発福祉法を改正し，植民地の経済開発をこれまでより重視する方針を打ち出した．ナイジェリアでもこの改正に合わせ開発福祉10カ年計画が策定されたが，この計画でもイ

---

20) 1940年代後半の戦時経済統制時のイギリスの植物性油脂原料のおよそ3分の1がナイジェリアから供給されていたという（室井 1992: 274–275）．
21) M. B. の余剰金は計画的に経済開発に使えるので，「第2の徴税」はしないよりもした方が良いという議論がなされたこともある（Helleiner 1966）．農作物の買い上げ価格の引き上げが，農業投資増大のインセンティブになるかどうかが議論されたこともある．消費財購入に費消されるという意見がある一方，限界所得効果が0.5であったという研究報告などもあり，意見は一致していない（Martin 1956: Upton 1967: 115）．

ンフラの整備に主たる努力が集中され，農業生産部門への投資は全体の3.7％と少なかった．実施された農業関連の開発計画とは，近代的技術や大型機械の導入による増産計画，灌漑導入による生産増大，さらには人口稠密地帯から過疎地域への移住・入植計画などであった．この僅かな農業開発計画も，導入した大型機械が熱帯地方の気候条件や土壌条件に合わず表層土の流出を引き起こしたり，農産物増産計画が国内市場の実態を無視した杜撰なものであったために，ことごとく失敗してしまった．計画地域での農民の伝統的農法に対する知識の欠如も失敗原因の1つであった（島田1983）．

この開発計画の失敗のあと，植民地政府が食糧生産に関して何らかの積極的開発を試みることはなかった．植民地政府が食糧生産に対しては無為無策であったと言われる所以である．

3──植民地政策の食糧生産への影響

植民地政府が食糧生産には無為無策であったと述べておきながら，その影響，とりわけ食糧生産に対する影響について述べるのは，一見矛盾していると思われるかも知れない．しかし，植民地政府が積極的に推し進めた換金作物生産の拡大が，食糧生産に少なからぬ影響を与えたので，このような設問は意味がある．

北部ナイジェリアでは，チャーチルが「イギリス帝国の中でナイジェリアほど棉花栽培が強力に推進されているところはない」(Hogendorn 1978: 28) と言った程に棉花栽培が奨励され，落花生栽培もまた強力に推進された．これらの換金作物は食糧作物畑で栽培されるようになったので，食糧作物と土地を巡って競合することになった．しかし，落花生は窒素固定の効果があると盛んに農民に宣伝され，従来の穀物(ミレットやソルガム)栽培と休閑を繰り返す土地利用サイクルの一角に無理なく挿入される形で導入された．このため落花生が食糧作物を追いやるといった形で導入されたわけではなかった．換金作物の導入で自給用の穀物生産が需要を下回ること

になったという報告もある (Mortimore 1972: 67) が，実際に棉花と落花生の導入が食糧生産畑の栽培面積の縮小をもたらしたという調査報告はない．南部ナイジェリア（西部ナイジェリアと東部ナイジェリアを含む）で生産されるパーム油やパーム核の場合も，もともと在来のパームの樹から採集されたものであり，食糧作物と土地を巡って競合することはなかった．

これに対しココアは，在来作物ではなく新しく導入されたものであった。しかし，これも未利用地や未開墾地に植栽されることが多かったので，土地を巡って食糧作物と競合することは比較的少なかったと言われている．もともと人口密度が高かったイバダン地域では町の近郊でココア栽培に利用できる未利用地が 1930 年代には不足し始めた．それでも郊外にココア畑を開くことで対処したので，ココア生産の拡大が食糧生産畑を圧迫するといった方向には向かわなかったと言われている．

しかしながら，換金作物生産の拡大は各地で労働力不足を引き起こし，食糧作物生産に影響を与えた．労働力不足が最も顕著であったココア生産地域では，域内でココア生産農民と食糧生産農民との間に緩やかな分業が生じた．さらにココア生産地の後背地からココア生産地へ膨大な数の農業労働者が移動し，後背地は食糧供給地で且つ出稼ぎ民供給地に再編されることになった．後のミクロ分析において詳細に分析するエビラ人の出稼ぎ村の例はまさにこの後背地の様子を映し出している．

ココア・ベルト内での，ココア生産農民と食糧生産農民との緩やかな分業体制の形成についてはすでに述べたことがある (島田 1978; 後藤 1978)．ガレッティ (Galletti 1956) が示した 1950 年代始めの調査結果によれば，ココア生産農家の 90% 以上が主食作物のヤムを生産しており，ココア生産と食糧作物生産とが同じ農民によっておこなわれていたことが示されている (Galletti 1956: 411)．しかし 1960 年代以降の調査結果が示すところでは，ココア・ベルト内でココア生産農民と食糧生産しかおこなわない農民との間で緩やかな分業が生じていたことが示されている (Güsten 1968; Berry 1967; Adejuwon 1972)．そしてこの緩やかな分業の進展を陰で支えていたのが，ココア・ベルトの後背地から来た膨大な数の農民たちであったと考えられ

ている．

　ココア・ベルト内のココア農民が他地域からの移動農民を積極的に受け入れた理由の1つは，ココアが新規の樹木作物であったことと関係している．ココア農民たちは，不足する農業労働力を，日雇いや契約労働者あるいは年雇労働者として雇うことで補った．このときにココア農民たちは，ココアが樹木作物であることからよそ者の出稼ぎ労働者を受け入れるほうを好んだという．樹木権が土地所有権とは別個に認められているココア・ベルトのヨルバ社会では，長年にわたり土地を占有することになる樹木作物の植栽は，一般によそ者に認められることはない．したがって，よそ者は将来にわたりココア生産農民になる怖れはない人たちとして安全な労働者と考えられたのである．

　よそ者であってもココア農民と同じヨルバ人の場合，彼らは潜在的に出稼ぎ先の村でココア農民になる可能性を持っている．このことが地元ココア農民の間で，同じヨルバ人農業労働者に対する警戒心を生み，他民族のよそ者を好むという，ねじれた現象を生んだとベリー(Berry 1975)は指摘している．

　他民族である東部ナイジェリア出身のイボ人が低い賃金にもかかわらず雇用関係が安定している年雇を好むのに対し，他地域から来たヨルバ人農業労働者が日雇いや契約労働者として働くことが多いのも，労働者側の理由だけではなく雇用者側の思惑もあってのことなのである．後で事例として述べる中部ナイジェリアのイビビオ農民の事例は，まさに他地域からきたよそ者としてココア・ベルトで歓迎された出稼ぎ民の例であるといえる．彼らは，ココア生産の危険性のない農業労働者あるいは食糧生産農民として歓迎されたのである．

　ココア・ベルト域内でのココア生産農民と食糧作物生産農民との間の緩やかな分業が，ココア・ベルトとその後背地との間での労働力を仲立ちとする地域間分業をも引き起こしていたということになる．こうしてココア・ベルトの北部周辺地域は，農業労働者や食糧生産農民をココア・ベルトに供給する出稼ぎ地帯に再編されてきたのである．第V章から第VII章

において取り上げる村はまさしくまさしくこの地域間分業の中で多くの村人をココア・ベルトに供出していた村である．植民地政府の換金作物優先政策は，間接的に食糧生産に大きな影響を与えていたといえる．

第IV章

独立後のナイジェリアの農業政策と食糧生産：
オイル・ブームと食糧増産運動

　独立後のナイジェリアの農業政策について考える場合，以下の3つの時期に分けて検討することが適切であろう．すなわち1970年代前半までの第1期，1970年代後半から1980年代前半までの第2期，そして1980年代後半以降の第3期である[22]．第1期は食糧生産の停滞が明らかになってきていたものの，政策的には自由放任主義がとられていた時期であり，第2期は，深刻さを増す食糧不足問題に対して，政府が本格的に食糧増産運動に乗り出し始めた時期である．そして，第3期は構造調整政策が実施されてから後の時期にあたる．この第3期の構造調整政策の実施は，農業生産に関係する補助金の削減や，各種規制の撤廃という点では，自由放任への回帰と捉えられるかも知れない．しかし，この時の自由化政策は，第1期の自由放任主義＝無策といった意味での自由放任とはまったく別のものである．むしろ食糧生産に関しては，政府は為替政策を通じて積極的にその増産を計っており，その意図は第2期にも増して明確であったといえる．

　このように時期区分した場合，第1期と第2期との間に食糧生産に対す

---

22) 独立後ナイジェリアの25年史を総編集したシリーズの第2巻「経済」の中で，ボナットは，農業の章を記述するにあたって以下の3つの時期に分けて述べている．つまり，1960-66年，1966-1975年，1975-1985年の3期である．この時期区分は，本論文の時期区分と1-2年の違いはあるがほぼ一致している (Bonat 1989).

る考え方に大きな違いがあることがわかる．すなわち，食糧生産を植民地政府以来の自由放任主義の下におくかどうかという点で大きな転換がおこなわれている．この自由放任主義の放棄に関しては，ナイジェリアの農業生産研究も少なからぬ影響を与えている．そこで，時期別の食糧生産の推移を見る前に1960年以降のナイジェリアの農業研究に現れてきた食糧生産を巡る研究動向を概観しておきたい．

1 ── 食糧生産論の研究動向概観

ナイジェリアの食糧生産論の底流には大きく2つの見方が存在する．1つは，食糧生産能力自体には国内需要を賄うだけの能力があり，時として起きる食糧不足も，構造的食糧不足問題とは考えない見方であり，いま1つは食糧生産そのものが内包する問題と食糧増産の限界が存在すると考える見方である．

前者は，植民地時代から第1期の自由放任主義の時代，そして今日まで一貫してナイジェリアの食糧増産政策の理論的基礎になってきた見方である．第1期の自由放任主義は，ナイジェリアの食糧生産は基本的に国内の食糧需要を賄うだけの生産能力を有しそれを実現してきたという認識に裏打ちされていた (Okigbo 1962: 63-64; Helleiner 1966: 24-29; Olayemi 1972; Famoriyo 1972: 239-253; Oni 1972: 145-165)．ビアフラ戦争 (1967-1970) 後の東部ナイジェリア地域における飢餓の発生，1972-74年の北部ナイジェリアを中心とした干魃の被害は，それまで国レベルで食糧不足を経験することがなかったナイジェリアにとって少なからぬ衝撃を与えた．しかしこの衝撃も当時急速に増大していた石油輸出によって打ち消されてしまった．政府は，不足する食糧をオイル・マネーによる食糧輸入で切り抜けることができたのである．このため政府は，1970年代初頭の食糧不足問題を，生産力そのものに起因するものと深刻に考える機会を逃してしまったといえよう．そして食糧不足の原因を食糧生産に対するインセンティブの欠如 (Nigeria, Federal Ministry of Economic Development 1975; Oyaide 1981: 23-50)に求め，自由

放任主義を改める必要性を感じなかったのである．

　第2期に入ると根拠のない食糧自給論は後退し，政府はそれまでの食糧生産無視の態度を改め，積極的に食糧増産運動に乗り出すようになった．1970年代の後半から始めた国民食糧自給作戦（Operation Feed the Nation 以後 OFN 計画と略称する）や「緑の革命」などである．しかしこの時でも，食糧生産の問題点は，後で述べるようなナイジェリアの農業生産が抱える根本的諸問題のせいではなく，インセンティブの欠如が問題とされた．そのためこれらの計画では，オイル・マネーを利用して食糧生産農民に対してさまざまな形の農業補助をあたえることが食糧増産の近道と考えられた[23]．

　この見方は第3期の構造調整計画の下でも変わらなかった．この時にも，食糧生産の復興は農民の生産意欲を疎外している諸条件の除去によって実現されるものと考えられていた（Central Bank of Nigeria 1992: 34-35）．ただし第2期のやり方と異なるのは，構造調整計画の中では，農民に対するインセンティブは基盤整備や農業投入財への補助，あるいは大規模農業開発計画を通して与えるのではなく，農産物価格の相対的上昇や各種規制の撤廃などを通して価格インセンティブとして与えるというものであった．

　このような楽観的な見方と対照的に，ナイジェリアの食糧生産そのものが内包する諸問題と食糧増産の限界を指摘する研究も小数ではあるが存在した．そのような中で現実の農業開発に対しても最も大きな影響を与えてきたのは，土地所有制度をめぐる研究である．多くの研究が，共同体的土地所有制度が農業生産増大に対して与える限界性を指摘[24]，農地改革の必要性を訴えていた．共同体的土地所有制度は，耕地の細分化を進行させ，意欲的農民の土地集積や積極的な農業投資への可能性を奪っているというのがその理由として挙げられていた．しかしながら共同体的土地所有制度

---

[23]「緑の革命」では，小農に対する肥料，農薬，種子，農機具などの農業投入財の支援と道路，市場の改修といった農村インフラの整備に力が注がれるべきことが主張された（Nigeria, Federal Ministry of Agriculture 1980: 10）．

[24] United Nations, FAO (1966: 331-338) を参照．共同体的土地所有の改革の必要性は認めているが，慎重な対応が必要とする意見が多い（Famoriyo 1979: 112-118）．

から私的土地所有制度への変換は容易ではなく，1978年の土地利用法[25] 制定の後でもそれはあまり進展していない．農地改革の必要性をめぐっては，私的土地所有権の部分的確立から，私的所有権の全面的展開まで意見は多様であったが，伝統的土地所有制度が農業生産性の限界要因として障害になっているという認識では，研究者の意見は一致していた．

　土地所有制度以外にも，農業生産方法それ自体の中に食糧増産の限界がある (United Nations, F. A. O 1966: 33-39) とする見方もあった．とりわけ食糧不足の発生頻度が高い北部サバンナ地帯では，天水に頼る伝統的農業が食糧増産の足枷になっていると指摘された．西アフリカ内陸部の中で飛び抜けて人口密度の高い北部ナイジェリアは，植民地時代から食糧不足地域であり，かつて乾季に大規模におこなわれていた沿岸地域への出稼ぎも，この構造的食糧不足解消のための対策であったとする見方もある (Prothero 1957)．このような認識にたつ研究者は，1970年代に北部ナイジェリアで特に顕著になってきた食糧不足の原因を，既存の農業技術のもとでの生産力限界の問題として捉えた．そしてこのような天水農業の生産限界説に導かれて，北部ナイジェリアでは灌漑農業の導入が不可欠と考えられたのである．1970年代中頃以降活発になった河川流域開発計画[26] は，このような危機感に裏打ちされて実施されてきた．

　他方南部ナイジェリアでは，土地不足が食糧生産増大にとって最大の制限要因になっているとする研究成果がいくつか出されていた (Essang 1973)．これもナイジェリアの食糧不足の原因を，生産能力自体の中に求めようとする説に連なるものである．南部地域の中には，植民地時代から土地不足が問題となっていた地域があるのであるが，独立後の人口増大はこの問題

---

25) この法律では，個人の私的所有権を認める方向ではなく，究極的な土地所有権は国家に帰属するものとされ，個人の土地に対する権利は占有権と用益権とされた．この法律を作るに至った動機の中で最も強かったものは，政府による公共用地取得を容易にしたいという動機であった．農地改革の必要性を意識してこの改正に意欲的に取り組んだ審議会委員もいたが，結果的には都市近郊の住宅や商業用地用の私的占有権の保障に最も実効的に働いた (The Land Use Act…1981; Udo 1970).

26) この開発計画については室井 (1989: 147-178) に詳しい．

に拍車をかけることになったという．人口増大による食糧需要の増大を，耕作地面積の面的拡大で解決できない地域では，既存耕地での休閑期間の短縮，耕作頻度の増大などで対応するより他ない(Shimada 1977)．その結果が，既存の休閑耕作体系内での地力維持メカニズムを徐々に破壊し，土壌侵食などを引き起こし食糧生産の停滞につながっているという見方[27]である．

このような伝統的耕作方法の枠内での集約化の限界を突き抜ける方策として，土地生産性の高い改良品種の導入が不可欠であるとする見方と，伝統的耕作方法の見直しとその延長線上での改良が必要であるとする見方[28]が対立しているが，このうち前者の見方にたって実施されてきたのが，1974年開始の国家食糧生産推進計画(NAFPP)や1975年の農業開発計画(ADPs)，さらには1976年開始の国民食糧自給作戦(OFN)などにおける改良品種の導入，農薬・化学肥料の積極的導入であった．後者の見方にたった農法の改善の必要性は，研究のレベルにおいても1980年代に入って初めて認識されてきた見方であり，実際に農業政策として実施されるのは1990年代初頭まで待たなければならなかった．

以下では，1960年代以降のナイジェリアの食糧生産の動向と，政府の食糧関連政策の推移を各時期別により詳しく見てみたい．

---

27) Lagemann (1977) は，伝統的耕作方法内での生産性増大が図られているものの，土壌肥沃度は，ゆっくりと低下しつつあることを東部ナイジェリアの事例で示している．

28) 伝統的耕作方法や農民の行動の合理性に関しては農業経済学者や人類学者等の多くの研究で明らかにされている．1960年代の大規模農業開発の失敗の反省の上に立って1980年代にはいると国際熱帯農業研究所 (I. I. T. A.) 等においても，伝統的耕作方法の延長線上での緩やかな農業開発の必要性が認識されてきている．無耕起耕作や，アグロフォレストリーの実験等はこの様な観点から始められたものである (Ibwebuike 1975: 4-8; Richards 1985; International Institute of Tropical Agriculture 1989: 6-11)．

2——1960-1974年の食糧生産と農業政策

(1) 食糧生産の推移

1960年以降1970年代前半までの食糧生産の推移（後掲の第IV-2図から第IV-6図参照）をみると，1960年代前半の安定期と，1960年代後半以降の顕著な減少期とに分けられる．1960年代前半は，作物の種類を問わず生産が安定していた時で，食糧生産に関してはナイジェリアは特に問題を抱えていなかった時代である．しかし1960年代の後半になると，特にビアフラ戦争が始まる1967年から，作物の生産減少が顕著になってきている．生産の減少傾向は作物によって異なり，1970年代に入って特に減少傾向の激しかったのは，南部地域の主食作物であるキャッサバとヤムであった．ビアフラ戦争(1967-1970)の前後で生産統計の継続性が断たれているので，これら根茎作物の減少を絶対量で議論することは危険であるが，北部ナイジェリアの主食作物であるソルガムやミレットといった穀類に比べヤム，ココヤム，キャッサバなどの根茎作物の生産減少率が大きかったことは事実を反映していると考えて良いのではなかろうか．

ビアフラ戦争が主として南部ナイジェリアを戦場として戦われた内戦であったために，南部での食糧生産が大きな影響を受けた．この戦争の影響が冷めやらぬ1972年に，今度は西アフリカ全体を旱魃が襲い，この年にはキャッサバとヤムに加え，ソルガム，ミレット，トウモロコシの生産も減少した．干魃に強いミレットの生産が1973, 74年と平年作を大きく上回る生産をあげたのに対し，キャッサバ，ヤム，ソルガムの生産は，1973年も平年作を下回った．ナイジェリアにとっての初めての食糧不足問題はこうして1970年代初頭になって顕在化してきたのである．

ところで，1973年にこの食糧不足対策として10万トンを越える小麦の緊急輸入が実施された．しかし，これは国内の穀類の生産不足を補うためというよりは，都市部での食糧価格上昇に対応した輸入であった（Central

Bank of Nigeria 1992: 32-33). というのは，穀類と根茎類との区別で言えば，この時の生産減少は根茎類の方でより大きく，食糧不足が深刻であったのは根茎類の消費需要が大きい南部の都市部においてであったからである．1976, 77年の米の大量輸入の時もそうであるが，食糧不足を引き起こしている主要原因がどの作物の不作によるのかにはかかわりなく，緊急輸入される食糧は小麦や米といった国際交易食糧に限られることになる．このことが緊急輸入の主たる受益者である都市住民の嗜好をさらに変化させ，小麦，米などの穀物需要をさらに増加させるという効果を持っていたことが指摘されている（島田 1983）．1970年代後半以降大規模灌漑計画において，稲と麦の栽培が強力に押し進められることになるが，1973年時の輸入が稲と小麦に対する需要創出に少なからぬ影響を与えていたといえよう．

(2) 農業政策

1960年代と1970年代前半は，食糧生産に関して言えば，植民地時代から続く食糧生産無視の時代ということができる．この点では農業研究者の意見は一致している．すなわち政府は，経済開発計画の中では工業化とりわけ輸入代替産業の推進を第一に考え，その資金源として農産物の輸出を考えていたこと，したがって輸出農産物の買い上げ販売はマーケッティング・ボードで一元的におこない，その対極として食糧生産に対しては自由放任政策＝無策であったということである．

独立直後のナイジェリアが，農業資源も含めいかに天然資源の豊かさに絶対の自信を抱いていたかは，独立後最初の国家開発計画（通称第1次国家開発計画1962-68年と呼ぶ）の冒頭の一文に象徴的に示されている．この計画書は，「ナイジェリアが潜在的に豊かな国だというのは適評である」という一文から書き起こされている (Nigeria, Federal Ministry of Economic Development 1963: 1). この開発計画は，豊かな資源を国民の生活水準向上のために有効に使うことを目指すとしている．そして経済成長率の目標を最低4％（年率）におき，農業，工業，中等・高等教育の3部門を開発政策の最優先部門とする (Nigeria, 同上書: 22) ことが述べられている．しかし，部門

別投資予定額を見ると，第1次産業部門に対する投資の割合が13.6%と少ないのに比べ，工業，電気，輸送システムの合計は総投資額の50%に達するというものであった．つまりこの開発計画は，インフラストラクチャー重視の開発計画であったということである．

またこの開発計画では，連邦政府と並んで北部，東部，西部という3地域の地方政府も独自に開発計画を推進することになっていた．地域別に特色ある主食作物を生産しているナイジェリアにとって，この政治的分立制[29]は農業開発政策の策定には有利な条件となるはずであったが，実際にはこの政治的3地域分立制は，各地域の輸出農産物の生産増大とその販売統制にのみ力が注がれ，各地域毎の食糧作物生産には特別の注意が払われることはなかった．

ビアフラ戦争の後直ちに第2次国家開発計画(1970/71-1973/74)が策定された．この開発計画の主要目的は，ビアフラ戦争後の経済再建におかれ，ここでも農業生産部門は最優先順位に掲げられていた．しかしこの計画でも農業部門に対する投資額は，当初予算では総公共支出の10.5%しか割り当てられず，さらに支出実績では総支出額の7.7%に留まるという状態であった(Nigeria, Federal Ministry of Economic Development n. d.: 25)．さらに農業生産部門の中では換金作物生産の復興に最大の力が注がれたために，食糧生産部門はこの計画においても「口先だけの重視」[30]がなされたに過ぎない．ちなみにこの計画での運輸部門に対する支出実績は23.1%であった．

このような政府の「口先だけの重視」の姿勢に対し，食糧生産の重要性を警告する意見も少なからず出されていた．それらの多くは農業近代化をめざす人々からのものであった．彼らは，伝統的農業の低位生産性を決定づ

---

29) 政治的3地域分立制と，それがもたらした政治的問題については島田(1992)を参照．
30) 伝統的農業に対しては口先の重視すらもおこなわれず，なんらの発展も期待していないことが述べられている．曰く「農民が，現在の鍬や長刀（カットラス）を利用した耕作技術に代わる技術を発見しない限り，現在のナイジェリア農業の性格およびその農業に奴隷のようにとらわれている状態から現実的な変化を期待することはできない．」という(Nigeria, Federal Ministry of Information n. d.: 108)．

けている共同体的土地所有の解体，新品種の導入，機械化の推進などの必要性を訴えた．しかしこれらの研究者が提起した問題はいずれもその実現が容易なものではなく，結果的には彼らの提言もまた「口先だけの(食糧問題)重視」の域を出なかったと言える．

ところで時期区分するにあたって，1970年の前半をそれ以降の時代と区別したのは，上記の食糧生産無視の状態がこの時まで基本的に続いていたと考えるからである．1967年に始まり1970年まで続いたビアフラ戦争の影響，終戦後のビアフラ側での飢餓問題，さらに1972/74年の旱魃の被害は，1960年代を覆っていた，食糧自給は自然にできているとする楽観論を打ち破るものであった．この時期は食糧生産に対する危機感が目覚め始めた時期ではあったが，それに対する行動がとられることは無かった時代である．この食糧不足に対しては，政府は国内の食糧生産増大のための方策を示すよりも，トウモロコシ，米，小麦の緊急輸入(室井1989: 201-204; 島田1983: 151-153)で対応する途を選んだ(第IV-1図参照)．

なお，1974年に国家食糧生産推進計画(NAFPP)が開始された．この計画は，米，トウモロコシ，ミレット，ソルガム，キャサバ，小麦の作物の増産を目指し，種子，肥料，農薬の供給，農民の教育，農産物の販売，貯蓄，加工に対する援助などをおこなうとするものであった．各地に農業サービスセンターを作り，最初はミニキットから始め，次に生産キットで試し，最終的には大衆への普及を狙うというものであったが，実際には農業投入財の適時供給すらできず，実質的には増産効果はほとんどなく，やがて1975年から開始されたADPsに計画の主体が移されてしまうことになった(Okuneye 1992: 72-73)．

3——オイル・ブーム期(1975年-1985年)の食糧生産と農業政策

(1) オイル・ブーム期の農業生産

1970年以降の主要食糧作物の生産量の推移(第IV-2図から第IV-6図)の

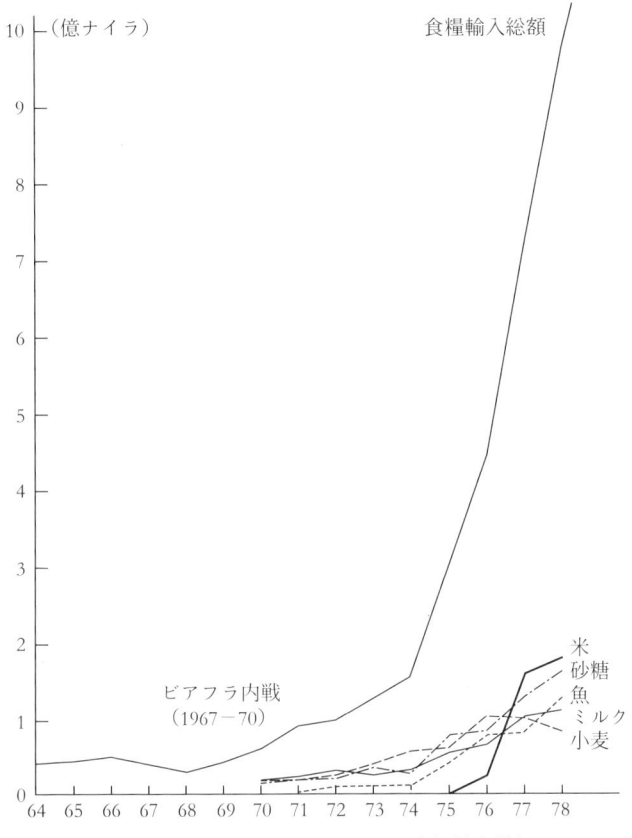

IV-1：1970年代のナイジェリアの食糧輸入増加

統計的信憑性については前に指摘したことがある．これらの図では，1つの作物の生産量に関し複数のデータがある場合，それらを複数の折れ線で示しておいた．ソルガムとミレットに関しては複数のデータにそれほど大きな差はないが，ヤム，キャッサバ，トウモロコシの生産量に関してはデータ間に大きな差があるばかりか，1988年以降の生産増加が不自然に大きく，これらのデータの読みとりにあたっては注意が必要である．

根茎作物であるヤムとキャッサバの生産量の推計が困難な理由は，これらの作物が収穫されるのは自家消費であれ販売用であれ収穫時に必要な量

キャッサバ生産量（000トン）

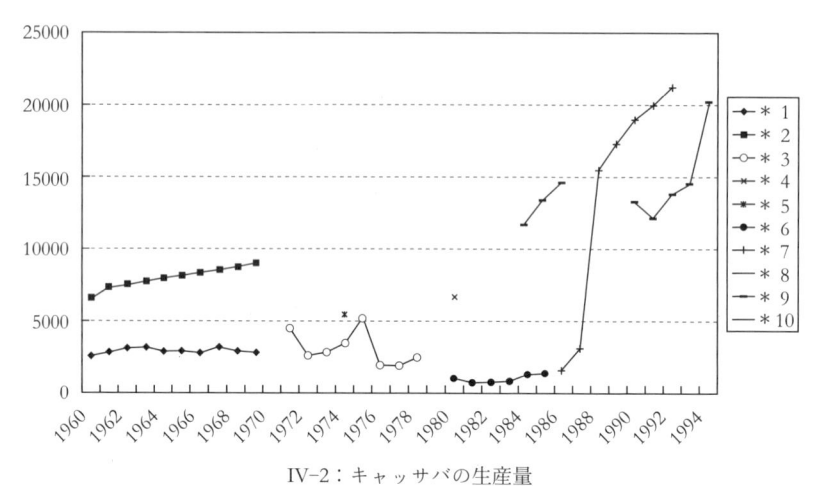

IV-2：キャッサバの生産量

ヤム生産量（000トン）

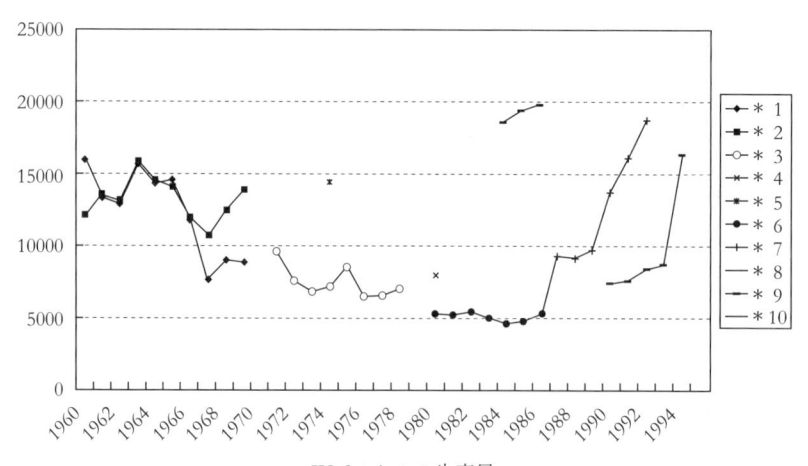

IV-3：ヤムの生産量

第 IV 章　独立後のナイジェリアの農業政策と食糧生産　61

ソルガム生産量（000トン）

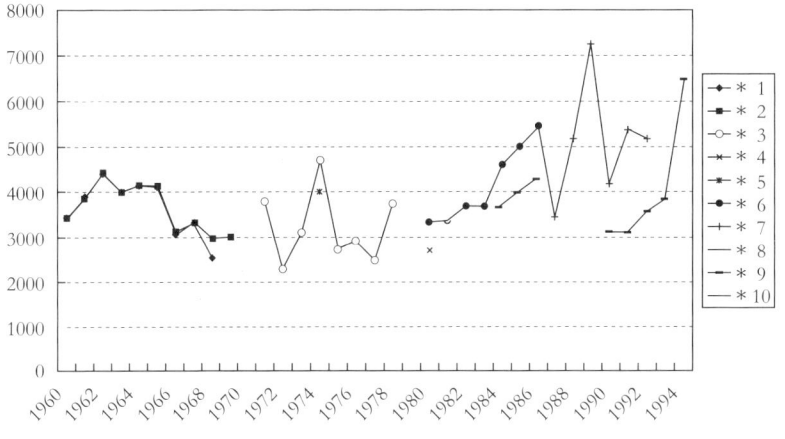

IV-4：ソルガムの生産量

ミレット生産量（000トン）

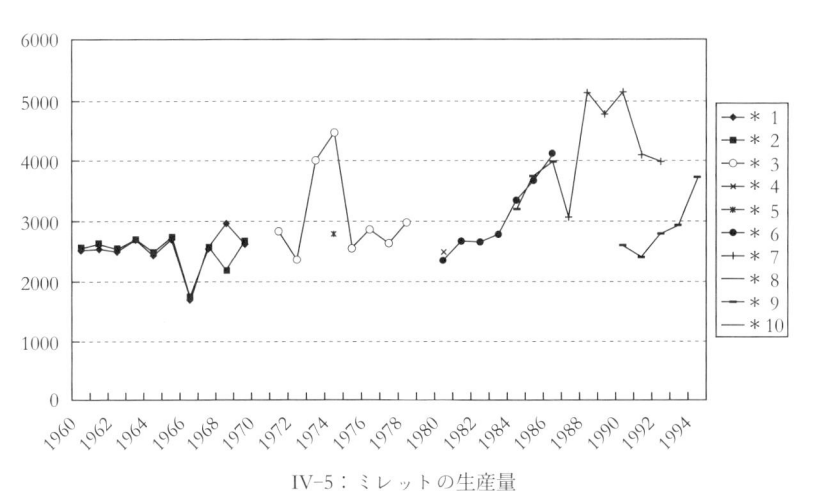

IV-5：ミレットの生産量

トウモロコシ生産量（000トン）

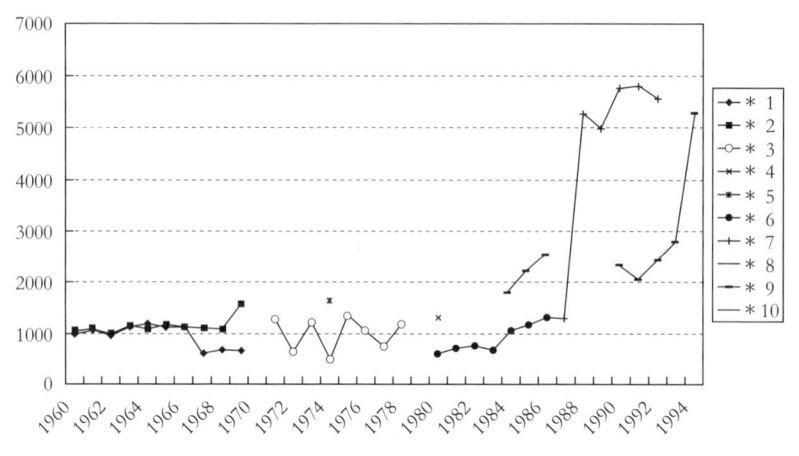

IV-6：トウモロコシの生産量

* 1：Olatunbosun（1975）15 頁
* 2：Abumere（1978）215 頁
* 3：Nigeria, Federal Ministry of Agriculture and Water Resources（n. a.）28 頁
* 4：Nigeria（1981）Fourth National Development Plan 80 頁
* 5：Nigeria（1975）Third National Development Plan 68 頁
* 6：Central Bank of Nigeria（1986）83 頁
* 7：同上
* 8：Nigeria, Federal Ministry of Statistics（1996）231 頁
* 9：AED special report（1986）20 頁
* 10：West Africa（1986）990 頁

に限られ，利用される直前まで畑の中に貯蔵されている点にある．これらの作物にあっては，掘り出された量の総量＝生産量ということになるが，必要に応じて小量ずつ掘り出される量を推計することは不可能である．生産量の推計値に5倍近い違いが出てくるのはこのためである．ここでは，この推計値の正確さについての議論はおこなわず，ヤムとキャッサバに関しては生産量の推移にみられる増減の傾向のみを読みとることにする．トウモロコシ，ソルガム，ミレットに関しても同様である．

　さて，この期間の食糧作物にみられる生産量の推移は以下のような傾向を持っている．すなわち，

(イ) キャッサバとヤムの生産量は，1970 年代から 1980 年代の中ごろまで一貫して減少している．その例外をなした年は 1975 年のみである．
(ロ) ソルガムの生産量はこの期間を通して増加してきている．
(ハ) トウモロコシは，1975 年の生産量 133 万トンをピークに減少を続け，1983 年にはついに 60 万トン未満となった．1984, 1985 年と生産回復の兆候が現れ，100 万トン台を回復した．
(ニ) ミレットの生産量はこの期間顕著な変化は見られない．

これらの主要主食作物の生産量推移から読み取れる全般的傾向は，1970 年代前半までの食糧作物生産の減少傾向が 1980 年代前半まで引続き続いていたということである．唯一この期間に増加傾向を示していると指摘したソルガムの場合も，1970 年代前半の水準に回復しただけのことであり，1960 年代の安定した生産量 (400 万トン) の水準に到達したのは，この期間では 1984, 85 年の 2 か年に過ぎない．

後述するように，この期間は政府が初めて実質的な農業政策に取り組み始めた時期として位置づけられるのであるが，これらのグラフはその取り組みが食糧生産の増大には未だ効果を挙げていなかったことを示している．

(2) オイル・ブーム期の農業政策

政府は，1975 年に農業開発計画 (ADPs) を打ち出した．この計画は 1974 年に開始された NAFPP の延長線上にある計画だが，それよりもっと総合的な性格を持っていた．農業投入財の供給に加え，農道建設，小規模ダム建設，農業サービスセンターの設置[31] などのインフラ整備も対象に含んでいた．1985 年の段階で全国に 470 の農業サービスセンターが設置されていた (Okuneye 1992: 74) というから，この計画はナイジェリア史上初めて組織的な計画となり得たといえる．この ADPs が，比較的着実に農村部に浸透

---

31) 農業サービスセンター (Agro Service Center) は，NAFPP の計画で設置が決められたものであり，農具や肥料，農薬などの配布，農作物の販売，農業融資等をおこなうものとされていた (The National Accelerated Food…n. d.)．

してきた計画であったのに対し，この期間にさらに別の緊急的食糧増産計画が華々しく展開された．1976年開始のOFN計画と，1980年開始の「緑の革命」計画である．この2つの計画は，ナイジェリアの食糧生産にとっては画期的な計画であった．というのは，政府が「口先だけの重視」ではない諸方策を実際に実行したからである．

　OFN計画は，マスコミを積極的に利用し，かつてない規模で国民に宣伝され実施された食糧作物増産運動であった．OFN計画では，増大する人口に充分且つ安価な食糧を供給し，食糧輸入依存度を低めること，それによって自立的で安定した社会経済体制を確立することを目指すことが目標とされた．このために，農民ばかりではなく全国民が食糧増産運動に動員すべきものとされた．そして，農民ばかりか軍人，公務員を含むさまざまな人々に肥料や改良品種の配布，病虫害の駆除サービス，農機具・農業機械の貸与等がおこなわれた．さらに夏季休業中を利用した大学生や高等専門学校生の農作業への動員なども実施された．

　ADPsに比べこのOFN計画が実際の食糧増産にどれほど効果があったかについては，疑問視する声が多い．新聞やラジオを通じて毎日のように宣伝された計画ではあったが，例えばこの計画において無償配布あるいは低価格で提供された肥料や農薬，農具の大半は，公務員や軍人に配布され，彼らの菜園用に利用されたに過ぎなかった（Okuneye 1992: 69-82）．また農村部の労働力不足を緩和させる目的で動員された学生達は，もとより農作業に対しては無知で，農民の手助けにはならなかったにもかかわらず，政府は彼らの日当・宿泊・交通費として，総額78億ナイラも支払ったという[32]（Udo 1982: 69）．軍事政権がマスコミを積極的に利用し，率先して食糧増産運動に取り組んだ計画ではあったが，実際の食糧増産には実効を挙げたとは認められないということである．

　しかし，この計画は，口先だけの食糧生産重視の姿勢を改め，政府が先

---

32) この額は，第4次国家開発計画（1981-85年）の総予算額702億ナイラの1割を超える額であり，同開発計画で農業部門に投資される予定の54億3400万ナイラを上回るものであった．ちなみに78億ナイラは当時の為替レート換算して3兆円に相当する．

頭に立って食糧生産運動を実際に推進した点でナイジェリアの農業政策史上重要な意味を持っている．石油収入が急速に増大する中で，農業生産が停滞ないし低下していることに対し政府が危機感を持っていることを国民に知らしめる効果はあったといえよう．1960年代まで信じられてきた食糧自給の神話は，この時点では完全に打ち捨てられてしまったようで，この後の農業関係の論文で，ナイジェリアが食糧生産において自給を達成していると論じるものはなくなった．

1979年10月にOFN計画を熱心に推進してきたオバサンジョ(O. Obasanjo)軍事政権が政権の座を降り，かわって民選のシャガリ大統領が政権を握るとこの新政権はさっそく第4次国家開発計画(1981–85年度)を打ち出した．この計画は1970年代末の石油収入の伸びを反映した総額705億ナイラにおよぶ大規模なものであった．計画では，国民の実質所得の向上，所得の公平分配，失業・不完全雇用率の引き下げ，技術労働力の供給増加，経済活動の多様化，部門間・地域間の均衡ある発展，自国資源利用による経済の自立性の強化などが目標として挙げられていた．そして，開発の最優先部門として農業生産及び農産物加工業が挙げられ，農業部門への投資はこれまでの国家開発計画の中では額，率とも最高の92億6000万ナイラ，13.1%の予算が割り当てられた (Nigeria, Fourth National Development Plan 1981 – 85: Tables 32.1 & 32.4.)．

OFN計画にもかかわらず食糧不足は深刻化し，食糧輸入が急増していることがシャガリ政権にとっても頭痛の種となっていたが，この事態を改善するために同政権は1980年に新しく「緑の革命」計画を打ち出した．この計画では，第4次国家開発計画の終了年度である1985年までに食糧自給を達成することを目標とした．この目的達成のために計画では，総合的農村開発の重要性を前面に出し，食糧生産そのものだけではなく，農産物加工場の設立，農村部の道路整備，住宅の提供，教育・保健施設の充実，農村の上水道・電化の普及を同時に進めるという方針が打ち出されていた．このため計画では，農業省，水資源省，労働省，商務省，さらには1976年に設置された11の河川流域開発局 (River Basin Development Authorities) や

1975年設置の農業開発計画（Agricultural Development Projects）にまたがる複数官庁・機関の共同開発計画となった．

この「緑の革命」計画は，先述したようにOFN計画に比べ農村総合計画的色彩が強く打ち出されていたが，実際には河川流域開発局（RBDA）への支援が最も多く，河川流域開発計画の多い北部ナイジェリアへの投資が集中する事になった．農村の道路整備や教育設備の改善は，シャガリ大統領が属するナイジェリア国民党（National Party of Nigeria 以下NPN）の選挙公約（Udo 1982: 80）であり，OFN計画の廃止とそれに代わる「緑の革命」計画の開始は，単に農業開発計画の変更にとどまらない政治的問題を反映していたと言えよう．この計画は，NPNの支持地盤である北部ナイジェリア地域に適合的な開発計画であったとする批判は，理由の無いことではないのである．もともと稲や麦という穀物生産地で実施されてきた緑の革命を，ナイジェリアの食糧生産のキャッチフレーズとして採用したことの中にすでに穀物生産地域の北部ナイジェリア重視の意図が込められていたのかもしれない．

ところで，この緑の革命計画が打ち出された約1年半後に北部のアハマド・ベロ大学において農業研究者が集まり，「緑の革命」計画に関するセミナーが開催された．このセミナーでは，種子，肥料，農薬の過度の利用を戒める勧告がなされ，灌漑計画の推進に際しても地域の環境に配慮し実現性の高いものにするよう要求し，機械化に関しても大規模なものより地域で利用されている機械の開発に力を注ぐよう提案がなされた．そして計画全般を通して人的にも技術的にも，外国依存を極力排除するべきことが主張された（Abalu et al. 1984）．この時点においてすでに「緑の革命」計画が，輸入品の投入財や外国の指導による大規模灌漑計画の推進に片よりすぎていたことに対する反省がみられるのである．

食糧自給体制の崩壊と政府による農業生産への直接介入の必要性を認めていた点でこの時代のOFN計画と「緑の革命」計画は同一の危機意識の上で策定されてきた．しかし，片方が軍事政権下での計画であり，他方が民政政権下での計画ということで，計画の実施段階では前者が全国的運動

であったのに対し，後者が選挙公約の実現を目指すための北部ナイジェリアに重点がおかれた計画になったという違いがある．

4 —— 1986 年以降の食糧生産と農業政策

(1) 1986 年以降の農業生産

1986 年以降の食糧生産量の変化は，それまでの変化と明らかに異なる特徴をもっている．それらは以下のようにまとめられる．

- (i) キャッサバとヤムはそれぞれ 1982, 1984/85 年を最小値としてその後増産に向かっている．しかし 1970 年初頭の水準には戻っていない．
- (ii) ソルガムは第 2 期 (1975-1985) に引続き生産量は増加している．ほぼ 1960 年代の水準に戻ったといって良い．
- (iii) ミレットは 1980 年代中ごろ以降生産量が増大してきている．1985 年以降の生産量は 1970 年代の平均値を約 2 割上回っている．
- (iv) トウモロコシは，1980 年代中ごろ以降生産量が安定的に増大している．

以上のように 1986 年以降，食糧作物生産は 1960 年代後半以降続いてきた全般的減少傾向から反転し増加に転じたことが判る．その増加への反転が作物の種類にかかわらず生じていることが特徴としてあげられる．この様な変化は，独立以降初めての経験であり，どんな農業政策よりも構造調整政策のほうが食糧作物生産にとっては効果が大きかったということになる．第 1 期の食糧生産無視の時代はともかく，第 2 期の政府による直接的食糧増産政策によっても実現できなかった生産増加がどのような原因で実現したのであろうか以下でみてみたい．

(2) 構造調整政策下の農業政策

1985 年に政権の座についたババンギダ大統領は，1986 年の予算演説の中で農村開発を優先することを明らかにし，大統領と軍事統治評議会に直属

の機関として，食糧・道路・農村インフラストラクチャー理事会(Directorate of Food, Roads and Rural Infrastructure 以下 DFRRI と略称する)を設置することを決めた．OFN も「緑の革命」計画も農村の大衆にとっては何の効果も与えなかったとの批判の上で打ち出された農村開発計画である(Olanrewaju and Falola 1992: 174-177)．しかしながら，食糧，道路，農村インフラと併記された中で，道路建設のみが先行し，しかも道路やインフラの整備にあたってローカル・ガーバメント(Local Government：州政府の下部に位置する地方自治体．以下 LG と略称する)の意見がまったく取り入れられることがなく[33]，一部有力者の大農場へのアクセス道路が優先的に改善されるといったことも各地でみられた．

　食糧増産に対する DFRRI の効果は直接的には何もないが，道路が改善された地域では 1986 年に実施されたマーケッティング・ボード（M. B.）の廃止と，SAP の開始の効果がより有効に働く効果は持っていたといえよう．

　構造調整政策の開始が正式に決定されたのは 1986 年の 7 月である．同年 9 月には第 2 外国為替市場(Second-tier Foreign Exchange Market 以下 SFEM とする)が設置された．この SFEM が設置される直前のナイラの対米ドル交換比率は，1US\$ = 1.4192 ナイラであったが，SFEM 開設後の同市場での交換比率は 1US\$ = 4 ナイラ前後で変動するようになった．この SFEM は 1987 年の 7 月に廃止され，ナイラの対外交換比率はこの SFEM での交換比率に一本化されることになった．この時点でナイラの対米ドル交換比率は，1US\$ = 3.95 ナイラとなり，ナイラの対米ドル購買力は対前年の約 35.9％ へと大幅に切り下がったことになる．

　構造調整計画が農業生産に対して及ぼした影響について考える場合，以下の点に注目する必要がある．ナイジェリア中央銀行とナイジェリア社会経済研究所が共同で取りまとめた『ナイジェリアの農業及び農村生活に対する構造調整計画のインパクト』では，貿易政策，市場政策，為替政策，

---

[33] 1989 年の段階で 449 の LG があったが，DFRRI の計画実効においてこれらの LG が計画に参画することはなかった (Olanrewaju and Falola 1992: 179)．

補助金政策，金融政策，公共政策，賃金政策等さまざまな点から分析をおこなっている (Central Bank of Nigeria 1992: 34-35). ここでこれらすべての面に注目することはできないが，後述する村落調査結果から明らかになったことを先取り的に述べれば，食糧生産地域の農業においては，為替施策，補助金政策，市場・価格政策の3つが大きな影響を与えたといえる．

為替政策についてはすでに述べたようにナイラの大幅切り下げを実施した．補助金政策としては各種補助金の削減をおこなった．第2期のナイジェリアの食糧増産計画の中では，農業投入財に対する補助金支出が重要な役割をはたしていた．肥料，農薬，改良品種，除草剤等に対する補助金はもとより，農業機械の購入，トラクターによる耕起に対しても補助がなされ，1980年代前半の肥料と農薬の販売価格は，それぞれの実勢価格の約25％と20％であったという．このように安価に供給された肥料や農薬が，実際には農村部には行き渡らず，都市部に居住する有力農民や公務員等に独占されたという点がまず問題とされるのであるが，この補助金支出による州政府と連邦政府の財政負担もまた大きな問題となってきていた．構造調整計画では，このような補助金支出を削減することをめざした．そして肥料の場合，約75％であった補助金比率は60％の水準までに引き下げられた (Central Bank of Nigeria 1992: 35).

政府は市場・価格政策として，自由市場制への移行を推進した．1986年に農産物販売公社を廃止し，それまでM. B.が独占的におこなっていた輸出農産物の管理を廃止した．輸出農産物の販売は自由市場制に委ねられ，輸出農産物の低価格政策も廃止されたため，一時的に輸出農産物の生産者価格は大幅な上昇をみた．またM. B.時代に悪評であった支払の遅延もなくなり，ココア生産農民には一時的な輸出ブームが起きた（第IV-7図）．

構造調整計画が農産物の中ではとりわけ輸出農産物生産に対して大きな影響を与えたことはいうまでもないが，食糧生産に対しても直接的，間接的にさまざまな影響を与えた．直接的効果としては，輸入食料品の価格上昇で国内産食糧が相対的に有利になった点と，輸入していた農業投入財が補助金の削減も加わって価格が暴騰しますます小農の手に届かぬものと

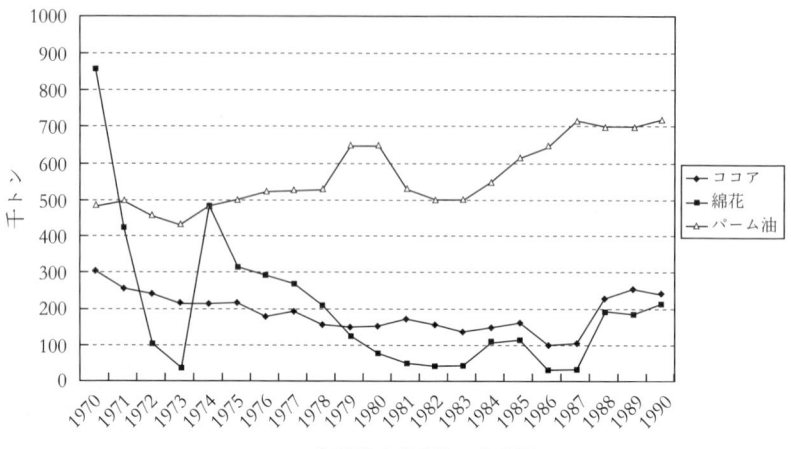

主要輸出農産物の生産量

IV-7：主要輸出農産物の生産量

なった点があげられる．間接的影響としては，食糧価格の上昇で都市部賃金労働者や失業者の生活が厳しさを増す中にあって，農村部の生活が相対的に良好であるという事態が生じた点をあげることができる．この構造調整計画の影響は，皮肉なことに過去のいかなる農業政策よりも農村部に大きな影響を与えることになった．

5——まとめ

ナイジェリアの農業政策をみてくると，輸出用換金作物と食糧作物との間で大きな格差がある．前者に関しては植民地時代から鉄道インフラの整備や買い上げ機構の整備などで，政府はその拡大に深く関わってきた．それに対し食糧作物生産に関しては，1970年代前半まで，レッセフェール（自由放任）の政策がとられてきたといって良い．

輸出用換金作物生産に対する政府の関与は1986年の農産物販売公社の廃止まで実質的に続いた．1940年の西アフリカ・ココア統制局の設置から，その後の各種 M. B. の設立を経て農産物販売公社の廃止まで，政府による

輸出農産物の販売管理は，生産農民の生活改善のためというより，植民地期には宗主国に対する安価で安定的な供給を目指すため，独立後は政府の歳入源・外貨獲得源として安定的財源確保のためであったといえる．それが証拠に，1986年に農産物公社の廃止により輸出農産物の販売が自由化され，政府による低価格政策が廃止されると，ココアなどの輸出農産物の生産者価格は大幅に上昇し，ココア生産地で一時的なココア・ブームが訪れた．

　食糧作物生産に関しては，1970年代前半まで続いた自由放任政策が1970年代後半に入って初めて見直され，1970年代後半から1980年代前半にかけて相継いで食糧増産計画が打ち出された．1975年開始の農業開発計画（ADPs），1976年開始の国民食糧自給作戦（OFN），そして1980年開始の「緑の革命」等である．この政策の見直しには，1970年代の農業研究者の間で盛んに議論されるようになってきたナイジェリアの食糧不足や食糧危機の認識の影響があったと思われる．しかしそれにも増して重要な要因は，当時，それらの政策実施を可能にする資金的余裕が政府にあったという点である．オイル・ブームに湧いていた当時の政府歳入は，予想を遙かに上回る勢いで伸びていたのである．

　農業生産増大政策は，オイル・ブームの終焉と共に実質的に終わりを迎えた．1980年代に入り表面化していた債務問題を解決するため，ナイジェリア政府は1986年に本格的な構造調整政策の実施に踏み切った．これにより，1970年代末以降の農業生産増大政策の中で膨らんでいた農業関係の補助金は削減されることになった．もっとも1970年代後半の農業生産増大政策そのものの恩恵が本来の農民に行き渡っていなかったという点を考えると，この補助金削減の影響は農民にとっては大きなものではなかったかも知れない．それよりもその影響は，ココア地帯のココア・ブームや，輸入食料の高騰による都市近郊地域での食糧作物生産の拡大といった限られた地域の限られた農民に対するものとして色濃く表れたようである．

第 V 章

食糧生産の村で起きていたこと：
E 村の人々の出稼ぎ労働

　前章ではナイジェリアにおける植民地時代および独立後の農業政策を概観してきたが，このようなマクロレベルの政策が，ローカルな農村レベルにおいてはどのような意味を持っていたのであろうか考えてみたい．もちろん全ての政策が農村部に影響を与えてきたとは言えない．むしろナイジェリアでは食糧生産に関しては自由放任主義が長らく続いてきたので，食糧作物のみを生産しているような農村にあっては，政府は在って無きがごとくであったに違いない．しかし，ポリティカル・エコロジー論が主張するように，それでも農村部における生業活動はさまざまな形の影響をマクロレベルの政策によって受けている可能性がある．村落調査においては，このような点にも常に留意して調査をおこなうことが重要である．

　この章ではナイジェリア中部のエビラ (Ebira) 人[34]の村（これを村名の頭文字をとってE村と呼んでおく）で実施した労働移動と耕作形態に関する調査の結果を示し，E村の人々がどのように外の地域と結びつき，そのことが彼らの農業にどのような影響を与えているのかという点について検討してみたい．

[34) イグビラ (Igbira) 人と呼ばれることもあるが本書ではエビラ人で統一しておく．ただし昔の政党名などでイグビラと呼んでいたものはそのままイグビラとしておく．

エビラの人は古くからココア・ベルトへの出稼ぎ民として「名声」を馳せていたので，彼らの労働移動に関しては私も強い関心を持っていた．しかし，真実を言えば労働移動調査は序章でも述べたように，ミシガン大学の人口移動調査に参加していたイバダン大学の友人の好意と機転によって実現したものである．そしてその後続けておこなった耕作形態の調査は，専ら現地の調査補助員（フィールド・アシスタント）との個人的信頼関係の上で実施したものである．したがって，この村における調査は，方法論的にも後で紹介するザンビアの農村調査の場合とかなり異なることを先ず明らかにしておきたい．

E村の調査は1985年から1991年にかけ断続的におこなった．まず1986年の調査は国際交流基金の学者長期派遣計画によって1985年12月から1986年の5月までナイジェリアに滞在したときに実施したもので，具体的には1月，2月，3月にそれぞれ1週間から12日間E村に出かけフィールド・アシスタントの協力の下アンケートを用いた聞き取り調査を実施した．このアンケートを用いる調査はミシガン大学が実施していた方法で，それを逸脱しないことが肝要と考えて採用したものである．実際にローカル・ガーバメントや地方警察への届け出にはこの調査票は非常に役に立った．しかし実際には，項目にない事項も関連でいろいろ聞けるので，調査の後半にはアンケートを用いつつも一般の聞き取り調査と結果的にはあまり大差ないものなってきた．

同様の調査は1989年8月にも実施した．残念ながら1986年に聞き取りをおこなった世帯と1989年におこなった世帯とを一致させることができず，また1986年の調査の時の反省から多少聞き取りの内容を変えたこともあり，両者を継続調査というわけにはいかなくなった．このため，2つの結果は別途集計して考察した．

耕作形態の調査は1990年8月と1991年8月に実施した．村の聞き取り調査のアシスタントをしてくれた2人の若者の世帯の全耕地を実測し，それらの耕地の利用経歴を全て聞き取った[35]．同時にこの2人の若者には1989/90年，1990/91年の2カ年にわたり労働時間日記をつけてもらい，彼

らの農作業およびその他の活動に費やす時間を分析することにした．

先ずはE村の概況と調査方法について説明をおこない，次に1986年と1989年の労働移動に関する調査の結果を検討してみたい．

1 ── E村の概況

E村は，ニジェール川とベヌエ川との合流地点に新設されたコギ (Kogi) 州にある．コギ州はニジェール川を跨ぐ形で東西に広がっているが，E村はその中でニジェール川西岸部のエビラ郡 (Ebira Division) に属する．1991年8月にコギ州が新設されるまでこの地域は，イロリンを州都とするクワラ (Kwara) 州の東端部に位置していた．州都イロリンからは約180 kmも離れ，クワラ州の中では僻地といえる土地であった．新設のコギ州では州都ロコジャからも近く，またニジェール川を跨いで同州の東西を結ぶアジャオクタの橋の近くにあり，州の中における周辺部ではなくなった．しかし，ナイジェリア全体の中で見た場合，旧南部ナイジェリアの外側[36]にある経済的後進地域であることにかわりはない（第V-1図）．

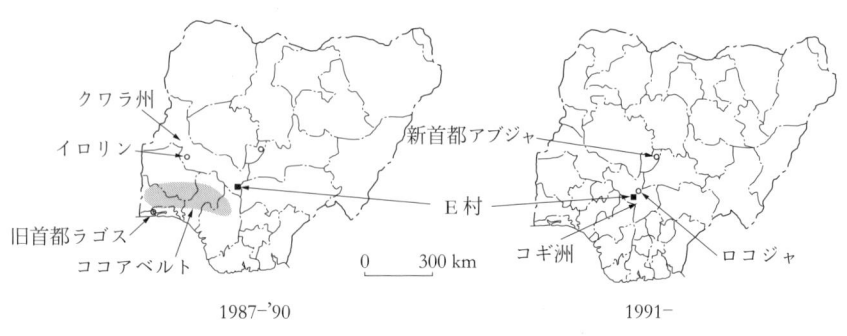

V-1：ナイジェリア国内におけるE村の位置

---

35) この実測調査は，安食和宏（三重大学），池谷和信（国立民族学博物館）遠藤匡俊（岩手大学），境田清隆（東北大学）【いずれも現職】各位の協力を得て実施した．
36) ミドル・ベルトと呼ばれるこの地域は，農業適地であるにもかかわらず人口密度が低い地域であり，1960年代にはナイジェリアの農業（開拓）前線であるといった見方すらあった (Wells 1974: 51)．

第 V 章　食糧生産の村で起きていたこと　75

写真 V-1　村の西隣にある岩山から E 村を写したもの．村の南側を走る高速道路がアジャオクタ方向に延びている．手前に見える畑地ではキャッサバが多く栽培されている．

　村全体のエスニック・グループの構成については分からないが，この村は住民のほとんどがエビラ(Ebira)人の村である．エビラ人の歴史については後で述べる．聞き取り調査をおこなった64の世帯主のうちでも，エビラ人以外の人は3人しかいなかった．北部出身者，ヨルバ人，イボ人が各1名ずつであった．1970年の時点でのエビラ人の人口は，46万7000人であった(Kwara State, Statistical Digest 1970-72: Table 7 & 10)．同調査時のクワラ州全体の人口密度は46人/平方kmであったのに対し，エビラ地区のそれは141人/平方kmと約3倍も高かった．このことが古くからこの地域が西部ナイジェリアのココア・ベルトへの出稼ぎ者供給地となったことと関連があるかもしれない．
　村が属しているエビラ郡は，オケネ(Okene)とオケヒ(Okehi)の2つのローカル・ガーバメント地区(LGA)から成り立っているが，この村は2つの地区の境界線に近いオケヒ地区内にある．エビラ郡の中でいちばん大き

V-2：E村の位置

い町は，1982年の推定人口が17万4654人であったオケネという町である (Afolayan n. d.: 16). このオケネの町から東方のアジャオクタという町に片道2車線の高速道路が延びている. アジャオクタは，ニジェール川西岸にあり，西アフリカで最初の製鉄所が建設された町である. E村はこの高速道路沿いにあり，オケネから約20 km，アジャオクタから約30 kmの地点にある. この高速道路を利用すればオケネまで車で15分，アジャオクタの製鉄所建設現場まで30分あまりで行くことができる(第V-2図). 調査をおこなっていた1980年代末には，毎日朝夕2回，大型のトレーラーが製鉄所建設現場で働く若者たちの送迎のため村に来ていた.

　村は高速道路の北側にあり，村の中央を未舗装の旧道が走っている. 村の西側には岩山があり，畑地はそれ以外の村の北側と北東側，さらに高速道路の南側に広がっている(第V-3図). 面積的には高速道路の南側の畑の方が大きい. 村の中には小学校が1校，教会が1つ，モスクが2つ建っていた. 土地の人の約6割はイスラム教徒であり，クリスチャンが約25％，残り15％が伝統的宗教を信じていた. 家は土煉瓦作りでトタン葺の平屋

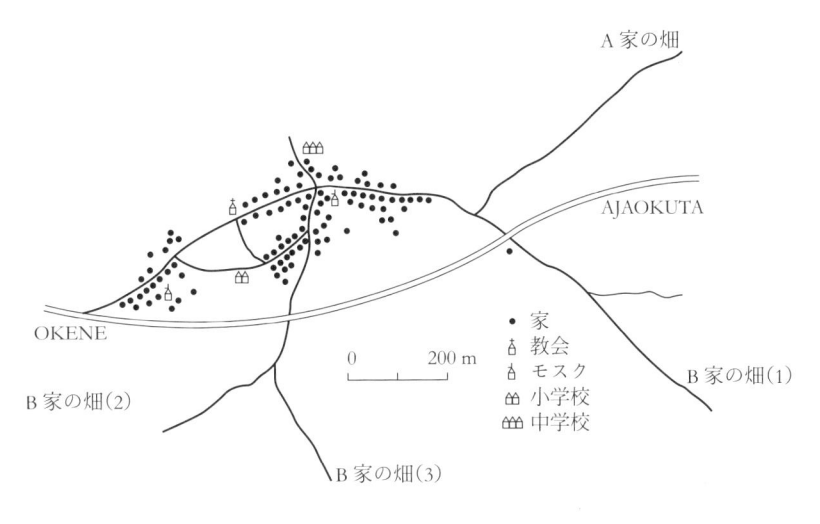

第V章　食糧生産の村で起きていたこと　77

V-3：E村の概略図

・ 家
⛪ 教会
🕌 モスク
🏫 小学校
🏫 中学校

OKENE　　　AJAOKUTA
A家の畑　　B家の畑(1)
B家の畑(2)　B家の畑(3)

建てが多い．共同利用の井戸があるが水道の施設はなく電気もきていない．ただし小型発電機を所有する家が数軒あり，これらの中には，電動のキャッサバおろし機やテレビを持っている家もあった．

　家屋敷の数は100戸を僅かに越える程度であるが，1つの家屋敷に住む「世帯」の数は1つに限られないので，「世帯」数で言えば100世帯をかなり越えると思われる．

2——調査方法

　労働移動に関する調査は1986年と1989年の2度おこなった．これらの調査では各イエ，イレヒ (irehi) を訪問し，その中で最長老の人から聞き取りをおこなった．ここでいうイエとは，家屋敷を共有する血縁集団を指しており，それらには，3世代家族，一夫多妻家族もある．家の居住者が核家族だけで占められている例はむしろ少なく，小学校の教員家族や新しい流入者に多いものの，農家世帯には少なかった．農家世帯はほとんどが2世帯以上の同居であった．調査時に1世帯しか居住していない場合でも，

写真V-2 若い頃ココアベルトの出稼ぎ村で働いていた老人とその家族．孫たちは私の聞き取り調査に興味津々で，祖父の話に聞き入っていた．

他の地域(都市やココア・ベルト地帯)に出かけていずれは帰るであろう世帯のための部屋があるイエも多く，実質的に1世帯が1つのイエを成している例は少ないといえる．一夫多妻家族もかなりあり，1985年の調査時の例では，聞き取調査をおこなった男子長老60名のうち，妻1人(死別して結果的に1人になった者も含む)の人が23名で，残り37名は一夫多妻であった．内訳は，妻2人の者が27名，妻3人が8名，妻4人が2名であった．

1985年の聞き取り調査では，長老本人と妻(または妻たち)およびその子供達の移動歴，職業歴を詳しく聞いた．3世代同居の場合で長老の孫達がすでに何らかの仕事についている場合は，この孫達の移動歴，職歴等についても聞き取りをおこなった．

ここでは世帯を，長老(世帯主)と妻(または妻たち)および彼らの子供たち(場合によりその孫たちも含む)から成るものとした．調査時によその土地

で生活している世帯の構成員の状況についても聞き取りをおこなった．調査時に長老のもとに同居している子供達は同居世帯員と呼び，出稼ぎや学校のため他地域に出かけていて村にいなかった子供達は非同居世帯員と呼ぶことにする．非同居世帯員にとっては村にある長老の家が「故郷の家」ということになる．従ってここで言う世帯とは，故郷の家を頂点としてよその土地に出かけて居住する子供たち（とその家族）も含むことになる．なお，質問に応じてくれた世帯主64人の内56人は文字通りE村生まれの人であったが，8人（うち3人は非エビラ人）は別の村生まれの人たちであった．

同じ家屋敷の中に老人の寡婦や伯父が同居している場合があったが，彼らの子供達の情報については別の世帯の情報として取り扱うことにした．このため，同じ家屋敷に住む拡大家族員相互の関係については必要に応じ別途聞き取りをおこなった．長老世帯に同居している寡婦や伯父は，農業はもとより食事の世話に至るまで長老世帯員の協力を得ていること，また世帯員がよその地へ出かけるとき，拡大家族の血縁関係をたよって寄宿や食事の世話を受けることが多いことが分かった．これは先に定義した世帯の枠を越えた家族的相互扶助関係の存在を意味している．しかしその一方で，出稼ぎ者の送金の実態を聞いてみると，送金は世帯単位におこなわれている場合が多く，一夫多妻世帯の場合は世帯の中の実の母とその子供達とが相互扶助の単位になっていることが多い．送金に関して言えば，同居拡大家族員相互間の関係は希薄である．同居拡大家族員相互の関係でも世帯員とそれ以外の人との間には，食事の世話の頻度や，農作業の協力の度合いに違いがみられる．したがって本調査において，世帯を調査単位としたことは，拡大家族が同居する社会においても有効であると考える．

主な調査項目は以下の3つである．すなわち第1は，名前，性別，年齢，宗教，学歴，結婚状況といった世帯員の基礎情報であり，第2は彼らの移動歴，移動理由，職歴，送金の有無，送金額，帰郷の頻度，学費送金等の移動に関する情報であり，第3は村内での生活状況に関する情報である．生活情報に関しては，家の所有形態，項目別家計費支出，宗教，加入クラブ等を聞いた．

3——E村の人々の労働移動

(1) 世帯員の移動歴と世帯主の職業

この調査では，村に居住している世帯主の家族員だけの移動歴を聞いたことになるから，以下に述べる調査結果がE村出身者全体の移動歴を表すと考えるわけにはいかない．公務員や賃金労働者や商人の比率がE村出身者全体の数よりも少なく出ている可能性が高い．町やココア・ベルトに定着した人たちの追跡調査が不可能であったので，この調査の欠点はそのまま残ることとなった．

聞き取り調査の結果，農家世帯とそれ以外の世帯で，家族員の移動歴や職業に大きな違いがあることがまず明らかになった．つぎに，非農家世帯の中では，家計にしめる賃金の比重が圧倒的に高い公務員や教員世帯とそれ以外の世帯で，世帯員の職業や移動歴に明らかな違いが見られることが明らかになった．また，退職者や出稼ぎから帰って隠居生活をしている老人世帯は，非農業世帯とも別の性格を持っていることも明らかになった．

このため，世帯員の職業歴，移動歴の分析にあたって，世帯を世帯主の職業に基づいて以下の4つのグループに分類して検討してみることにした．そのグループとは，世帯主の職業が，(a) 農業，(b) 教員・公務員，(c) 商人・賃金労働者およびその他の職業（職人，小商人，宗教家，伝統医など），(d) 退職者・隠居，の4グループである (Shimada 1986；島田 1987；島田 1989)．

(a) の農業世帯はさらに食糧生産農民世帯と換金作物生産農民世帯に分けて検討してみた．ここでいう換金作物生産農民とは換金作物生産に特化しているという意味ではなく，食糧生産の他に換金作物生産もおこなっている世帯という意味である．これに対し，食糧生産農民とは換金作物生産を一切おこなわず食糧作物生産のみをおこなっている農民をいう．両者を現金収入で比較すると，換金作物生産農民の方が食糧生産農民より現金所得が多い．多くの食糧生産農民は，換金作物生産農民になることを夢にみ

第V章　食糧生産の村で起きていたこと　　81

ている．非農家世帯と比較すれば，農家世帯はどちらも低所得であるが，その中でも食糧生産農家世帯のそれは一層低いことになる．

　(b) のグループの世帯は現金所得が最も多い世帯であり，7つの教員世帯のうち5世帯，8公務員世帯の内の5世帯が自家用車を所有していた[37]．ちなみに農家世帯の場合，15世帯の内自家用車所有世帯はわずか2世帯にすぎなかった．現金所得で教員，公務員に次ぐのが (c) のグループである．しかしこのグループの中では，商人と賃金労働者とそれ以外の職業の人との間には所得に大きな差がある．前者は (d) のグループに次ぐ高さを維持しているのに対して，後者のそれは農家世帯と変わらない水準にある．商業をほぼ専業的におこなっている世帯は2世帯しかなかった．1名は若い頃港湾局で働き，もう1名は繊維製品の販売をおこなった経験があって，その後この村に来て独立して商売を始めた人達である．賃金労働者は3名あり，彼らすべてが近くのアジャオクタの製鉄所建設現場で働く労働者および現場監督であった．彼らは，教員や公務員そして換金作物生産農民からの転職組であった．そのほかのグループにまとめられた人々は，イスラム教の導師（イマーム），イスラム教式祈祷師，伝統的治療法を習得した伝統医，細々と農業を営みつつ農作物や石鹸，トイレットペーパー，鉛筆等を売る寡婦などである．イマーム以外は仕事の量と収入が安定せず，彼らの収入は後に述べる退職者や隠居とあまり変わらない．

　最後の (d) の退職者と隠居は，自給用の食糧作物を生産し，不足する分は子供からの仕送りや扶助で生活をしている人々である．彼らの現在の現金収入は，(c) の中のその他のグループの人達と変わらない低い水準にある．しかし退職者や隠居者は，その職歴がその他のグループの人々のものと明確に異なり，そのことが彼らの世帯員の移動と職歴に明かな影響を与えて

---

37) 1970年代後半から1980年代前半のオイル・ブームの時代には，公務員は自動車手当を利用して車の購入が容易であった．政府が車の代金を前払いして，月ごとの給与からの天引きで支払うというものであった．この制度は1986年の構造調整計画の導入以前にすでに実質的には機能しなくなっていたようである．オイル・ブーム全盛期に購入した人がラッキーだったということになる．

いる．

　また，聞き取り調査の結果世帯主の中に2名の失業者がいることが明らかになった．この2名は退職者や隠居と変わらない日常生活を送っているようであったが，彼らが就業の意志を明確に持ち，現在も求職中であるという点で (d) のグループの中にはいれなかった．したがってこの2世帯は (a) から (d) のどのグループにも属さない世帯とした．

(2) 1969年以前の労働力移動

　第 V-4 (a), (b), (c) 図は，1969年以前のグループ別世帯員の移動を表している．これを見ると (a) の農家世帯員と職人・農業労働者の世帯員の移動が，西部ナイジェリアのココア・ベルト北辺に局限され，それ以外の世帯員の移動と明確なコントラストを示していることが判る．農家世帯員と，職人・農業労働者世帯員の空間的移動の領域が西部ナイジェリアのココア・ベルト北辺に局限されていることは，西部ナイジェリアにおけるココア栽培の発展と関係がある．

　農家世帯構成員や職人・農業労働者世帯員に1969年以前の移動の理由を聞いたところ，ココア・ベルトで農業労働者や食糧生産農民として働く

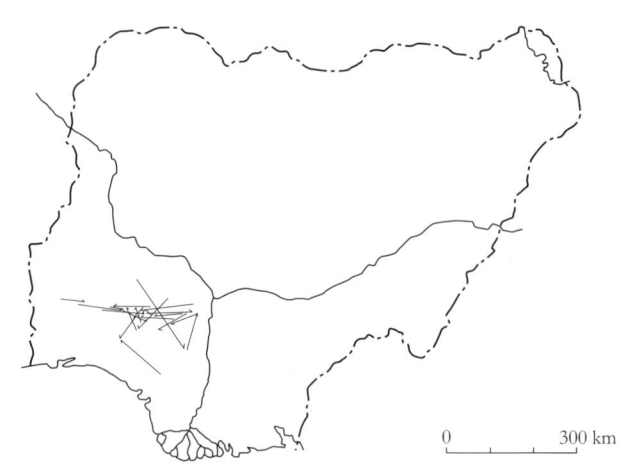

V-4 (a)：1969年以前の出稼ぎ移動（農家世帯員，職人・農業労働者世帯員）

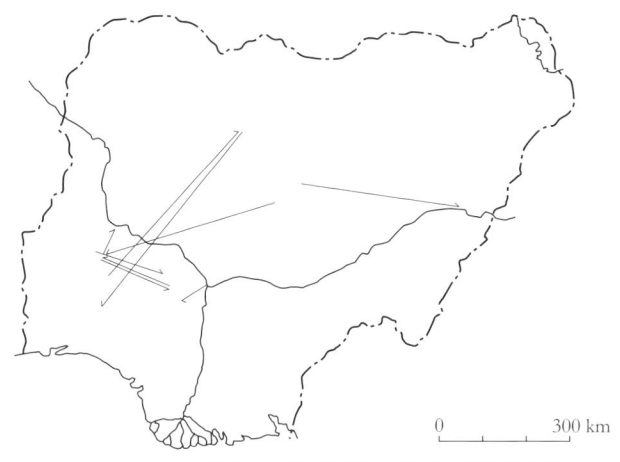

V-4 (b)：1969 年以前の出稼ぎ移動（公務員・教員世帯員）

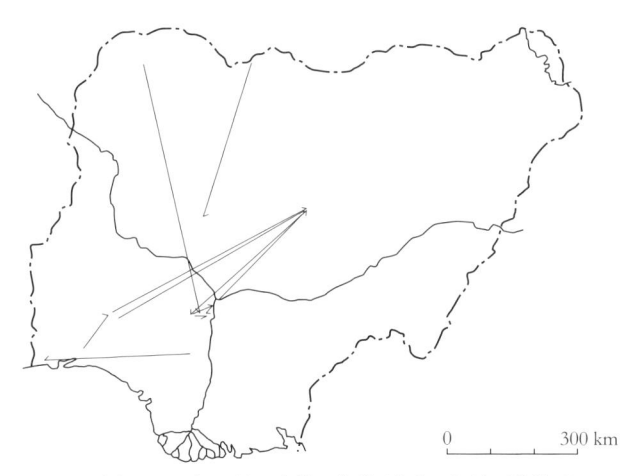

V-4 (c)：1969 年以前の出稼ぎ移動（商人・伝統医世帯員）

ために出稼ぎに行ったというものが多い．そして最終的にはココア栽培を許される換金作物生産農民になることを夢みてココア・ベルト内で移動を繰り返したという．農業労働者としてスタートし，食糧生産農民となりやがて地元民の信頼を得たところで換金作物生産農民となるというのが1940, 1950 年代の出稼ぎ農民の理想的ライフサイクルであった．このこと

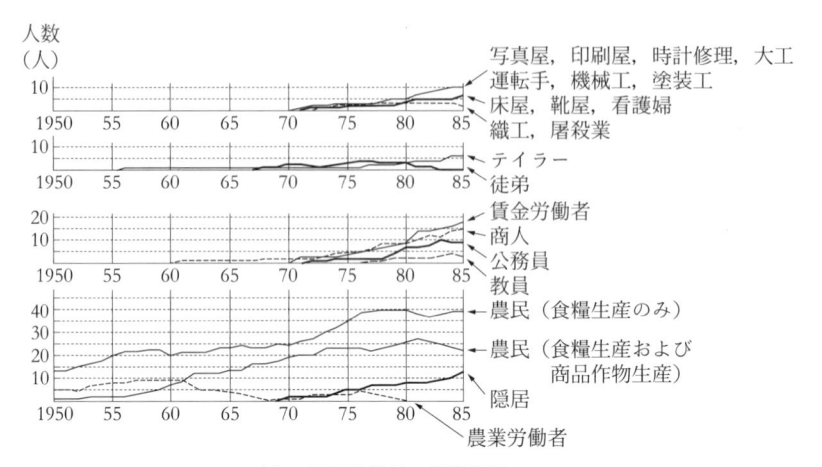

V-5（a）：農家世帯員の就業状況
出典：島田（1989）329 頁より引用

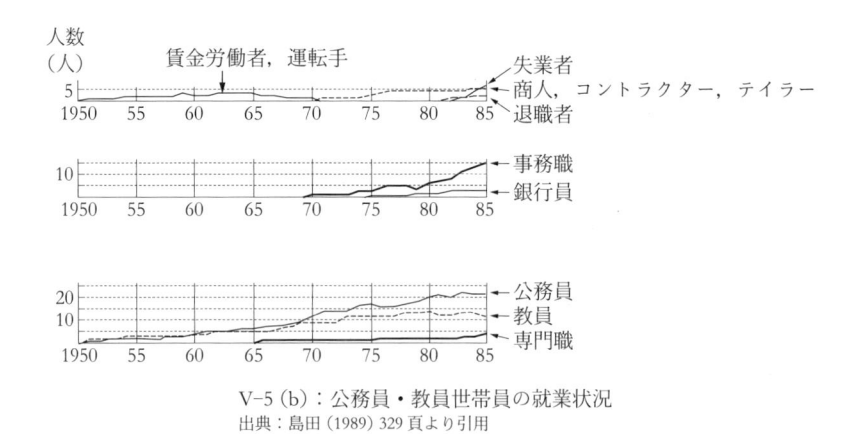

V-5（b）：公務員・教員世帯員の就業状況
出典：島田（1989）329 頁より引用

は第 V-5(a) 図の農家世帯員の就業状況の変化においても窺える．1962 年まで増加していた農業労働者数がその後急速に減少し，かわって換金作物生産農民の数が 1960 年代に急速に増大している．食糧生産農民の伸びは 1955 年までで，その後は 1970 年頃までほぼ停滞している．1958 年までは，ココア・ベルトへの出稼ぎ農民の 14%(5/37)を占めるに過ぎなかった換金

人数
(人)

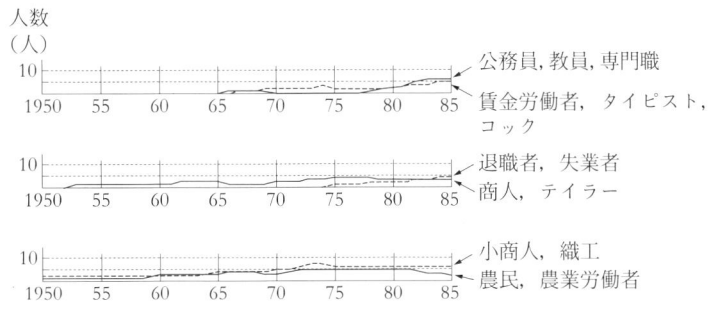

```
10 ─────────────────────── 公務員, 教員, 専門職
  1950  55  60  65  70  75  80  85    賃金労働者, タイピスト,
                                        コック

 10 ─────────────────────── 退職者, 失業者
  1950  55  60  65  70  75  80  85    商人, テイラー

 10 ─────────────────────── 小商人, 織工
  1950  55  60  65  70  75  80  85    農民, 農業労働者
```

V-5 (c)：商人・賃金労働者・宗教家・伝統医世帯員の就業状況
出典：島田 (1989) 330 頁より引用

作物生産農民は，1965年には32%(13/41)，1968年には40%(17/43)と増大している．

　エビラ人のココア・ベルトへの出稼ぎに関しては，先に述べたベリー(1975)に興味深いことが記されている．西部ナイジェリアのヨルバ人は，ココア生産を拡大する過程で，食糧生産農民やココア農場で働く農業労働者を，ココア・ベルト周辺地域から呼び寄せたという (Adegboye 1966: 450)．そしてアデボイェによれば，食糧作物生産が得意で，また土地争いの危険性も少ないエビラ人は，労働者として大歓迎されたという．なかには土地用益権を与えるにあたってエビラ人に対してはイシャギと呼ばれる礼金やイサコレと呼ばれる年毎のお礼も免除した場合すらあったという (Berry 1975: 107-108; 島田 1977)．

　通常，用益権の永年化とそれに起因する土地所有権をめぐる争いを回避するために，よそ者に対しては樹木作物栽培を許さないのが一般的である．しかし，エビラ人の中にはココア・ベルトでココア栽培を許されているものがいる．このことは大変興味深いことである．第V-6 (a), (b) 図を見ても判るように，エビラの人々が出稼ぎに行った土地はココア・ベルトの中では最も開発が遅れた東北部であった．このココア・ベルト縁辺部は，ココア栽培が最も遅く始まったばかりでなく，西部ナイジェリアでは人口密

▲ 農業労働者
■ 農民（食糧生産）
● 農民（商品作物生産）
△ 商人
□ 雑業
○ 公務員・教員・事務員
A 徒弟
L 賃金労働者

(a) 1969年以前
0　100 km

(b) 1970年代

1970年代拡大図

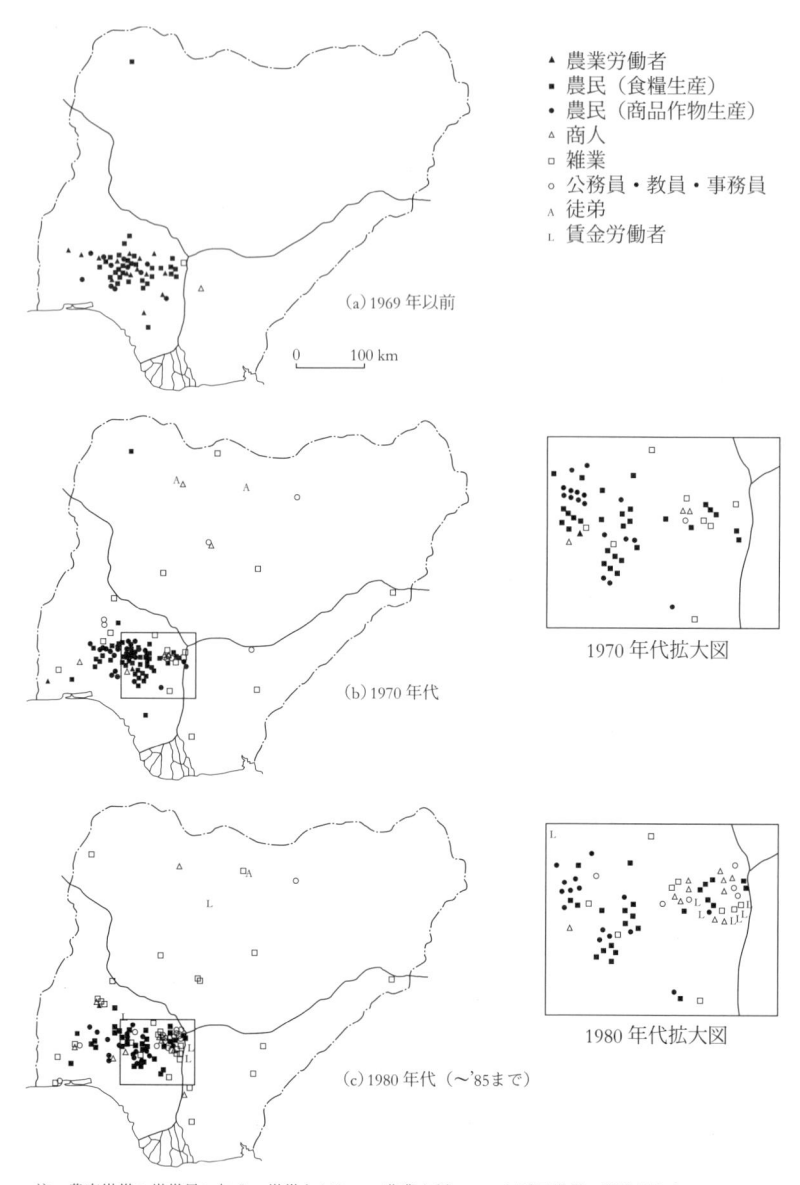

(c) 1980年代（〜'85まで）

1980年代拡大図

注＊農家世帯の世帯員に加え，世帯主がかつて農業を行っていた隠居世帯の世帯員も含んでいる．なお，各期間中に出稼ぎ先や職業を変えた場合，そのすべてを記録した．

V-6：出稼ぎ先および職業の変化
出典：島田（1989）339頁より引用

写真 V-3　長距離タクシーが発着する「モーターパーク」．タクシーは，3人掛けの座席に4人乗せ，客が集まり次第出発し，高速で走る．ミニバスより料金は高いが，目的の都市までノンストップで走るので，最速の交通機関である．

度が少なく新規の開墾用地がかなり豊富に存在していた．そのため，地元民のヨルバやエドの人達にとってもエビラ人のココア栽培参入による土地不足の心配は少なかったことが，エビラ人のココア栽培を可能にした理由ではなかろうか（島田 1992: 174-175）．

　公務員・教員世帯員の空間的移動（図 V-4 (b) 参照）は当時の州都イロリンを中心にした移動が多く，農家世帯員の移動パターンとは完全に異なっている．職業歴の変化をみても両者には違いがみられる．農家世帯員のなかには 1969 年以前，賃金労働者や運転手はいなかった．これに対し公務員・教員世帯員の中にはこの頃からすでに賃金労働者や運転手がいた．

(3) 1970 年代の労働力移動

　1979 年代にはいると労働力移動の空間的パターンと職業の内容の両方で変化が見られるようになってきた．

先ず空間的パターンでは，農家世帯員のココア・ベルト北辺への人口移動が減少し，それに代わりココア・ベルト内での移動が増えた．さらに公務員・教員世帯員では州都イロリンへの移動が増え，商人・イマーム・伝統医世帯員ではヨルバランドの大都市への移動が多くなってきた．これらの移動の軌跡を総合したのが第 V-6 (b) 図である．

　次に職業変化では，農家世帯員の職業変化が著しい．すなわちこの時期食糧生産農民としてヨルバランドへ移動する人が増加する一方で，若年層を中心に商人や労働者，その他のサービス業に従事する人が急増している．都市部においてさまざまな職種の徒弟に入る者もいた．これと対照的に将来食糧生産農民や換金作物生産農民になるべくヨルバランドに農業労働者として働きにでる者の数は減少した．さらに 1970 年代も後半になると農家世帯員の中にも公務員や教員の職に就く者が出現してきている．

　公務員・教員世帯員の職業では，新しく公務員や教員になる者の数が多く，農家世帯員に比べこれらの部門への進出は 10 年ほど早いことがわかる．これらの世帯員の若年層の中には，事務員や銀行員といった都市部の正規雇用部門のホワイトカラー職につく者も多くなってきている．これとは対照的に 1960 年代までにこれらの世帯員の中にみられた労働者や運転手はいなくなり，かわって商人やコントラクターが増えてきている．ここでいうコントラクターとは，各種の土木工事や建設工事の請負をおこない，時には輸入品の輸送，販売を手がける人々でオイル・ブームの時代に急増した職種の人々である．大規模なコントラクターとなると外資系企業とジョイント・ベンチャーをおこなったり，連邦政府や州政府の事業を受託したりするものもあるが，この村で見かけたコントラクターは零細建設業といったものであり，コントラクターの中では最末端の仕事を請け負っている人々であった．

　オイル・ブームによって政府の公共投資額は急増し，各地で建設ラッシュが始まった．これらの建設，土木事業の多くは外資系企業やそれとジョイント契約を結んだ地元大企業が受注した．拡大する雇用，事業への参入に際し，政府機関がもつ情報と許認可権が重大な意味をもち始めた．

このため世帯員の中に公務員がいることが，就職や仕事の受注に際して極めて有利に働くようになってきた．農家世帯の若年層が同じ時期，都市雑業層にようやく進出し始めたこの時に，公務員・教員世帯員がホワイトカラーやコントラクターの職に進出できたのは，このような理由による．

商人・賃金労働者・宗教家・伝統医などの世帯員の職業は，1970年代に大きな変化は見られない．小商人や商人，仕立て屋（テイラー）の職に就く人が増える傾向が見られるが，急激なものではない．僅かに1970年代後半に，公務員や教員，専門職に就く人が出現してきている点が新しい変化と言える．これは農家世帯の場合と同じで，公務員・教員世帯とは違っている．

オイル・ブームの到来による雇用増大の効果は，E村の人々にとっては3つの形をとって立ち現れた．1つはオイル・ブームの直接的効果である建築ブームの効果であり，第2が政府歳入の増加を背景にした公共部門の雇用創出（公務員，教員の増員）の効果であり，そして第3がこれら前2者の派生的効果といえる都市インフォーマル部門の肥大化による効果である．このうち，第1と第2の効果は主として公務員・教員の世帯員に影響を与え，それ以外の世帯員は1970年代末になってようやく少しばかりの影響を受けたに過ぎない．これに対し，農家世帯員および商人・賃金労働者・宗教家・伝統医世帯員の人達は，第3のオイル・ブームの派生的効果に応じて都市部へ進出していたことが明らかになった．

(4) 1980年代の労働力移動

1980年代にはいると，1970年代に現れつつあったいくつかの傾向がさらに強調されることになった．先ず，移動にみられる空間的パターンでは，農家世帯員の空間的移動範囲の拡大が見られ，ココア・ベルト北辺への移動が減少する一方で全国の大都市部に移住する人の数が増えた．これに対し，公務員・教員世帯員の場合は逆に，州都イロリンとE村の近くの都市オケネとの間の移動が卓越するようになってきた（第V-6(c)図参照）．農家世帯員の空間的移動範囲の拡大は，1970年代後半からみられた職業構成の

多様化を反映していると考えられ，公務員・教員世帯員の空間的移動範囲の縮小は，後述するクワラ州の州都イロリンの発展と関連があると考えられる．

農家世帯員の職業構成の多様化については，1989年の調査結果も参考にして分析してみたい．それによれば，1980年代の農家世帯員の職業変化には次のような傾向がみられた．すなわち1980年代前半には，農家世帯員の中に公務員，教員になる人が漸増しはじめたのに対し，農業労働者や徒弟が1人もみられなくなった．農業労働者の減少は1960年代から続いた傾向で，この年代の若者の農業離れ傾向一般と合致する傾向であるが，徒弟の減少に関しては理由を他に求めなくてはならない．

ナイジェリアにおける徒弟制は，親方が食事と宿舎を提供し，給与は支給しないというのが一般的である．西部ナイジェリアにおけるある調査結果によれば，農村工業や農村部のサービス業において親方のもとで働いている若者の46%は徒弟であり，賃金をもらっている職人は，約半数に過ぎないという (Aluka 1972)．徒弟は一定期間内に技術を修得するものとされているが，実際にはさまざまな雑用にも駆り出され，安い労働力として利用されている．仕事が多いときには親方が徒弟に対して現金や現物を与え，彼らを手元に止めおくように努めるが，仕事が少ない時には何も支給されない．1980年代に入って一時徒弟が減少しはじめ遂には消滅したのは，このような条件のもとで働く若者がいなくなったことを示している．別の言い方をすれば，親方の方で徒弟を抱えておくことが困難な時代になったという言い方もできる．

しかし，ナイジェリアが深刻な経済不況に陥ってきた1980年代後半になり，徒弟に入る若者たちが復活してきた．このことをどのように理解すべきであろうか．深刻化する経済不況を反映して，農家世帯員の正規雇用部門の就業者数が増えなくなり，それに代わって織工，職人，施療者，鍛冶屋，大工，床屋といったインフォーマル部門の就業者数が増える中で，一度消滅した徒弟の復活も見られたのである．

1980年代の，公務員・教員世帯員の州都イロリンへの集中に関しては，

第 V 章 食糧生産の村で起きていたこと

州都イロリンの中心地機能の増大について触れておく必要がある．1970年代のナイジェリアでは，ビアフラ戦争の直前に施行された19州制のもと政府予算の4分の1以上が地方政府（州政府とLG）に配分されてきた．そしてその金額は石油関連政府歳入の増加に比例して急増してきた．1970年に1億8200万ナイラだった地方政府歳出額は，1980年にはその約21倍の37億6000万ナイラへと驚異的な伸びを示した．そして1980年からは地方政府への配分比率は法律により政府の総歳出額の34.5%と決められ，州政府の公共投資額はさらに膨らみ，1981年には56億1300万ナイラとなった（島田1992）．

こうしたオイル・ブーム下の州政府予算の急増が，州都の開発を促進することになり，公務員・教員世帯員の移動にも大きな影響を与えるようになった．1979年に総選挙が実施され13年ぶりに民政が実現すると，新しい州政府は連邦政府からの政治的独自性を強め始めた．潤沢な州政府予算もその動きを可能にした．この時，いくつかの州では州政府公務員や教員の採用や昇進をめぐって地元出身者を優先する，いわゆる州本位主義（Statism）政策が際だってきた．公務員・教員世帯のメンバーの異動先にイロリンが増えてきたことは，この動きと関係している．

ところで，1980年代の公務員・教員世帯員の職業ではもう1つ顕著な変化が見られた．それは失業者の出現とその急増である．これは明らかに1970年代末以降の経済不況と関係している．1970年代末になると，それまで順調に増加してきた正規雇用部門雇用者数（このうち5分の3は公務員と言われる）の伸びは停滞しはじめた（第V–1表）．折悪くこの時期，1970年代に急設された大学や高等専門学校等が，第3次開発計画で唱われていた計画数を大幅に上回る卒業生を送り出し始めた．公務員と教員世帯に多いこれら高学歴の子弟は，農家世帯員のように都市雑業に就くことはせず，彼らの学歴にふさわしい就職口が見つかるまで失業者として求職活動を続ける道を選んだのである．完全失業者の出現である．

第V–2，V–3，V–4表は，もう1つ1980年代後半のおもしろい職業変化の実態を示している．それは，公務員・教員世帯員および賃金労働者・運

表 V-1　主要部門の就業者数および公務員の削減数

年	金属工業鉱業	ナイジェリア石炭会社	ナイジェリア鉄道会社	製造業	建設業	連邦政府公務員	公務員解雇者数
1978				305,495			
1979							
1980				453,632			
1981	33,217	3,106		449,093			
1982	31,323	3,152	39,127	329,704		265,478	2,433
1983	27,821	3,040	37,068	322,396		292,123	2,361
1984	18,202	2,153	34,997	311,713	59,167	301,840	6,294
1985	10,876	1,736	35,522		30,112	255,306	1,893
1986	3,165	1,674	34,269			255,069	533

資料：Federal Republic of Nigeria, Annual abstruct of statistics, 1988, Lagos, Federal office of Statistics, 1988, pp. 99-106.

表 V-2　農家世帯員の職業変化

年	1979	80	81	82	83	84	85	86	87	88	89
農業(農業労働者を含む)	21	23	23	26	26	26	29	29	29	28	28
織工，職人，伝統医	3	5	6	7	8	7	8	8	9	11	11
小規模商人	2	2	2	1	1	1	0	0	0	0	0
徒弟	0	0	0	1	1	1	1	1	1	2	2
鍛冶屋，大工，床屋	1	0	1	1	1	1	1	1	2	2	2
テイラー	2	2	2	2	3	3	3	3	3	3	3
運転手	0	0	0	0	0	0	0	0	0	0	0
労働者，印刷工，機械工	0	0	0	0	3	3	4	5	5	5	5
商人，コントラクター	1	0	0	1	1	2	2	2	3	3	4
事務職員	1	1	1	1	2	3	4	4	4	4	4
教員	3	3	4	4	6	7	8	6	6	6	6
公務員	1	1	1	2	2	2	3	5	6	7	7
退職者	0	0	0	0	0	0	0	0	1	3	3

転手・商人の世帯員で，鍛冶屋，大工，靴屋，床屋，仕立屋，労働者，印刷工，機械工さらには運転手といった賃金労働者や職人が増えているのに対し，施療者(伝統医)・織工・小商人・鍛冶屋・大工・仕立屋の世帯のメンバーが，1980年代を通して公務員，教師，事務員の数を増加させてきている点である．公務員・教員世帯のメンバーが，1980年代後半以降，公務

表 V-3　非農家世帯員の職業変化 (I)

年	1979	80	81	82	83	84	85	86	87	88	89
農業(農業労働者を含む)	6	7	8	8	8	8	8	8	8	8	8
織工，職人，伝統医	4	4	5	5	5	5	5	5	4	4	4
小規模商人	1	1	1	1	1	1	1	1	2	2	2
徒弟	0	0	0	0	0	0	0	0	0	0	0
鍛冶屋，大工，床屋	1	1	1	2	2	2	2	2	2	2	2
テイラー	0	0	1	1	1	1	1	1	1	1	1
運転手	2	3	3	3	3	3	3	4	4	4	3
労働者，印刷工，機械工	1	1	1	1	1	2	2	2	2	2	2
商人，コントラクター	3	3	3	3	4	4	4	4	4	4	4
事務職員	0	0	0	0	0	0	2	2	2	2	2
教員	1	1	2	2	3	3	3	4	4	6	6
公務員	2	3	3	3	4	4	6	7	8	8	8
退職者	0	0	0	0	0	0	0	0	0	0	0

表 V-4　非農家世帯員の職業変化 (II)

年	1979	80	81	82	83	84	85	86	87	88	89
農業(農業労働者を含む)	0	0	0	0	0	0	0	0	0	0	0
織工，職人，伝統医	3	3	3	2	3	3	2	2	3	3	2
小規模商人	0	0	0	1	1	1	1	2	2	1	1
徒弟	1	1	1	2	4	4	4	3	3	2	1
鍛冶屋，大工，床屋	0	0	0	1	1	1	1	2	3	3	3
テイラー	2	2	2	2	2	2	3	4	4	4	5
運転手	4	4	4	4	4	4	4	4	6	7	7
労働者，印刷工，機械工	1	1	2	2	2	3	3	4	4	4	6
商人，コントラクター	4	4	4	4	3	4	4	4	4	5	5
事務職員	0	1	1	2	2	1	2	2	2	2	2
教員	2	2	2	1	2	2	2	3	3	3	3
公務員	3	4	4	5	7	7	7	7	7	7	7
退職者	0	0	0	1	1	1	2	2	2	3	3

員，教員の相対的給与水準の低下や相次ぐ給与遅配を嫌って，公務員や教師，事務員といった正規雇用部門への進出を減らしたのに対し，施療者(伝統医)・織工・小商人・鍛冶屋・大工・仕立屋の世帯員は，これまで参入が困難であった公務員や小学校の教員の職に進出したのである．

当時の小学校の教員職が1970年代に比べいかに魅力を失っていたかは，シャガリ政権時代の1983年1月とババンギダ軍事政権時代の1985年5月に実施された外国人の追放劇を想起すればよい．外国人追放を実施してみると，多くのガーナ人が小学校の教員として働いている実態が明らかとなったのである[38]．

---

38) 1983年の外国人追放令の時にも，大工，石工，工場労働者，組立工，タイピスト，看護婦など熟練工や専門職員に対しては国外退去の条件が緩められた．通常の人が2週間以内の国外退去を命令されたのに対し，これらの人々は4週間以内の退去が条件とされた (Africa 1983 (April): 19)．さらに，連邦政府，州政府および公的部門に勤務する外国人は追放の対象外とされた．1983年にナイジェリアで働いていたガーナ人教師は35,000人だったという (West Africa 1983 (Jan.): 246)．

第VI章

出稼ぎを支えるE村の農業

　前章では，E村の人々の他地域への労働力移動がオイル・ブームの到来とその後の不況といった経済的変動や，州本位制にみられたような政治的動きと関連して，職業の内容はもとより出稼ぎ先も変化させていることが分かった．このことはE村の世帯が，外的な政治経済的変化に対応してかなり流動的に出稼ぎ者を排出してきたことを意味している．

　E村の人々の出稼ぎは主たる生業活動である農業生産に影響を与えずにはおかない．とりわけ成年男子の出稼ぎは，重労働の担い手を失うことになるので影響は大きい．E村の農業が，若者たちの出稼ぎを容易にし，出稼ぎ先や職業を変えることに柔軟に対応することを可能にしたカラクリはどのようなものであったのであろうか．前章でみた労働移動の変化が，外的変化と関連しているのみならず，E村の各世帯が持っている内的条件とも密接な関係をもっているという視点に立ち農家世帯の耕作形態を詳細に分析してみたい．

　非農家世帯のメンバーが外部の経済政治的変化に即応して職業を変化させ，居住地を移動させることは，賃金労働者世帯では1970年代以前から多くみられた．それらの世帯のメンバーが，1970年代以降のオイル・ブームによる経済環境の変化に迅速に対応した理由は十分理解できる．しかし農業世帯のメンバーたちが1970年代，1980年代と出稼ぎ先や職業を変化さ

せてきた理由を知るためには,彼らの農業生産の中にそのことを可能にする内的条件が存在したことを明らかにする必要がある.

ココア・ベルトへの初期からの出稼ぎの歴史を持つエビラ社会では,1970年代のオイル・ブーム以前にすでに(離村→農業労働者→食糧生産農民→隠居・帰村)といったライフサイクル的移動労働が確立し,村の農業生産自体が出稼ぎを前提としていた可能性がある.1970年代後半以降のオイル・ブーム期に農家世帯のメンバーが職業を多様化させ,出稼ぎ先も変化させてきたことは,その応用的利用にすぎないのかも知れない.このような出稼ぎを前提としたシステムを支えている農業とはどんなものか,耕作形態の面から検討してみたい.

1——農業生産地域区分からみたE村の位置

E村は,通称ミドル・ベルトと呼ばれる地帯にあり,気候帯からいえば南部ギニア・サバンナ帯に属している.年間降水量は約1200 mmである.西アフリカの農業地帯を栽培作物によって区分するときに良く用いられる雑穀型と根栽型の区別で言えば,この地域はちょうど境界領域にあり雑穀型と根栽型[39)]の両方の作物が栽培されている地域である.アグボーラ(1979)の研究によれば,この地域で栽培されている作物は,全耕作地面積に占める割合でいうと,ヤムが10–29%,キャッサバが5–9%,ソルガムが10–29%,トウモロコシが9%以下となっている(Agboola 1979: 56, 59, 79, 86).

後述するようにこの村の栽培作物の面積比率はこの割合とは異なる(後掲第VI-5, VI-6図参照).最も大きな違いは,キャッサバの栽培面積である.しかしながら,南部の湿潤サバンナ帯で栽培されているヤム,ココヤム,キャッサバと,北部内陸部の乾燥サバンナ帯(スーダン・サバンナ帯)で卓越するソルガム・ミレットの両方を兼ね備えた,多種の作物を組み合わせ

---

39) キャッサバやヤム,ココヤムなどの根茎作物の他,バナナやプランティンなどの栄養繁殖作物も含む農業(佐々木 1970: 31–33).

た中間的農業地域としての特徴は残っている.

　この地域の農業のもう1つの特徴は，食糧作物の種類の多さと対照的に，ココアや落花生といった輸出商品作物がない点である．南部の湿潤サバンナ帯で，ココアや油ヤシの栽培が広く見られ，北部の乾燥サバンナ帯で落花生，棉花といった換金作物生産が広く見られるのに対し，この地域ではナイジェリア国内はもとより外国に輸出するよう重要な換金作物が1種類も栽培されていない．ココア，油ヤシの栽培では南部に比べ条件が悪く，落花生や棉花栽培には北部より条件が悪いという，文字通りミドル・ベルトの自然的条件が最大の障害であった．

　これに加えて植民地政府の政策が，この地域を経済的に周辺地にしてしまったことも理由の1つとしてあげられる．植民地支配の初期には，ニジェール川はイギリスによる内陸部支配の基礎であり，経済的な動脈でもあった．このためエビラ人の地域も植民地政府の中心地域になる可能性もあった[40]．しかし1841年にイギリスがニジェール川沿岸に計画した白人によるプランテーション経営が，現地の人々の激しい抵抗に遭い失敗したことにより，植民地政府によるニジェール川沿岸部の農業開発の芽は完全に失われることになった[41]．

　この地の周辺化をさらに強めたのが，1898年にラゴスから内陸部に向けて始まった鉄道建設である．当初北部ナイジェリアへの交易ルートは，ニジェール川を約500km，バロの地まで遡り，そこから鉄道で北部の中心都市ザリア，カノに至るルートが考えられ，実際に1910年にバロからミンナまで鉄道が建設された．しかし，ラゴスから北部に向かって建設が進んでいた鉄道が，1909年にニジェール川まで到着し，1912年にそれがミンナを経由して北部のザリア，カノまで繋がると，バロ－ミンナ線は盲腸線とな

---

[40] ナイジェリアの首都をどこに置くかに関して1890年代からさまざまな議論がなされ，ニジェール川とベヌエ川の合流地点にあるロコジャがその都度有力な候補として挙げられていたのである（島田 1992: 127-128）．

[41] 探検をかねた入植計画は145人の白人のうち49人が病気で死亡し挫折してしまった（島田 1992: 44-45）．

り，それと同時にニジェール川の水運の重要性も一気に低下することになった．これと同時にニジェール川沿岸のエビラ地域は，主要な交易ルートから遠く離れることになってしまったのである．

こうしてエビラ人の地域は，換金作物生産地としての条件を失うと同時に，植民地経済の中では周辺的位置に追いやられることになった．多様な食糧作物を生産してはいるが，重要な換金作物は持たず，人々が南部のココア・ベルトへ盛んに出稼ぎにでるというこの地域の農業生産上の特徴は，このような自然的，歴史的背景の下で形成されてきたのである．

2——栽培作物

E村で栽培されている農作物の中に現在も有力な輸出用換金作物が無いことはすでに述べたとおりであるが，市場に出される農作物がまったく無いわけではない．1日おきに開かれる村の市場や，近くの町の市場で農民たちは日常的に農作物を売っている．

栽培作物を，自家消費比率の大小で分けた場合，大きく以下の3種類に分けることができる（第VI-1表参照）．1つは自家消費量の方が販売量より多い作物で，この村ではヤム，ペペ（唐辛子），トウモロコシ，キャッサバ，ココヤムがこれに入る．2つめは自家消費量よりも販売量の方が多い作物であり，ササゲ，ソルガム，落花生，メロンがこれに入る（安食・島田 1990: 15-16）．第3の種類は，専ら販売に供される作物であり，この村ではヒマ（castor bean）だけがこれにあたる．もっともこのヒマを栽培している農家は全体の約2割に過ぎず，この作物を村を代表する換金作物という訳にはいかない．

村の中央広場で1日おきに開催される市で，農民たちは農産物を買い手に直接売ることもあるが，村内の商人に売ることもある．商人は車を持っており，村で集荷した農作物をオケネなどの町で売る．販売絶対額で見た場合，最も収入が大きいのはトウモロコシとキャッサバであるという．村民は，石鹸，洗剤，マッチ，薬，化粧品などの日用品や学費支払いのため

第VI章 出稼ぎを支えるE村の農業　99

表VI-1　栽培作物の種類と自家消費・販売用の区別

No	キャッサバ	ヤム	ココヤム	ウォーターヤム	トウモロコシ	ササゲ	ソルガム	落花生	ベニシード	メロン	オクラ	唐辛子	ガーデンエグ	野菜	カシューシュー	ビターリーフ	ポポ	カスターシード
1	HS	HS			HS	HS	HS	HS	HS	HS				HS				
2	HS	HS			HS		HS	HS		HS		HS		HS	HS			
3	HS	HS	HS		HS		HS		HS					HS	HS			
4	HS	HS			HS	HS		HS		HS	HS	HS		HS				S
5	HS	HS	HS		HS		HS			HS								
6	HS	HS					HS	HS										S
7	HS	HS			H							H						
8	HS	HS			HS		HS		HS			HS		HS				S
9	HS	HS	H			HS		HS		HS	HS	H				H		
10	HS	HS		HS	HS				HS	HS	HS	HS						
11	HS	HS			HS	HS				HS	HS	H		H				
12	HS	HS		HS		HS	HS			HS	H	H						
13	HS	HS	HS		HS	HS	HS			HS		HS				HS		S
14	HS	HS			HS			HS	HS			HS		HS				S
15	HS	HS			HS		HS		HS				HS					
16	HS	HS	H	H		HS			HS			H		H				
17	H	HS			H	HS						H		HS				
18	HS	HS			HS		HS			S							H	
19	HS	HS				S	HS	HS		HS	HS	H		HS	HS			
20	HS	HS	HS				HS	HS		HS		H		HS			H	S
21	HS	HS			HS	HS	HS	HS		HS			S					
22	HS	HS			HS	HS	HS			HS	HS	H		H				
23	HS	HS			HS	HS	HS	HS	HS		HS							
24	HS	HS	HS	HS	HS	HS				HS		HS		HS				
25	HS	HS				HS				HS	HS	H		HS				
26	HS	HS			HS					HS		HS		HS				
27		H					HS	H						HS				
28	HS	H			H					H								
29	HS	HS	HS			HS			HS	HS		HS		HS				S
30	HS	HS			HS					HS	HS			HS				
31	HS	HS								HS		HS		HS				
32	HS	HS	HS		HS		HS					HS		HS				
33	HS	HS	H	H	H					HS		H		HS		H		
34	HS	HS				HS	HS	HS		HS	HS	HS				HS		
35	HS	HS			HS					HS		HS		HS				
36	HS	HS				HS	HS	HS		HS	HS			HS				S
37	HS	HS			HS	HS				HS	HS	H						
38	HS	HS			HS		HS			HS	HS	HS						
39	HS	HS	HS	HS	HS		HS	HS	HS	HS		HS						
40	HS	HS			HS					HS	HS							

H：自家消費，S：販売　ゴシック体が主たる用途を表す

に現金が必要になった時に村の市場で農産物を売る．

　農民達によれば，彼らが商品作物栽培の生産に意欲が湧かないのは，村の市場や商人の庭先での販売価格が，あまりにも低すぎるためだという．この村では，換金作物を生産するよりは出稼ぎする方が現金獲得には有利だという．自家消費率の高さ，栽培作物の多様性，商品作物の未発達などはいずれも相互に密接に関係しているようである．この村では換金作物生産による現金収入増大の可能性は限られていたといってよい．このことは，この村に限った現象ではなくエビラ人の村では一般的なことであった．

3――農業の担い手：性別分業と若年労働力

　本調査においては，耕作形態の実態を詳細に分析するために，アンケート調査と並行して2つの農家世帯に関して詳細な聞き取りおよび全耕作地測量調査をおこなった．アンケートの結果が利用できたのは40農家世帯であった．ここでは先ず，アンケート調査結果をもとに耕作労働について述べてみたい．

(1) 性別分業と雇用労働

　第VI-2表は，1989年のアンケート調査で明らかになった農作業にみられるE村の性別分業である．

　男性が主としておこなう農作業としては，耕地整理，火入れ，植え付け（キャッサバ，ヤム，ソルガム），鳥追いがあり，女性が主としておこなう農作業としては，植え付け（トウモロコシ，ササゲ，落花生，メロン，オクラ，ペペ，野菜）及び収穫があげられる．女性が主体となっておこなう植え付け作業の場合，男性も一緒に参加している場合が多い．これに対し，キャッサバとヤムの植え付け作業は，男性がほぼ独占的におこなっている．この両作物が主食用作物として最も重要であることを併せて考えると，主食作物の方が性別分業が明確で，副食用の作物の方が性別分業が不明瞭な傾向がみられる．

第VI章　出稼ぎを支えるE村の農業　101

表VI-2　農産物の主たる担い手

No	耕地整理	火入れ	植え付け・播種									鳥追い	除草	収穫
			キャフサバ	ヤム	トウモロコシ	ササゲ	ソルガム	落花生	メロン	オクラ	唐辛子	野菜			
1	LM	M	M	M	FM	FM	FM	FM	FM	FM				LM	FMS
2	MSL	FMS	M	M	FSM		FSM	FMS	FSM		MFS	FMS	SM	MSL	FSM
3	MSL	MS	MS	M	SFM			MSF	SFM			SFM	SM	MSL	FSML
4	MLS	SMF	ML	ML	FSM	FSM		MFS	FSM	FSM	FSM	FS	S	MSL	FSM
5	ML	MF	M	M	FM		FM		FM				M	ML	FM
6	MLS	M					FM							ML	FM
7	LM	M	ML	M	MF									LM	MLF
8	SLM	MS	M	M	FM		FM	FM	MF		FM	FM	MS	MSL	FMS
9	ML	MF	M	M		FM		FM	FM	FM	FM			ML	FM
10	MJS	SM	M	M	MS				MS	MS	MS		M	MSL	FSM
11	LM	SM	MS	MS	MSF	MSF			MFS	MFS	FMS	MFS	SM	MSL	FSM
12	MLS	M	M	M	FM		FM		FM	M	M		M	MLS	FM
13	MJL	MF	M	M	FM	FM	FM		FM		FM		M	MJ	FM
14	MJ	M	M	M	MF		MF			MF	MF			ML	FM
15	ML	M	M	M	M		ML							ML	ML
16	ML	M	M	M	FM	FM			FM		FM		M	ML	MF
17	LM	FM	M	M	FM						FM	FM		LM	FM
18	SML	SM	MS	MS	MFS				MFS	MS			SM	SM	SFML
19	MJ	M	M	M		MF	MF	MF	MF	MF	MF	MF		MJL	MF
20	ML	M	M	M		FM	FM	FM		FM	MF	SM	MSL	FSM	
21	LM	M	M	M	M	M	M	M						ML	ML
22	ML	M	M	M	FM	FM	MF		MF	FM	FM	FM		ML	FM
23	LMS	MS	LM	LM	MF	MF	MF	FM	MFS	FM		FM	FM	LMS	FMSL
24	LM	M	M	M	FM	FM		FM		FM	FM	M		LM	FM
25	LMS	MF	LM	LMS		FM		FM		FM	FM	FM		LMS	FML
26	LMS	MF	M	M	FM			FM		FM	FM			ML	FM
27	LMS	M		M			FM					FM		LMS	FMS
28	FS	FS	F	F	F			F					SF	LFS	FS
29	LM	FM	M	M	FM	FM		FM		FM				ML	FM
30	ML	M	M		MF				MF	MF			M	ML	MFL
31	L	F	L	L				F		F	F			LS	SF
32	MJS	MS	MS	M	MS		MS			M	M			MLS	MLS
33	LM	M	M	M	FM			FM			MF	M		LM	FM
34	MJ	M	M	M		FM	FM	FM	FM	FM	FM		M	ML	FM
35	MJL	M	M	M	FM			FM			FM	FM	M		FM
36	MJ	MF	M	M		FM	FM	FM	FM	FM			MF	MLJ	FM
37	LM	M	MF	M	MF	MF			FM	FM	FM			LM	FM
38	ML	M	M	M	MF		MF		FM	FM	FM		M	ML	FM
39	MLJ	MF	M	M	FM	FM	FM	FM		FM	FM			MJL	FM
40	MLJ	SM	M	M	FM			FM		FM	FM			MSJL	FSM

M：世帯主，F：妻，S：子供，L：雇用労働者，J：共同作業　　ゴシック体が主たる労働力

写真 VI-1　耕地整理が終った畑地．このあと若者たちは短柄鍬でヤムのためにマウンド（土塁）を作る．

　農業労働者は，耕地整理という重労働のために雇用されることが最も多い．全農家の 80％以上が，耕地整理のために農業労働者を雇っている．農作業の基礎的作業ともいえる耕地整理にこれ程雇用労働が利用されているということは，農業労働者がこの村では不可欠となっていることを示している．しかも，農業労働者が，農業の中で最も重要な担い手になっているとする農家が 35％にも達する．これと照応しているのがオトゥ・オパ（otuo-opa）と呼ばれる伝統的互助組織の衰退ぶりである[42]．オトゥ・オパをおこなっている農家は全体の 25％に過ぎない．除草作業にも雇用労働が利用されており，農作業における相互扶助は衰退しているといえる．

　ところで，男性が担当すべきとされている農作業に農業労働者が多く雇

---

42) 農業労働にはいろいろな種類がある．賃金労働はイバロー（ibaro-o），手伝い（奉仕も含む）はオグンボー（ogumbo-o），そして講（エパ・アデー：epa-adee）のメンバーのための共同労働はオトゥ・オパ（otuo-opa）と呼ばれる．この他に老人の世話（耕作も含む）をするために子供を預ける制度（ozidamii paa）もある．

用され，女性の仕事に農業労働者はほとんど雇用されていない．多くの出稼ぎ者を受け入れていたココア栽培地においても，農業労働者は主として男性が担ってきた重労働の代替のために雇われるのが一般的であった．ココア・ベルトへの出稼ぎのために男子労働力が不足しているこの村でも，雇用労働は男子の重労働を代替するためのものであったといえる．

子供達は水汲み，鳥追い，収穫物の運搬などさまざまな仕事を担っており，農家世帯にとって不可欠な労働力となっている．畑でも彼らが親の手伝いをして働いている姿をよく見かける．これには以下で述べることとも関係がある

(2) 若年労働力

農家世帯では，子供から老人に至るまで働ける人はすべて農作業に従事する．男の子の場合 8, 9 才ともなれば自分の畑を持っている．もちろん彼らの畑は 1 a(アール)にも満たない小さなものが多く，農作物の生育状況は悪い．これらの畑は，農家世帯の食糧生産にとって不可欠のものとなっているわけではないが，それは誰からも認められた畑であり，子供達は誇らしげにこの畑の除草と管理をおこなっている[43]．少年が生育し，1 人前の働き手となる頃になると彼は，いろいろな機会を利用して種芋や種子を集め，自分の耕作地を拡大していく．その耕作地は父親が耕作権を持っている区画内で拡大していくことになる．

まだ独立をしていない若者が，自分の耕作地を拡大していく過程は，以下のとおりである．先ず，若者は父親から1人前の働き手として認められることが必要である．1人前の働き手とは父親の畑で十分な働きをするということである．その上でまだ体力的に余裕がある者に，父親は畑を割りあてる．通常父親は，すでに耕作権を取得している土地の中から耕地を子供に分け与える．しかし，父親の耕作地内に十分な土地が無い場合，父親

---

[43] 父親が 10 才未満の子供に耕作を任せている畑は肥沃土の高い耕作初年度の畑ではなく，多くは 2, 3 年耕作した後のキャッサバ畑である．この耕地はあくまで訓練の畑といった方がよく，子供が独立した用益権を獲得したものとはいえない．

は村の土地所有クランの長[44]に対し新たな耕作地の割当を申し出る．この場合は，新しい耕地の取得は容易ではない．ほとんどの場合，世帯の割りあて地内で小さな地片を与えることから始めている．

若者達が耕作地を拡大するには2つのことを解決しなくてはならない．その1つは，新しく植え付けるための種子や種芋の準備に関する問題である．若者達は自分の新しい畑のための種子や種芋を父親の畑から分けてもらうこともあるが，それが十分でない場合は，農業労働の支払いとして賃金の代わりに種子や種芋，さらにはキャッサバの茎を受け取る．このような目的のため村内で働くこともあるが，よい作物の評判を聞いて遠くまで泊まり掛けで出稼ぎに行くこともある．ココア・ベルトに居住している血縁家族のもとに農業の手伝いに行くことが多いが，このような機会に種子や種芋，茎を入手して帰ることがある．このような遠隔地から種子や種芋を持ち帰ることが，新品種の導入といった面で非常に重要な役割を担っている[45]．新品種の導入に対して若者達が重要な役割を果たしていることになる．

もう1つは，農作物の植え付けに関する問題である．若者達は，通常午前中は父親の畑（家族の畑）で働くことになっている．自分の耕作地で働くことができるのは午後の時間に限られる．つまり彼らの労働の中心的部分は父親の畑に投入されるべきものと考えられており，自分自身の畑に対してはいわば余剰労働力（あるいは追加的労働力というべきか）の投入が認められているにすぎない．したがって，若者が自分の畑を耕作するためには，父親の畑における彼の働きが充分評価されていることが必要条件となる．若者達の耕作畑の面積が，家ごとにまた家のなかでも個人により差がある

---

44) この村のあるエガニ(Eganyi)地区は，Oziogu と Eheda の2つのクランが土地を所有するといわれている．これら2つのクランの土地所有領域は入り組んでおり地理的に截然と2分されているわけではない．エガニ地区の最高首長であるアドゴ(Adogo of Eganyi)は，この2つのクランから交互に立てることになっており，1990年の8月にはたまたま4ヶ月前になくなった Eheda の首長に代わって新しい最高首長を Oziogu から立てるための儀式がおこなわれていた．ちなみにE村には学校の教員以外にも，このどちらのクランにも属さない住民が少なからずいた．

のは，若者と世帯主との関係のあり方や若者の個人的能力に違いがあるからである．

なお，ここで父親や若者の耕作畑という場合，その土地は彼らが耕作と生産に関して優先的管理権をもっているという意味での土地であり，絶対的かつ排他的権利をもっているという意味ではない．夫人達が自家消費用のヤムやキャッサバを夫の畑から掘り起こすことに対し，その都度夫の許可を求める必要はない．また息子の畑から掘り起こす場合も同様である．しかしそれだからと言って，この優先的管理権が形骸化しているかというとそうではない．自家消費用の農作物の収穫は耕作者が認知し得る範囲と方法でおこなわれており，耕作者が知り得ない方法で彼の畑から作物を取ることはいけないことと認識されている．親が子供の畑から無許可で農作物を収穫することは良いことではないし，妻が夫の畑から販売目的のためにことわりもなく作物を収穫することはできない．

畑から農作物が盗難されることが時として起こる．農民たちはそれを，近くを通る牧畜民の仕業だということにしていることが多い．しかし，実際のところはよく分からない．それが証拠に，若者達の中には自分の耕作地での盗難を防止するために，泥棒よけの呪い物を吊した棒を畑に突き立てている者がいる[46]．これは，牧畜民に限らず泥棒一般に対して盗難防止

---

45) 近年，イバダンにある国際熱帯農業研究所で改良された改良品種のキャッサバがヨルバランドに広く行き渡り，このE村にもようやくそれらの品種が伝播しつつある．この新品種の運搬人はヨルバランドの親戚の家に農業労働の手伝いに行ったことのある若者たちである．新品種は見た目にも在来種と区別でき，植物体が大きく収量も多い．

1993年の現地調査時点で確認できた新品種の現地名と特徴は以下のとおりであった．

Anado：アド・エキティ（Ado-Ekiti）から来たという意味をもち，搗きヤムと混ぜて食べると美味しいという．雨季のみ栽培可能．

Anigara：イガラ（Igala）の土地から来たという意味をもち，去年から栽培している．オンド（Ondo）にいる父の友人から貰ってきたという．

Aneko：ラゴス（Lagos）から来たという意味をもち，これも去年導入された．

これらに対する在来種は，種子をもっている Echukaovivi と雨季乾季を通して栽培できる Okuekue がある．

を狙ったものであり，村人や近親者に対しても優先的管理権を意識させる効果をもっている．

若者達はこの様な2つの問題を解決しつつ自分の耕作地を拡大していく．このような若者による耕作地の拡大と本章3-(1)で述べた農業労働者依存の増大といった事態が同時に存在していたということは，一見矛盾しているように見える．つまり，耕作地を拡大するほどの余力が若者たちにあるのであれば農業労働者に依存する必要はないはずだからである．この点についてはあとで検討するが，結論を先取り的に言えば，若者たちは必ずしも農作業に十分な時間を割くことはせず，不足する労働力を農業労働者の雇用で補っていたと考えられる．

4——作付け様式

第VI-1図，第VI-2図に示したのは，1988年から1991年にかけて調査した2世帯，農家世帯A，Bの全耕作地の形状である．耕作地が毎年少しずつ移動し形を変えている様子がわかる．2年後ともなると耕地の形状はかなり異なったものとなる．ところで，休閑地に戻される前のキャッサバ畑では，キャッサバ栽培地と休閑地の境界は漸移的である．また後述するが，収穫期のキャッサバ畑においてキャッサバの収穫と同時にその茎の一部が次の植え付け用として使われ，作付けが同時におこなわれることがある．この場合も，キャッサバの収穫畑と植え付け畑を1本の直線で区別することは不可能である．第VI-1，VI-2図ではそのようなところも直線で示さざるをえなかった．

第VI-3図および第VI-4図は第VI-1，VI-2図の耕作地における作付け

---

46) 呪いの方法はいろいろある．たとえば泥棒すると畑にある蟻塚の蟻に襲われるという呪いはエク（Eku）と呼ぶ．出稼ぎにココア・ベルトに出かけた折りにベンデル州まで足をのばし，大金（1990年時点の150〜300ナイラ：3000〜6000円）を支払ってこのエクを得てくる．このエクの入った瓶は，死体を包んだ布切れで棒の先に結わえられ，畑の中の蟻塚に突き立てられる．

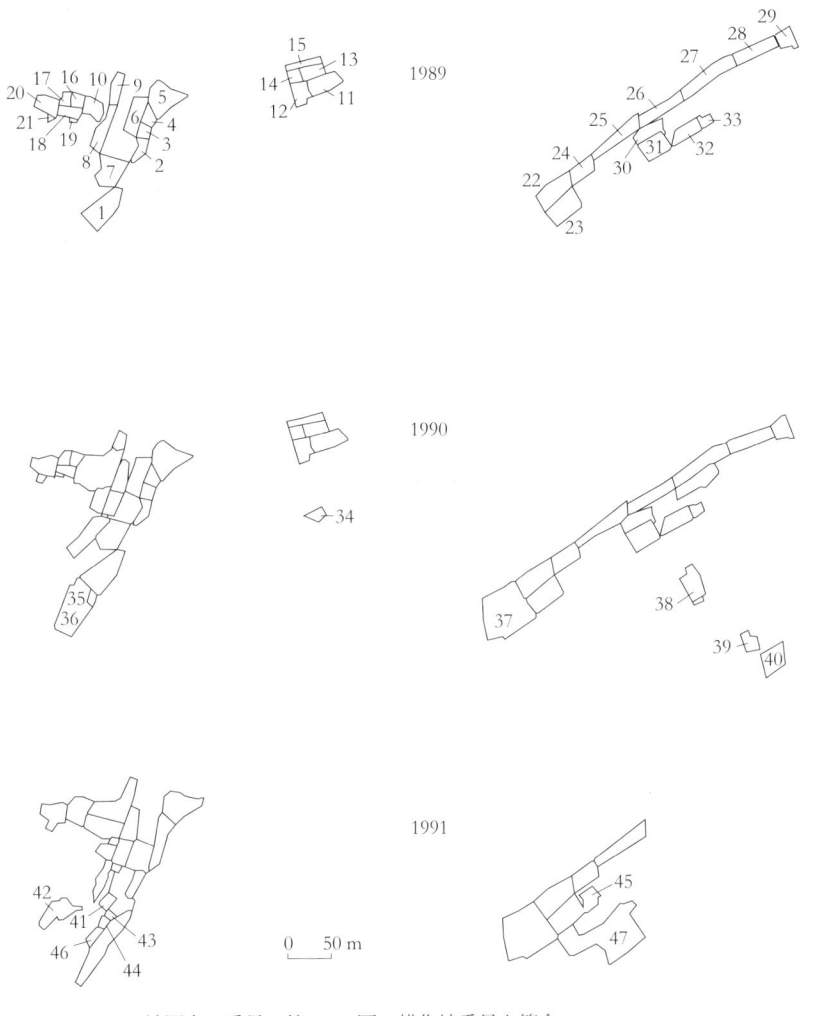

第VI章 出稼ぎを支えるE村の農業 107

1989

1990

1991

0 50 m

地図上の番号は第VI-3図の耕作地番号と符合

VI-1：世帯Aの耕作地

地図上の番号は第 VI-4 図の耕作地番号と符合

VI-2：世帯 B の耕作地

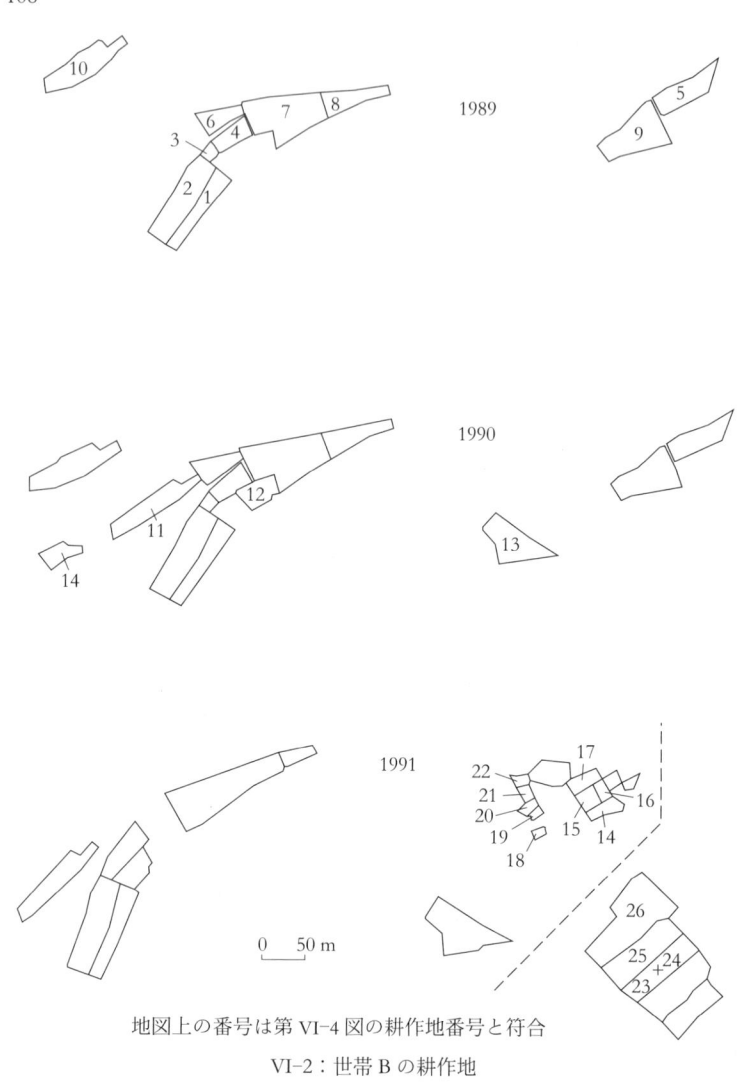

第 VI 章　出稼ぎを支える E 村の農業　109

```
No エーカー   1988  1989                              1990                              1991
         (a)   11 12  1  2  3  4  5  6  7  8  9 10 11 12  1  2  3  4  5  6  7  8  9 10 11 12  1  2  3  4  5  6  7  8  9

A 1  10.8      y------------------Y                          g------------G        o---O
               c-----------------------------------------------------------c-------------------
                         m---------M                                y-------------------Y
                         o------------O
A 2   2.8      c-------------------------------------------------------- -c---------
                                                                 cu-----------------------CU
                                                                      b------B
A 3   7.3           c-------------------------------- - - - - -///////////////////////////
                         b-----------B                          ///////////////////////////
A 4   2.7           c-------------------------------- - - - - -cu-----------------------CU
                                                                      b------B
                                                                           c---------
A 5   3.3           c-------------------------------- - - - - -cu-----------------------CU
                                                                      b------B
                                                                           c---------
A 6   9.9                b---------B         c------>>>---------------c--------------
                              g------------------G       >>>                             g-----
                                                         >>>                                b---
A 7  12.3                     g-----------G
                              b--------           b------B  >>>
                                                  m------M  >>>
                                                  c-----------> >>----------c---------         g--------
A 8   7.0           c----------------------------- - - - - - - -////////////////////////////
A 9  10.8           c----------------------------- - - - - - - -////////////////////////////
                         b---------B
A10   7.6           c----------------------------- - - - - - - -////////////////
                         b-----B
A11   3.3           c----------------------------- - - - - -/////////////////////////
                         b------B                          /////////////////////////
                              g----------------G           /////////////////////////
A12   2.3           c----------------------------- - - - - -/////////////////////////
                         b------B                          /////////////////////////
                              g----------------G           /////////////////////////
A13   3.9                b----B              ///////////////////////////////
                              g--------------G///////////////////////////////
A14   4.9           c------------------------- - - - - -///////////////////////////
                         b------B                     ///////////////////////////
A15   6.8                c------------------- - - - - -///////////////////////////
                         b---B                        ///////////////////////////
                              g--------------G        ///////////////////////////
A16   5.6      c---------------------------------c-------
                                           m------M
                                           o--------O
A17   0.5                o------O
                                           o--------O
A18   4.7      c-------------------------->>>---------- - - - -  >>>   y-----------------Y
                                              >>>                >>>               c--------
A19   6.9                b------            >>>                       y------        Y
                              g------------G  >>>                                      g----
A20  10.4      y--------------------Y                              y-------------------Y
                    c-----------------------------------c------------------
                                           b-----B
A21   9.5           m-----M                c----------------------------- - - - -
                    me-------ME                                              c------------
                              g--------------G
A22   8.3      me--------ME             c---------------------------- - - - ////
                              c-------------------------- - - -            ////
         (a)  11 12  1  2  3  4  5  6  7  8  9 10 11 12  1  2  3  4  5  6  7  8  9 10 11 12  1  2  3  4  5  6  7  8  9
```

♯：耕地整理　＊：火入れ　///：休閑　>>>：境界線の変更　y：ヤム　c：キャッサバ　m：トウモロコシ　g：ソルガム（ギニアコーン）　me：メロン　b：豆類　wy：ウォーター・ヤム　sp：サツマイモ　cu：カスターシード　o：オクラ

VI-3：世帯 A の作付け様式

110

```
              1988 1989                          1990                         1991
         (a)  11 12 1  2  3  4  5  6  7  8  9 10 11 12 1  2  3  4  5  6  7  8  9 10 11 12 1  2  3  4  5  6  7  8  9
A23  5.6            me---------ME              me-----ME ////////////////////////////
                    c-----------------------  - - - - -  ////////////////////////////
A24  8.6                  c-------------------------- - - - -                 c------
                                              c---------------------------------------
A25  5.9            c-------------------------- - - - -                       c-----
                                              b-------B
A26  0.5                  c----------------------------------------- - - - -
                          o------O             b----B
                          g-------------G      m------M
A27  3.6                  b----B         c----------------------------- - - - -
A28  2.1                  b----B         y--------------------Y
                                         y--------------------Y
A29  2.8            c-------------------------- - - - -
                                         c-------------------------- - - -
A30  5.4            c-------------------- >>> -------- - - - -            y-------------------Y
                                     >>>      c------------------------------------
                                                                              c-----
A31  4.4                  c---------------------------------- - - -/////////////////
                          b------B                                 /////////////////
A32  1.8                  c------------------------------ - - - -/////////////////
                          b-- B                b------B           /////////////////
A33  5.9                  c-------------------------- - - - -   /////////////////
                          b----B                b---- B           /////////////////
A34  4.5                                 y--------------------Y        >>>
                                         c---------------------------- - >>> - -
A35  8.9                                         c------------------------------- - - - ////
                                                 me--------ME                         ////
A36  7.2                                 y--------------------Y    >>>       g---------
                                         m------M                  >>>       b---------
                                         c-------------- >>> --------------- - - - -
A37 19.8                                         c------------------------------ - - -
                                                                     c-------------
A38  8.1                                         g-------------G    m------M
                                                 c----------------------------- - -//
                                                 b------B                          //
                                                 o---------O                       //
A39  3.0                                                    c---------------------- - -//
A40  7.8                                         b-------B           /////////////////
                                                        g-------------G /////////////////
A41  3.1                                         c-------------------------- - - - //////
A42  9.0                                         c--------------------------- - - - //////
A43  2.8                                                g-------------G         //////
                                                                                //////
A44  2.1                                                g-------------G         //////
                                                                y---------------------Y
                                                                        o-----
A45  7.4                                                                g-----
                                                                        b----B
A46  4.6                                                        c----------
A47 30.3                                                        b------B
                                                                        g-----
                                                                        o-----
```

なお各作物の小文字は植付け時期を表し大文字は収穫時期を表している．キャッサバの収穫時期のみは長期間に及ぶので点線で示してある．

VI-3 （続き）

第 VI 章 出稼ぎを支える E 村の農業　111

```
No エーカー  1988  1989                              1990                              1991
         (a)  11 12  1  2  3  4  5  6  7  8  9 10 11 12  1  2  3  4  5  6  7  8  9 10 11 12  1  2  3  4  5  6  7  8  9

 B 1  18.6                     c----------------------------  - - - -        sp------------
                                g------------G        b----B                  g----
                               me---ME       y-----------Y                   me----ME
                                            me---- ME
 B 2  30.3                     c----------------------  - - - -
                                g------------G       b---B              wy------------WY
                               me--ME        me-------ME                me-----ME
                                            y-------------------Y                  c-------
 B 3   3.0                     g------------G ////////////////////////////////////////////
                               m----  M      ////////////////////////////////////////////
 B 4   9.6                     g-------------G                                c------
                               m----- M      c---------------------------  - - - -
 B 5  14.2                     c----------------------------  - - - -   >>>///////// c---------
                                me--- ME         c--------  - - - ·>>>/////////  / / / / /
                                               b------B            >>>/////////  / / / / /
                                              me----ME             >>>/////////  / / / / /
 B 6  10.8                         c-------------------------  - - - ///////////////////////
                                    m-- M                              ///////////////////////
 B 7  39.5              c-----------------------------  - - - -        >>>        wy--------
                        y-------------------- Y             me------ME   >>>/////////////////
                                                             g------------G >>>/////////////
 B 8  15.1              c--------------------------- - - - -                    c----------
                        y----------------------- Y  c-----------------------  --------
                                                    y----------------------Y       wy-------
 B 9  22.5                           g----------G         g--------G                c--------
                                   me--------ME          me--------ME        y------------Y
 B10  18.9                                c------------------------- - - - -
                                          g------------G  me ----ME   gn--------------GN
                                                          o--------O                   c----
                                                          b------B
 B11  22.5                                        y----------------Y
                                                  c---------------------  - - - -
                                                        c--------------------------- 
                                                       me--------ME             me--ME
                                                      sp---------
 B12  11.0                                            c-----------------------  - - -
 B13  17.4                                         me---ME  g----------G
                                                    b------B
 B14   6.1                                                 c-------------------------  - -
                                                           g----------G
                                              y------------------Y ///////////////////////////
                                             wy--------------------WY ///////////////////////
 B15   6.0                                          o---------O ///////////////////////////
                                                                                c-----
 B16   3.3                                                            c------------
                                                                   gn--------------GN
 B17   7.3                                                                     c-------
 B18   2.9                                                                    me----
                                                                                g-------
 B19   3.0                                                           b---------B
                                                                                c-----
 B20   5.1                                                                    m-------M
 B21   4.6                                                                     g---------
                                                                               g----------
                                                                      y---------------Y
 B22   3.7                                                              m-----M
                                                                                c-----
```

VI-4：世帯 B の作付け様式

写真 VI-2　ヤムマウンドにヤム（つる性の作物）が育っている．同じマウンドにトウモロコシも植えつけられている．このあとヤムのつるは，トウモロコシの茎を支柱として上にのびる．

様式を示している．耕作地の欄に示されている耕作地番号は地図上の番号と符合している．この表においては，境界線のところで述べたキャッサバ畑の休閑地への移行，キャッサバ畑での収穫と植え換えの同時進行といった問題は，それぞれキャッサバ耕作線の波線と複線で表示することにより区別してある．

　1年間の農業暦を見ると次のことがわかる．先ず新しい畑の開墾などは乾期の後半の1月から2月にかけておこなわれ，本格的な雨期が始まる直前の3月と雨季が始まる4月にメロン，トウモロコシ，ササゲ，オクラ，キャッサバの植え付けがおこなわれる．次に6月になるとトウモロコシ，ソルガム（ギニアコーン）の植え付けがおこなわれる．7月の下旬から8月にかけてメロンと早植えのトウモロコシ，オクラ，ササゲの収穫が忙しくなる．10月以降乾季が始まり，その後の11，12月になってソルガムの収穫がおこなわれる．そして12月には翌年の8月に収穫されるヤムと，翌年の12

写真 VI-3　メロンの収穫. メロンは果肉を食べるのではなく，中の種を石臼でひいて，それをスープに入れて食べることが多い.

写真 VI-4　ソルガムを収穫したあとの畑にキャッサバが栽培されている.

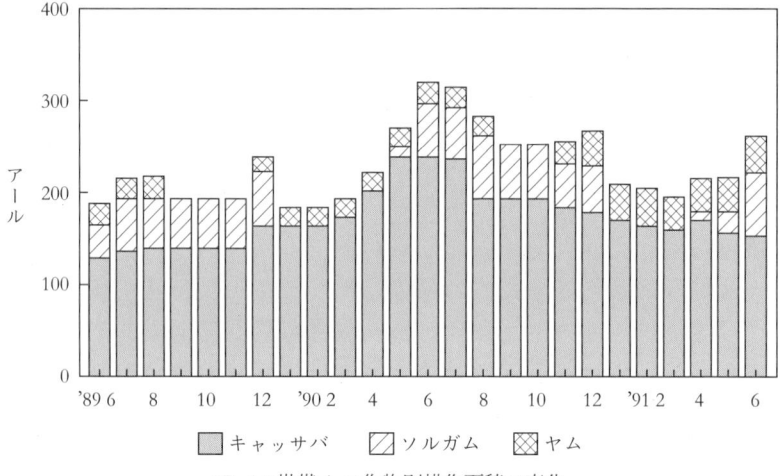

VI-5：世帯 A の作物別耕作面積の変化

月以降に収穫されるキャッサバの植え付けがおこなわれる．

つまりこの村で栽培されている農作物の中には，植え付けから収穫までがおおよそ雨季の期間中におこなわれるもの（雨季型），植え付けは雨季におこなわれるものの収穫が乾季におこなわれるもの（雨季—乾季型），植え付けが乾季で収穫が雨季のもの（乾季—雨季型），さらに耕作が1年中おこなわれているもの（通年型）の，4種類あることがわかる．雨季型にはメロン，トウモロコシ，ササゲ，オクラといった野菜が多く，雨季—乾季型としてはソルガムがあげられ，乾季—雨季型ではヤム芋があげられる．1年中畑で耕作されている通年型作物としてはキャッサバがあげられる．

第VI-5図と第VI-6図とは世帯A, Bの作物別耕作面積の月変化を示している．ここでは，雨季—乾季型のソルガム，乾季—雨季型のヤム，および通年型のキャッサバの作付面積を示しておいた．世帯AとBでは，キャッサバの作付面積に大きな差があるものの，上記3作物の季節性に大きな違いはみられない．

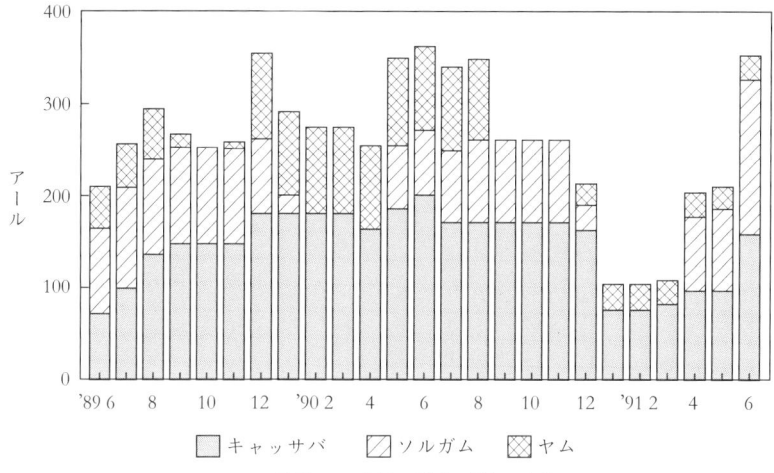

VI-6：世帯Bの作物別耕作面積の変化

5──農作業

次に，2人の若者a，bに1989年8月から翌年の8月までの1年間と，1990年8月から1991年8月までの1年間の合計2年間にわたり記録してもらった労働時間の記録をもとに，彼らの農業労働とそれ以外の活動との関係について検討してみたい．aは世帯Aの若者で，bは世帯Bの若者である．両者とも現在は師範学校を卒業して小学校と中学校の教職免許を持っているが，当時は中学校を卒業しただけであった．彼らがE村において特別学歴が高い若者であったわけではないことは「失業者」の学歴をみれば分かる．23人いた「失業者」の中で，中学校以上の卒業生は14人おり，大卒が3人もいた．彼らに労働時間の記録をお願いしたのは，彼らこそE村での耕作とよそでの他の仕事との間で，最も大きな悩みを抱えている青年達であると考えたからである．ここでは，2人をこの村で滞留する失業者的農民の事例として検討してみたい．

第VI-7図から第VI-9図は，1989/90年のaの農業労働時間を月別にみ

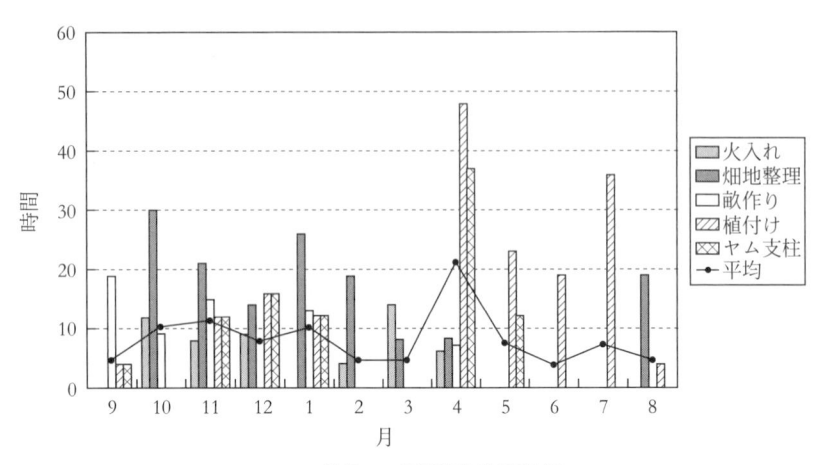

VI-7：若者aの月別農作業時間（I）

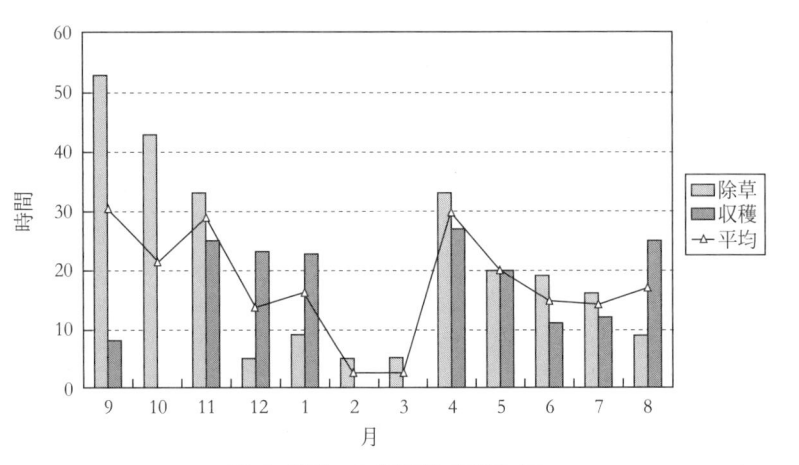

VI-8：若者aの月別農作業時間（II）

たものである．同様に第 VI-10 図から第 VI-12 図は，ｂの月別農業労働時間をみたものである．彼らには時間単位で農作業を記入してもらうことにしていた．日記の記帳において，「畑地見回り」と「罠かけ」作業の労働時間の取り扱いに関して一部不正確な点があることが後で分かった[47]ので，この図から絶対的労働時間の議論をする事はできない．

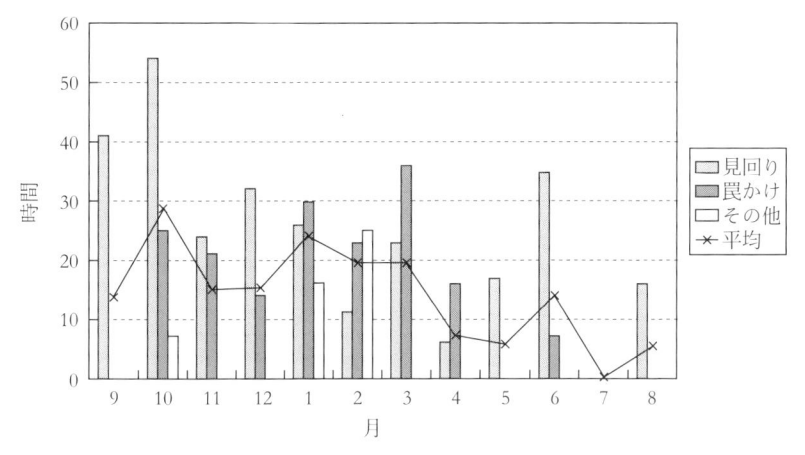

VI-9：若者aの月別農作業時間（III）

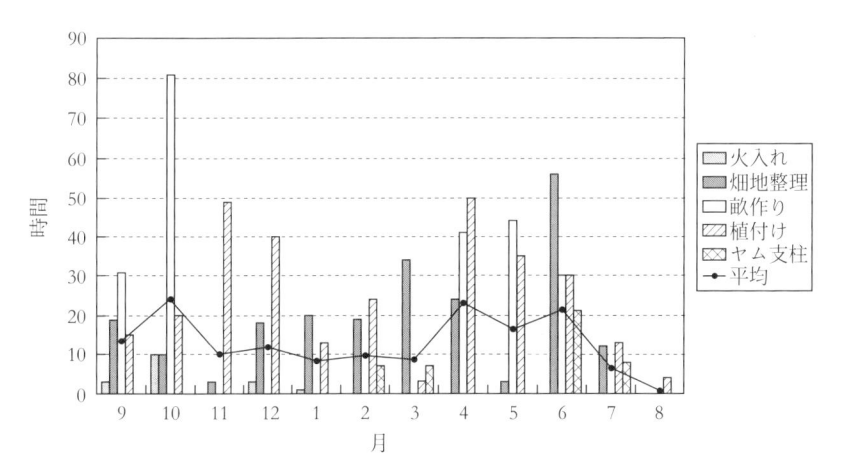

VI-10：若者bの月別農作業時間（I）

47）午後の労働時間が，実際の労働時間よりも長く記帳されていることが分かった．それは，「畑地の見回り」や「罠かけ」と記帳されているものの中に，「畑の木陰での休息」や「おしゃべり」とした方がより適切なものが含まれていたからである．もっとも，その時間も（子供を使って）見張りをおこなっているとの思いがある限り，労働として評価をしても良いのかもしれないが，判断が難しいところである．

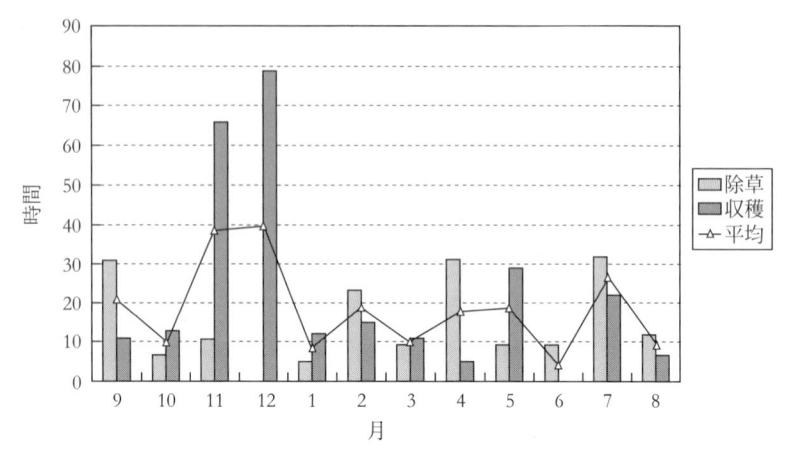

VI-11：若者 b の月別農作業時間 (II)

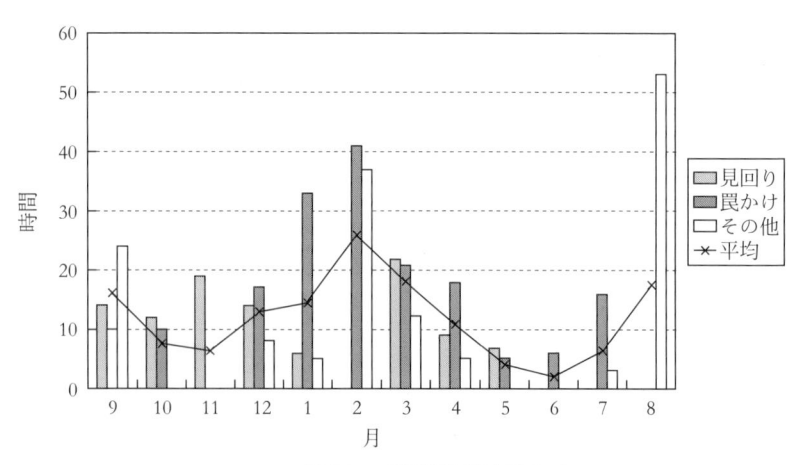

VI-12：若者 b の月別農作業時間 (III)

　労働時間の取り扱いに際して，「畑地見回り」と「罠かけ」作業の時間が不正確になったこととも関係しているのであるが，農業労働といっても，焼き入れ，耕地整理，畝作り，ヤム支柱立て，除草などの仕事と，罠かけ，畑地見回りなどの仕事とは，労働の質に大きな違いがある．鼠取り式の罠を畑の各所に埋め込む罠かけ作業や，畑に異常が無いか見回る作業はむし

ろ楽しげですらある．小さな子供たちを引き連れて木陰で楽しそうにおしゃべりしている若者たちをみると，見回り作業とレジャーの境界が怪しくなる．彼らが頻繁に畑地を歩き回ることが畑作物の管理と盗難防止にとって重要な働きをしているので，立派な労働であるといえるのであるが，焼き入れ，耕地整理，畝作り，ヤム支柱立て，除草などの力を要する仕事と比べると労力の点で大いに違いがある．

　そこで前者を軽労働，後者を重労働と呼ぶことにする．もっとも，重労働の中に入れた除草や耕地整理の作業の中にも比較的軽微な仕事の場合もある．一般に，焼き入れ直後の畑の耕地整理は重労働であるし，雨季のさなかの除草も重労働である．これに対し，女性や子供が1年を通しておこなっている耕地整理や除草には比較的軽労働のものもある．逆に，筋力を必要としない耕地整理作業といっても，女性が日常的におこなっている除草作業などは投下労働時間や労働時の姿勢などを評価すれば，決して軽微な作業と断定できるものでもない．実際の作業の内容を問わないで軽労働と重労働に区分することは非常に難しいことである．そこで，後掲の第VI-3表では一部の作業を両方の区分に併記してある．

　第VI-13図は，若者aとbの2人の総農業労働時間の月別変化を示して

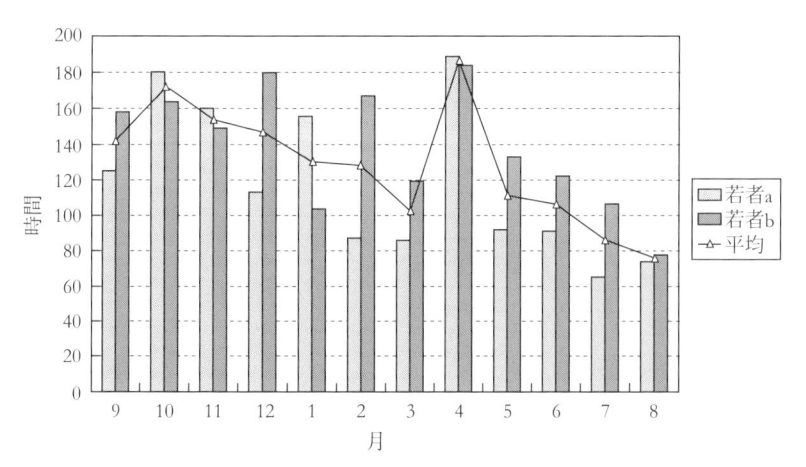

VI-13：若者a, bの月別農業労働時間

いる．これを見ると，4月と9, 10, 11, 12月の農業労働時間が長く，1, 2, 3月と5, 6, 7, 8月の労働時間が相対的に短いことが分かる．しかも，この労働時間の長短は火入れから畑地整理，畝作り，植え付けといった作付けに関わる重労働と除草と収穫といった農作業の月別労働時間の長短とほぼ一致していることがわかる．つまり，労働時間が相対的に長い4月と9, 10, 11, 12月は，労働の質の点でもきつい季節であるといえる．これらの期間は，前者が雨季型作物栽培のためのヤム，トウモロコシ，メロンなどのための耕地整理や植え付け作業が集中する農繁期であり，後者が雨季―乾季型作物であるソルガムの収穫や耕地整理に忙しい時期にあたる．

いま，1年のうち6カ月未満の農作業を季節性の高い農作業，6カ月以上おこなわれる農作業を季節性の低い通年的農作業として分けてみると，季節性の高い農作業としては，焼き入れ，ヤム支柱立て，畝立て，マルチングといった比較的重労働が多く，季節性の低い通年的農作業としては，植え付けや収穫といった重労働も一部あるが，罠かけ，除草，耕地整理といった軽労働が比較的多いことが分かる．農作業の軽重とこの季節性とをクロスさせてみると以下の第VI-3表のようになる．

表VI-3　農業労働における重労働と軽労働の区分

	比較的重い労働	比較的軽い労働
季節的労働	焼き入れ，畝立て，ヤム支柱立て，耕地整理（火入れ直後），除草（雨季）	マルチング
非季節的労働	収穫，	罠かけ，畑地見回り，植え付け（キャッサバ），除草，耕地整理

先に述べた農作物の栽培時期別区分と，この労働区分とを併せて考えてみると，以下のようなことがわかる．

(i) 雨季型の農作物（ヤム，トウモロコシ，メロン），雨季―乾季型の農作物（ソルガム）の植え付けが重なる雨季の始まりは，季節的重労働が要求される．これらの植え付けには男子の労働力が要求される．

(ii) キャッサバの作付けは，非季節的軽労働で充分対応できる．この作物の栽培は男子労働を必要とする季節的重労働との関連が断ち切れている．キャサバ畑でもマウンドを作る場合があり，この場合は男子労働を必要とする．しかし多くの場合は比較的軽微な茎の挿し木作業で植え付け作業は終了する．

そして，この表に示された農作業にみられる特徴と，先に示した雇用労働にみられる特徴とを兼ね合わせて検討すると，以下の点を指摘することもできる．

(iii) 雇用労働が，軽労働よりも重労働部門で，非季節的労働よりも季節的労働の補填に多く利用されているという点である．このことは，男子労働力の不足化と雇用労働力依存との関係が高いことを示唆している．

6──耕作形態の変化

以上述べてきた作付様式と農作業に見られる現実は，アグボーラ (1979) で描かれていたナイジェリア中央部ミドル・ベルトの農業形態とはかなりかけ離れたものである．アグボーラの研究が1960年代のデーターに依拠していることを考えると，その変化は著者が調査した1980年代末までのわずか20年弱の間に起きた可能性が高い．この村でみられた耕作形態は，近隣の村でも一般的にみられるものであるので，この村の調査で確認された耕作形態上の変化は，恐らくエビラ人地域で広く一般的に起きてきたものと考えて間違いはない．

第VI-4表は，1991年8月時点の世帯A，世帯Bにおける作物組み合わせ別の耕作面積を示したものである．1つの耕作地に多種類の作物が同時に作付けされる混栽が広く見られる．農業に熱心なB世帯では，単一作物栽培畑がまったくみられない．A世帯においても，キャッサバの栽培畑を除けば，他の作物で単一に栽培されている作物はメロンと豆類が僅かにあるのみである．多種類の作物が栽培されるというミドル・ベルトの耕作形

表 VI-4　作物別，作物組み合わせ別耕作地面積

作物 組み合わせ	世帯 A 面積（アール）	%	世帯 B 面積（アール）	%
単一作物栽培				
キャッサバ (C)	42.7	22.7	—	—
豆類 (B)	5.7	3.0	—	—
オクラ (O)	0.5	0.3	—	—
メロン (m)	8.3	4.4	—	—
間植・混栽				
［二作物］				
ヤム (Y) + C	13.2	7.0	54.6	29.9
C + m	5.6	3.0	14.2	7.8
C + B	46.0	24.4		
C + トウモロコシ (M)			10.8	5.9
C + ソルガム (S)			18.9	10.4
B + S	33.0	17.5		
M + S			12.6	6.9
m + S			22.5	12.3
［三作物］				
C + S + B	12.4	6.7		
C + M + O	0.5	0.3		
C + S + m			48.9	26.8
M + S + m	9.5	5.0		
［四作物］				
Y + C + M + O	10.8	5.7		
合計	188.2	100	182.5	100

態の特色は残しながらも，この村の耕作形態は大きな変化を遂げているといえる．いまこれらの変化を要約すれば，以下のように言えよう．

(i) キャッサバの作付地面積が著しく増大している．
(ii) 2作物の混栽畑においてもキャッサバが優位（ほぼ2/3）を占めている．
(iii) キャッサバを含まない混作形態の中ではソルガムが重要な作物となっている．

といった諸点である．

　これらの特徴と，先の第VI-3図や第VI-4図で明らかにした，休閑期間の短縮化とキャッサバの連続栽培の出現とを合わせて考えると，この村で過去20年間に起きてきた耕作形態の変化は，キャッサバの栽培増大を軸に展開してきたことが想像できる．

　キャッサバ栽培は，重労働よりも軽労働と，季節的労働よりも非季節的労働とのつながりが強いということを考えれば，キャッサバ栽培の拡大は，単に土地利用上の変化に留まらず，農業労働においても重要な変化をもたらしていたことを意味していると考えられる．

　労働移動の分析で明らかになった人々の移動が，耕作形態にみられるこのような変化と密接な関係を持って進展していたという点が重要である．すなわち，人々の他地域への出稼ぎが，この村の耕作形態では，キャッサバ栽培の比重の増大と連動し，季節的労働や重労働への雇用労働の利用と関連しているということがいえる．キャッサバの拡大は，先に述べた農民の他地域への出稼ぎにとっては，非常に有利な条件を備えた作物であった．

　どうしても男性の労働力が必要なソルガムやヤムイモのための耕地整理，植え付け，収穫，畝作りなどの作業は，農業労働者を雇うことで乗り切るという方法をこの村の農民たちは選択しはじめた．伝統的な共同耕作オトゥ・オパが衰退してきていることについては先に述べたとおりである．先に疑問として提起した，「農村部で不足している労働力を雇用労働力に依存しつつ，農民自らは他地域に出稼ぎに出かける」という，一見矛盾した行動は，キャッサバ栽培の拡大によって一年を通して農業労働の省力化をはかる一方で，省力化が困難な季節的重労働は雇用労働でしのぐという農民たちの対応行動であったといえよう．

　それでは，このようにしてまで農村から他の土地に出て行きたい若者たちは，農作業を続けながら，どのような求職活動をおこなっているのであろうか次章でみていきたい．

第VII章

E村の青年にみるポリティカル・エコロジー：
夢見る青年たちの闘い

1——非農業活動と耕作形態

　耕作経営形態調査において特に詳細な調査をおこなったA, B2世帯は，1980年代半ばに中学校を終えたものの，不況のため都市での仕事に就くことができなかった2人の若者a, bを抱える農家世帯の事例であった．非農業部門への就職を希望しつつ，日常的には世帯の中で最も重要な農業の担い手となっている彼らの行動には，1970年代のオイル・ブームと1980年代のオイル・ドゥーム（不況）の衝撃がいろいろな形で影響を与えている．彼らの，農業以外のさまざまな日常的活動を分析することで，前節で明らかにした耕作形態上の変化が彼らの非農業労働指向とどの様な関連を持っているのか整理して検討してみたい．

　この2人の若者は，機会があれば町で仕事を見つけたいと思っている．毎朝町の広場にくる大型トレーラーに乗って，近くのアジャオクタの製鉄所建設現場に働きに行くことは，高等専門学校を卒業した自分たちがすることではないと思っている．特に「英語も良くできないロシア人の下でロバのように働かされる」くらいなら畑仕事の方がまだ良いと考えている．町で職を見つけられないことに失望しつつも，村にある中学校の教員にな

第VII章　E村の青年にみるポリティカル・エコロジー　125

れないかと代用教員の仕事を受けたりもしている.

　彼らの町への願望を強烈なものにしているのは，1970年代のオイル・ブーム時代の先輩たちの記憶である．町に出かけた彼らの先輩たちがエクエチ(Ekuechi)の祭りのために真新しい服で村に帰ってきた時のことを鮮烈に覚えているという．2人があこがれた先輩たちは，第V章で明らかにした1970年代の労働移動の担い手たちだった．そして2人はその変化を，多感な小学生時代に経験したのである．

(1) 若者の求職活動

　第VII-1表から第VII-4表までは，a, bが自分の世帯の畑地で農作業をおこなわなかった日の過ごし方を示したものである．資料は前章で用いた労働時間記録と同じものを使っている．第VII-1表と第VII-2表は，1989年9月から1990年8月までの記録を基に作成したもので，第VII-3表と第VII-4表は1990年8月末から1991年8月中旬までの記録を基にしている．

表VII-1　若者aが農作業を休んだ日（1989年9月〜1990年8月）

月	政治活動	求職旅行	祭日（葬儀）	病気休養	農業出稼ぎ	共同労働	農業労働	その他	合計
9	1	1	4	8	1	0	0	0	15
10	1	0	6	0	2	0	0	0	9
11	0	0	1	0	3	0	3	0	7
12	0	0	6	1	3	0	0	0	10
1	0	3	4	0	0	0	0	0	7
2	0	2	0	0	0	0	17	0	19
3	0	1	7	1	2	0	7	1	19
4	1	0	0	2	0	2	1	0	6
5	2	3	1	5	2	0	0	0	13
6	5	0	10	2	0	2	0	1	20
7	3	0	5	0	0	0	13	0	21
8	7	0	1	1	0	0	3	5	17
計	20	10	45	20	13	4	44	7	163

＊屋敷地の清掃，洗濯，見舞い，調査協力，サッカーなど
資料：若者a氏の農作業日誌（1989.8.28-1990.8.26）

表 VII-2　若者 b が農作業を休んだ日（1989 年 9 月-1990 年 8 月）

月	政治活動	求職旅行	祭日（葬儀）	病気休養	農業出稼ぎ	共同労働	農業労働	その他*	合計
9	3	0	2	1	0	0	5	0	11
10	2	0	3	8	0	0	0	1	14
11	0	0	5	0	0	0	0	6	11
12	0	3	3	0	0	0	0	4	10
1	0	0	6	5	0	0	0	2	16
2	0	0	2	2	4	0	0	1	9
3	0	3	0	3	0	0	0	4	10
4	0	0	2	0	6	0	0	2	10
5	0	0	2	1	6	0	0	0	9
6	8	0	1	2	1	2	0	3	17
7	3	0	4	5	1	1	0	0	14
8	5	0	2	7	0	0	0	3	17
計	21	15	26	34	18	3	5	26	148

*屋敷地の清掃，洗濯，見舞い，調査協力，サッカーなど
資料：若者 b 氏の農作業日誌（1989.8.28-1990.8.26）

　この 2 つの表における項目に一部異なるところがあるので両者をつなぎ合わせることができない．特に第 VII-3 表と VII-4 表にある「親族，友人訪問」の項は第 VII-1 表と第 VII-2 表にはない．これらは第 VII-1 表と第 VII-2 表においては祭日，求職旅行の中に含めた．これら両年の 2 人の農業外活動状況を比較してみると，1989/90 年と 1990/91 年の間に大きな違いがあることがわかる．村内における（他人の畑での）農業労働や，村外への農業出稼ぎ日が，1989/90 年には 23 日と 57 日であったのに対し，1990/91 年にはそれに相当する「農業労働」日が 13 日と 7 日と激減した．1990/91 年に著しく増加したのは，政治活動の時間である．

　彼らの政治活動への熱心な参加については，エビラ地域の複雑な歴史的背景が絡んでいるのであるが，それについては後で述べることにして，ここでは当時の事情についてのみ触れておきたい．1985 年 8 月のクーデターで政権の座についたババンギダ大統領は，1992 年の民政移管にむけて 1989 年に政治活動を解禁した．結果的には 1992 年の大統領選挙は 1993 年に延

表 VII-3 若者 a が農作業を休んだ日（1990 年 8 月-1991 年 8 月）

月	政治活動	求職旅行	祭日（葬儀）	病気休養	親族・友人訪問	共同労働	農業労働	その他	合計
8	1	1	0	1	0	0	0	0.5	3.5
9	4	0	2	3	1.5	1	1	1.5	14
10	7	1	3.5	1	2.5	1	0	1.5	17.5
11	4	0	2 (4)	3.5	0	0	0	1.5	11 (4)
12	5	0	5	11	0	0	0	1	22
1	0	0	7 (1)	4	6	0	1	1	19 (1)
2	1	2	4	3	10	0	0	1.5	21.5
3	2	1	0	4	11	0	0	3	21
4	1	1	0	2	3	1	0	1.5	9.5
5	2	8	1	0	11	0	0	0.5	22.5
6	3	1	0 (2)	2	3	0	2	3	14 (2)
7	17	0	0	1	3	0	3	0.5	24.5
8	9	0	0	0	0	0	0	9	18
計	56	15	24.5 (7)	35.5	51	3	7	26	218 (7)

＊屋敷地の清掃，洗濯，見舞い，キャッサバ加工，雨，調査協力，サッカー，映画観賞など
資料：若者 a 氏の農作業日誌（1990.8.28-1991.8.18）

期となり，しかもその選挙結果の発表をババンギダ政権が差し止めることで民政移管はおこなわれなかったのであるが，1989 年，1990 年の時点では，人々は近づく民政に大きな期待を寄せていた．1989 年は，各政治団体が国家選挙管理委員会から公認を得るべく，党員の獲得にしのぎを削っていた年である．この時 2 人は，公認政党になることが確実視されていた自由会議(Liberal Convention)に参画し，村の中で党員獲得運動を始めた．最有力政党としてはナイジェリア国民会議 (Nigerian National Congress) と人民連帯党 (People's Solidarity Party) があげられたが，自由会議もナイジェリア人民戦線 (People's Front of Nigeria) やナイジェリア共和党(Republican Party of Nigeria)と並ぶ有力政党と見られていた．これらの政党の中では前 2 者が旧政党の後継政党であり自由会議は「金持ちの政党」と見られていた (West Africa 1989 (October): 1639)．

しかし 1989 年の 10 月，ババンギダ大統領は国家選挙管理委員会から推薦のあった 6 政治団体のどれも公認政党の資格条件を備えていないとして，

表 VII-4 若者 b が農作業を休んだ日（1990 年 8 月-1991 年 8 月）

月	政治活動	求職旅行	祭日（葬儀）	病気休養	親族・友人訪問	共同労働	農業労働	その他*	合計
8	1	0	0	0	0	0	0	0	1
9	4.5	0	1	3	2	1.5	3	1.5	16.5
10	6.5	0	2.5	1	3	1	2	3	19
11	5	0	6 (4)	1.5	0	1.5	0	2	16 (4)
12	8.5	0	3	6.5	1	0	1.5	1.5	22
1	1.5	0	8 (1)	4	1	0.5	1	4	20 (1)
2	5	3	1 (3)	6	1	0	0	2.5	18.5(3)
3	1	4	3.5	5.5	1.5	0	2	0	17.5
4	1.5	6.5	3	4	0.5	2	2.5	3	23
5	2.5	2	2	7	1	0	0	2.5	17
6	1	2	10	4	0	0	0	3	20
7	7.5	3	3	0.5	0	0	1	2	17
8	1.5	0	0	2	0	0	0	0.5	4
計	47	20.5	43 (10)	45	11	6.5	13	25.5	211.5 (8)

＊屋敷地の清掃，洗濯，見舞い，キャッサバ加工，雨，調査協力，サッカー，映画観賞など
資料：若者 b 氏の農作業日誌（1990.8.28-1991.8.18）

　すべての団体に即日解散を命じた．そしてこれに代わって，まったく新しい 2 つの公認政党名を発表した．社会民主党 (Social Democratic Party) と国民共和会議 (National Republican Convention) である．

　アメリカ合衆国の 2 大政党制こそナイジェリアにふさわしいとの理由で「少し左翼的な SDP」と「少し右翼的な NRC」の 2 大政党に，連邦議会，州議会，ローカル・ガバメントの全てのレベルで競わせようとしたのである[48]．この突然の発表に上記 6 政党は次なる対応を迫られたのであるが，結局 a, b の 2 人が応援していた自由会議は国民共和会議に参画することになり，彼らもまた国民共和会議の応援に邁進することになった．

　彼らが畑仕事を休んでまで政治活動に熱心に働いたのは，1979 年の総選挙で当時のナイジェリア国民党（NPN）が勝利を納め，シャガリ政権が誕生

---

[48] この 2 大政党による大統領選挙は 1993 年に実施され SDP のアビオラ (Abiola) が有利な結果を出したが，勝利の要件を満たしていないとの理由から軍事政権が勝利を認めず，この時には民政移管が実現しなかった（Kurfi 2005: 109-111）．

したとき，NPN の支持者達が州政府や地方自治体（ローカル・ガーバメント）への就職から肥料の配布割当に至るまでさまざまな面で有利な扱いを受けたことを見聞きしていたからである．彼らの父親達が彼らの政治運動への参加を，半ば期待を持って見ていたのもそのためである．政治運動は，かなり確率の高い求職運動とみられていたのである（島田 1993）．

（2）農外活動と農作業時間の関係

第 VII-5 表をみると，1989/90 年の a，b の農業労働時間はそれぞれ 1413 時間，1655 時間であったのが，1990/91 年にはそれぞれ 988 時間，1021 時間と激減したことがわかる。a の場合で 30％減，b の場合で 38％減となったのである。政治活動や求職旅行，それにこれら両者と密接な関係があると思われる親族・友人訪問に費やされた時間のしわ寄せが農作業時間の削減となって現れているのである．さらに農作業時間の削減内容をさらに詳しくみると次のような特徴が見られる．すなわち，農作物の生産量に直結する「植え付け」と「収穫」の作業時間の減少率が比較的少ないのに対し，耕作の準備作業や地力維持に貢献する諸作業の減少率が比較的大きいということである．

表 VII-5 若者 a, b の農業労働時間の変化（単位：時間）

	火入れ	植え付け	収穫	ヤム支柱立て	畝作り	耕地整理	畑地見回り	除草	罠掛け	マルチング	その他	合計	対前年比較
a1989/90	53	174	174	49	63	145	285	250	172	16	32	1413	
1990/91	0	176	160	0	39	231	27	133	167	55	0	988	-30%
b1989/90	17	296	270	43	205	218	103	179	177	49	98	1655	
1990/91	4	252	228	11	111	119	10	135	90	61	0	1021	-38%

注：1989/90：1989 年 8 月 8 日から 1990 年 8 月 26 日の間の記録
　　1990/91：1990 年 8 月 28 日から 1991 年 8 月 18 日までの記録

「植え付け」と「収穫」の作業時間を 1989/90 年と 1990/91 年の場合で比較してみると，aの場合で 15%，bの場合で 5% の減少率に留まっている．つまり，農作物の植え付け面積自体が減少した訳ではないので，収穫に直結する労働時間はあまり削減されてはいない．これに対し，VI-5 で分類した比較的重労働とみられる農作業，たとえば「火入れ」「畝作り」「ヤム支柱立て」の労働時間の削減率をみると，aの場合で 52%，bの場合で 76% と激減していることがわかる．これらの作業は，いわば農作物を栽培するときの基盤整備作業であり，ほぼ男性によっておこなわれている作業である．また，比較的軽い労働と位置づけられていた「畑地整理」「畑地見回り」「除草」「罠かけ」「マルチング」といった作業の減少率も，aの場合で 43%，bの場合で 29% と大きかった．これらの作業は農作物の生育環境を改善し，盗難を防ぎ一定の生産性を確保するための基本的作業であり，女性も多く分担している作業である．

以上のことをまとめてみると，農作業にみられる労働時間の短縮は以下のような傾向を持っていたことがわかる．すなわち，

(i) 男性が担うべき重労働の削減率が最も高く，
(ii) 女性と代替可能な補助的軽労働の削減率が 2 番目に高く
(iii) 生産量に直接影響する「植え付け」「収穫」の労働時間の削減率が最も低い

という傾向である．このことは，若者達が農外活動に時間を投入するにあたって農作業のどの部分を削減したかがわかる．

VI-6 で述べたキャッサバの作付面積の拡大や連続的栽培の出現などの事実とここで明かとなった事実とを結び付けて考えると，1980 年代末にこの村で起きていた耕作形態上の変化の背景がより一層明確になる．つまり，村には男子若年層が多数滞留しているにもかかわらず彼らは意欲的な農民であったわけではなく，労働節約的なキャッサバの栽培面積を拡大させるばかりであったということである．前章で明らかになった，キャッサバの連続的栽培（収穫と植え付けの同時進行作業）の出現による耕作—休閑体系の

一部崩壊(耕作地と休閑地との一部不分明化)も，農業の外に目を向ける若者たちの農外活動の増大と関係がある可能性が高いのである．

2——E村の労働移動とマクロな政治経済的変動との関連

最後に，現地調査によって明らかになったE村における労働移動を，先に述べた農業生産の変化や食糧生産をめぐる政治経済上の変動と関連づけ，少し歴史的にさかのぼって捉え直しておきたい．

(1) 経済変動の中の労働移動

ビアフラ戦争(1967-1970年)が始まるまで，政府の農業政策は植民地時代の政策と少しも変わるところがなかった．農業生産の中では換金輸出作物生産のみが重視され，食糧作物生産は無視されていた．このことを反映して，1960年代のE村の労働移動はココア・ベルトへの循環的移動に限られていた．すなわち，村の農家世帯員は西部ナイジェリアのココア・ベルト北縁部へ農業労働者として出稼ぎに出かけ，当地で食糧作物栽培農民に，そして可能ならば換金作物栽培農民となる．そして隠居する年になると，子供にその土地用益権を譲って帰郷するという循環的パターンである．この移動パターンは，出稼ぎの初めから隠居のための帰郷まで農業部門内で完結していた．この時の労働移動パターンは，農産物輸出国であった時代に3大輸出農産物の1つであるココアの生産地を目指しておこなわれていた農業労働移動という意味で「伝統的」労働移動パターンと呼ぶにふさわしい[49]．

1970年代以降，ナイジェリアの食糧生産は作物の種類を問わずほぼ一貫して停滞または減産しはじめた．輸出換金作物のココアや綿花の減産はもっと顕著であった．オイル・ブームの影響は農村部からの労働力移動に

---

49) 今日，循環型の労働移動や，「故郷に錦を飾る」労働移動に対する疑義が出されているが，ココア・ベルトへの当時の出稼ぎ者にとっては故郷への帰還は当然であった．

も大きな影響を与え，E村の若者達も非農業部門へ積極的に進出しはじめた．農業部門に限られていた以前の労働移動と異なる点で，1970年代の労働移動パターンは新しいものといえた．このことは労働移動の空間的パターンの変化としても現れた．村民の労働移動先はココア・ベルト北縁部への集中型から各地の大都市への拡散型に変わってきた．若年男子の村外流出は，村の農作業で重要な役割を演じてきた互助労働組織の衰退をもたらした．

1970年代後半には，国レベルで食糧不足問題が深刻化しつつあったが，政府は安価な外国産食糧を大量に輸入することで対応する方策をとった．このため国内の食糧生産は刺激を受けず，それどころかオイル・ブームに湧く都市部へ向けて若者達の労働移動に拍車がかかった．現地調査で明らかになったE村の耕作形態上の「粗放化」は，この時にすでに急速に進行していたものと考えられる．ただし，この時は農業の「粗放化」の進行とその弊害はまだ潜在的なものであった．

1980年代に入るとオイル・ブームは終わり，かわりにオイル・ドゥームと呼ばれる不況が襲ってきた．公的部門での人員削減，給与の遅配，民間部門での雇用削減，公共事業の縮小，さらには各種補助金の削減がおこなわれ，都市の低賃金労働者を中心に生活が厳しくなってきた．1986年に開始された構造調整計画はそのような動きをさらに強化するものであった．1980年代後半にはそれまで停滞ないし下降をたどっていた食糧生産は一転増産に転じた．農村部で，人口流出の鈍化，農業生産の回復が起きているものと考えられた．

しかし村落調査の結果，農村部では食糧生産の復興と単純に言えない変化が生じていることが明らかになった．すでに都市部に出ていた若者達は，深刻な不況にもかかわらずすぐに農村部へ戻ることはせず，減少した雇用機会の中で新たな対応を取りつつあった[50]．農村部の若年労働力の増大をもたらしたのは，1980年代の新卒者達であった．彼らは不本意にも農村に残ることになったのであり，農業外の職に就くことを諦めたわけではなかった．あくまで農業外の仕事に就くことを夢みるこれらの若者達は，農

業において非集約的な耕作方法を指向した．それは，キャッサバの栽培増大，土地利用にみられる耕作期の不分明化といった耕作形態上の変化をもたらした．農業に対する投入時間を削減して生み出した時間を利用して，彼らは広義の求職活動をおこなった．実際の行動は政治活動であったり，友人訪問であったりしたが，彼らは可能な限り農業時間を削減して非農業部門の求職先を見つけるべく努力した[51]．

1980年代に入って農村に留まり始めた多数の若者達は，農家にとってはかけがえのない労働力となってはいたものの，「一時的滞留」者と呼ぶにふさわしい状態にあったといえる．このことは，1980年代後半以降の食糧生産の増大が，かつての耕作経営形態への復帰によって実現されたものではなく，まったく異なる耕作経営形態の展開によって実現したものであることを示唆している．1980年代の構造調整計画の農業生産に対する影響がいろいろと議論されてきたが，E村で観察できた事実は，その影響が単純ではないことを示している．

ところで，以上の議論はエビヤ地区が，ナイジェリア国内の中でもあるいはクワラ州の中でも経済的な周縁部にあたることをいわば自明のことのように話している．ココア・ベルトのココア農民の農家を訪れた後にE村に入れば，両者の経済的格差はすぐに感じられることなのだが，データでそれを示すものとなると適切なものが見あたらない．ここではAguda (1991) で示されているデータで，その不足を補っておこう (Aguda 1991)．Aguda の研究は，1973年と1978年のクワラ州の工業名鑑と1983/4年の調

---

50) 著者がエビヤ村で調査をおこなっていた同じ時期にラゴスにおいて工場労働者の調査をおこなった矢内原勝教授の調査によれば，都市部における生活は苦しくなっているにもかかわらず，労働者たちはすぐには田舎に帰らない様子が示されている (Yanaihara 1999)．

51) ベリーもヨルバランドのココア栽培農民の調査で，石油収入の増大以降西部ナイジェリアでは，富と権力を得るために教育と政治の重要性が高まってきたと述べている (Berry 1984: 6)．さらに富と権力をめぐる競争の激化が，血縁集団や地域社会のメンバーに対し，生産財や権力に対して多様な接近方法を取るよう促進していると述べている．血縁集団のネットワークが階級的境界線をも突き破っているという (Berry 1984: 17; Berry 1998; 島田 1989: 48)．

表 VII-6 クワラ州の企業雇用者数（従事者 5 人以上の企業）

ローカル・ガーバメント	1973 年	%	1978 年	%	1983 年	%	1983 年 (Ajaokuta 除外の場合) %
エドゥ	4109	59.6	4129	41.4	4147	18.2	32.5
イロリン	1719	24.9	3759	37.7	5056	22.2	39.6
コギ	180	2.6	192	1.9	200	0.9	1.7
モロ	530	7.7	1130	11.3	1399	6.1	11
オケネ	22	0.3	43	0.4	10170*	44.7	1.3
その他	329	4.8	729	7.3	1795	7.9	14.1
州全体	6889		9982		22767		

＊：Ajaokuta の 1 万人含む

出典：Aguda, A. S. (1991) Spatial growth patterns in manufacturing: Kwara State, Nigeria, Singapore Journal of Tropical Geography 12-1: 1-11. の p. 6　表 3（一部修正）

査の結果を比較して，従業員 5 人以上の企業における雇用の変化を見たものである．その結果，第 VII-6 表のような結果が得られたという．これを見ると，E 村のあるオケネ地区（ローカル・ガーバメント）では，1973 年の雇用者数が僅か 22 人でクワラ州の 0.32%，1978 年が 43 人（同 0.43%）と極端に低く，クワラ州の中でも産業の発達が非常に遅れていることが分かる．1983 年になると，こんどはオケネ地区の雇用者数は一気に 1 万 170 人（44.6%）に跳ね上がっている．この増加分の内，1 万人以上はアジャオクタの製鉄所建設の雇用であるので，これを差し引くとオケネの雇用はそれほど増えていないことが分かる．これに対し，州都イロリンの雇用者数は，1973 年から 1983 年の間に 1719 人から 5056 人へと大きく増えている．オイル・ブームは州都と国家事業が行なわれているところを中心に雇用を増やしてきたことになる．

このような状態の中で，アジャオクタでの建設労働者の仕事を拒否しているような「高学歴」失業者が，都市で仕事に就ける確立は極めて小さいと言わざるを得ない．

(2) 政治の影響

2人の若者が1990/91年に，農作業時間を削ってまで政治運動に走った理由は，このエビラ地区では政治に勝たなければ就職にありつけないという厳しい現実があったからである．人口規模からいっても経済力からいってもマイノリティであるエビラの人々は，国政レベルでは大エスニック・グループの政党と太刀打ちすることはできない．したがって政治の主たる関心は地方政治にむかう．

しかし，地方議会の予算も州政府の予算も結局石油収入からの地方交付金に依存する体質のナイジェリアでは，国や州レベルの選挙も重要である．国や州政府の選挙では大政党との連携を模索したりすることが多いが，ここでもローカルなレベルでの対立を軸に激しい闘いが展開されることになる．エビラ地域においては，植民地支配初期に強行された任命首長制の導入にまでさかのぼる政治的対立が今も尾を引いている．

1902-03年にイギリスの植民地政府軍がエビラ（植民地政府はイグビラと呼んでいた）地域に進軍してきた時に，有力な首長たちは軍事を担当するオマディヴィ（Omadivi）[52]を交渉の代表者として一時的に安全な場所に逃れた．結局オマディヴィが首長達と植民地軍との連絡役を担うことになった．この時の交渉能力を認め，当時中央集権的国家が存在しない分節国家的地域に任命首長（Warrant Chief）制の導入を急いでいた植民地政府は，彼をその地位に据えた．こうして彼は，オケネ（エビラ地域の中心都市）地区の代表で且つイグビラ人全体の任命首長（Warrant Chief）に任命されることになった（Sani 1993: 12）．この任命に対し各地域を代表していた有力首長[53]

---

52) オマディヴィは北部ナイジェリアのフラニとの闘いでも戦功をあげ，アタル（Ataru）の称号を人々から与えられ，その称号をもとに首長にもなったといわれている（Sani 1997: 51）.
53) エビラ地域は当時大きく5つのグループに分かれていた．オケングウェ（32000人），イヒマ（14000人），イカ（17000人），アダヴィ（27000人），オケヒ（ごく少数）の各グループである．このうちオケングウェの首長はグループの大きさからもその歴史的背景からも最も有力な首長と見なされていたようである（Sani 1993: 15-17）.

たちは反感を持っていた．しかし，植民地政府の圧倒的軍事力を前にしてこの決定に逆らうことはしなかった．

　首長たちの不満は 1917 年にオマディヴィが亡くなり後任を決める時に表面化した[54]．この時にエビラ地区の地区長で且つエビラの最高首長アタ (Atta) を任命することになり候補を募ったところ，オマディヴィの孫 (Pa Ibrahim Chogudo) を含む 3 人が名乗りをあげた．植民地政府の要請による話し合いにも拘わらず 3 人は互いに譲らず，後任人事は膠着状態となった．この様子を見て植民地行政官は，「最終決定には従う」旨の誓いを 3 人に求め，その上でオマディヴィの孫であるチョグドをアタに決めたのである．この決定に対し，最も高齢で支持者も一番多いオケグウェ (Okegwe) 地域の首長パ・アルディ (Pa Arudi) と彼の支持者たちは大反発した．1902 年の決定は止むを得ないとしても，今度こそは自分がその地位に就くものとばかり思っていたパ・アルディ当人はもとより，オケグウェの人々も落胆し憤慨した．

　チョグドがアタに任命されたのは，ちょうど彼の祖父が任命首長に任命された事情と似ている．チョグドは流暢なハウサ語（北部ナイジェリアの共通語）が話せる上に，これまでも植民地政府のメッセンジャーとして，地元と植民地政府との橋渡し役をうまくこなしてきていたことが評価されたのである．

　このように 2 代にわたり，いわば伝統的支配者層を押しのける形で，植民地行政官と首長層との仲介役であった人物が，地方行政の長と伝統的首長を兼ねたことに対し，伝統的首長層とその支持者たちは深い恨みを抱いた．独立が政治日程に上り始めた 1952 年に地方議会の選挙がおこなわれると，伝統的首長層が結成した反アタ派のイグビラ部族連合 (ITU: Igbirra Tribal Union) が圧勝した．そして 1954 年に植民地政府が北部ナイジェリアの政治改革をおこない，そこで地方議会の権利を強化した時に，チョグド

---

54) オマディヴィの死亡 (1 月) の後すぐに Ohinadashi Adano が首長に任命されたが，不正や汚職を理由に 11 月に退任させられた (Sani 1997: 51)．

は地区長と最高首長（アタ）の地位を退くことを余儀なくされた．もはや地区長には地方議会の決定に対する拒否権は無く，逆に地方議会が首長の決定を否決する権利を与えられたのである．

この後しばらく最高首長は決まらなかったが，まず ITU の人々は，アタという称号はイグビラにはなかったものなので，新しい最高首長の称号はオヒノイ（Ohinoyi）にして欲しい旨植民地政府に訴え，政府もこれを認めた．その上で 1956 年に ITU が推すオモロリ（Alhaji Mohammed Sani Omolori）が正式にエビヤの最高首長（Ohinoyi of Ebiya）に就任した．

この対立は独立後も残った[55]．旧アタを支持するイグビラ進歩派連合（IPU: Igbirra Progressive Union）と，反アタ派の ITU の対立はその後も激しさを増すばかりであった．地方政治で圧倒的優勢を誇る ITU は，独立直前の 1959 年の連邦議会選挙において北部選挙区で独自候補を立て，1 名を当選させている．しかし，地方議会で勝てない IPU は，1953 年に北部ナイジェリアの北部人民会議（NPC: Northern Peoples Congress）と合併することにより，州議会や連邦議会での影響力を宣伝材料に少しでも支持を高めようとしてきた．

こうして，エビラ地区の政治は，地方議会レベル，州議会レベル，国政レベルが複雑に絡みあうことになった．地方議会では ITU 派が常に多数を占めているが，クワラ州レベルでは，IPU が合流した北部の政党 NPC が，西部を地盤とするナイジェリア統一党（UPN; United Party of Nigeria）と拮抗しつつも，有利な地位を確保している．クワラ州では，1979 年の選挙では NPC が知事も州議会の多数も獲得し，1984 年の選挙では知事選で勝利した．ちなみに 1979 年の選挙の結果クワラ州の州知事になったのは，チョグドの息子で NPC から立候補した Alhaji Adamu Atta であった．この結果，1970 年代のオイル・ブームの恩恵はエビラ地域では ITU が支配する地方政府にではなく直接アタ一族の利権に回されているという批判が高まることになっ

---

55) 1997 年に，長らくアタ家とは縁の無かったエビラ最高首長職（Ohinoyi of Ebira）にアタの息子が就任することになった．これでアタ派とオイノイ派との政治的しこりが解消したわけではないが，エビラ社会の政治的安定に一時的に貢献した（Sani 1997: 205）．

このような歴史的背景を知った上で，私が調査した2人の政治行動をみると，彼らが政治を通して求職に賭けていた気持ちが良く伝わってくる．調査をしたE村はエビヤ地域では少数派のアタ派の支持者が多い地域である．地方議会の選挙では，IPUがITUを上回る得票を得る唯一の地区となっている．そこで彼らもITUから「金持ちの党」と揶揄されつつも，IPUの支持に回るのである．

いつも「エビラの社会は一部の政治家と金持ちばかりが良い思いをしている．それはクルアーン（コーラン）の教えと違っている」と暗にアタ一族を批判して止まない彼らであるが，アタ一族と，彼らが支持する北部人民会議NPCを通してしか就職の望みがないとなれば，この可能性に賭けるしか方法はない．彼らがIPUに入ったところで，地方政府レベルの仕事が回ってくるとは思えない．彼らはアタ家の人々が役所においても政治においても，また経済界でも華々しい活動をしている[56]ことを時に自慢げに話す．しかし同時にそのことに対して極めて批判的でもある．この二律背反する感情を持ちながら彼らは政治運動に邁進しているのである．1980年にアタの息子のIdris Attaがアジャオクタの製鉄所建設の副所長に任命されるや，若者達の就職の期待は高まったが，実際に起きたことは，大型トレーラーで毎朝村まで建設労働者を迎えに来ることだけであった．2人の青年が，建設労働者ではなく事務職を考えていることを先に述べたが，アタの息子なら何かしてくれるはずだという甘い期待は実現しなかったのである．

3——まとめ

本章では，ナイジェリア中部の1農村の農業生産に見られる変化を，国

---

56) チョグドの息子や娘達の多くは外国の大学を卒業し，キューバ大使，イギリス駐在高等弁務官，北部ナイジェリア財務次官，北部地域主席医務官，大学学長などを輩出している．

全体の政治経済的変容の文脈の中で捉え直そうと試みた．ここでは農業出稼ぎと耕作形態との関連性を手探りに分析を試みた．この調査結果で見られたことがナイジェリア各地の農村で広く起きていたと主張しようとするものではない．しかし，1970年代のオイル・ブームと1980年代のオイル・ドゥームは，ナイジェリア国内のすべての農村を巻き込んだ経済変動であり，全ての村に何らかの痕跡を残したであろうことは疑いもないことと考える．そのような痕跡が各地で多様な様相を示しているものと思われるが，そのような多様性にたじろぐことなくこのようなミクロな村落調査結果を蓄積することが現在のナイジェリアにとって非常に大事なことであると思う．とりわけナイジェリアのように地方レベル，国レベルの統計数値が信頼できない国においては，このような村レベルから国レベルの政治経済的変動の影響を捉え直す作業は，極めて重要な視点であると考える．

第VIII章

ザンビアの農業政策と農業生産の変化：
銅依存と経済二重構造

　植民地時代の経済構造の特質からアフリカ諸国を分類するときに，小農生産型と白人入植地型とに分けることがある[57]．ヨーロッパ人が，アフリカ人小農の生産した換金作物を買い上げる商人として立ち現れることの多かったナイジェリアの場合は当然前者の例となる．西部ナイジェリアでココア生産を担ったのはヨーロッパ人ではなく，ヨルバの農民たちであった．そしてそのココア・ベルトに早くから出稼ぎにきていたのが本書で取りあげたエビラの人たちであった．

　これに対し南部アフリカと東アフリカに多く見られた白人入植地域では，ヨーロッパ人は農園の経営者や鉱山の経営者としてアフリカに立ち現れた．ヨーロッパ人が自ら農業をおこなうために進出してきた地域では，彼らの入植地を確保するため，白人専用の農業地域を指定し，先住アフリカ人をその指定地域から排除する政策がとられた．また鉱山地域では，鉱山労働者を確保するため，アフリカ人を組織的にリクルートする政策も実施され

---

57) 矢内原 (1971) は，小農輸出生産型と鉱山とプランテーション型とにわけ，前者をA型，後者をB型に分け，B型をさらに鉱山型 (B-1型) とプランテーション型 (B-2型) に分けている．低開発経済論を論じたミント (1965) も，輸出経済構造の違いから，小農輸出生産型と鉱山・農園型があることを指摘し，ナイジェリアを前者にザンビアを後者の例として言及している．

た．賃金労働を誘導するために現金による支払いを必須とする税金が導入され，同時にこれらのアフリカ人労働者の行動を管理するため，都市や鉱山の町では居住地規制が実施された．アフリカ人農民たちは，土地へのアクセス権を大きく制限されたばかりか賃金所得を得るために出稼ぎに出る必要性にも迫られ，さらに働きに出た町では行動の自由が保障されていなかったのである．

植民地支配によってアフリカ人の農業生産および農村社会が受けた影響は，白人入植型植民地の方が小農生産型植民地よりも暴力的かつ直接的であったといえる．ここで取りあげるザンビア（旧北ローデシア）は南のジンバブウェ（旧南ローデシア）や南アフリカに比べ，白人入植者の数は少なく，入植者用の土地も相対的に小さかった．しかしそれでもナイジェリアの例との対比で言えば，明らかに白人入植型植民地支配を経験してきた地域といえよう．

後で述べる調査村も，そのような白人入植型植民地の過去の歴史を色濃く反映している．以下では，IX章からXI章で述べるミクロな村落調査地の農業生産に関わる過去を知るために最底限必要な政治経済的背景を概観しておきたい．調査地は，後述するように白人入植者達が入植地として選んだ鉄道沿線地域にあたるので，植民地支配初期の状況から説明しておかなければならない．

1——ザンビアの経済的特徴——第2次大戦までの植民地支配にみる——

1889年に特許状を得たイギリス南アフリカ会社が，1890年にマショナランド（現在のジンバブウェ）に遠征隊を派遣し，それが旧北ローデシアにおける白人農場のための土地占拠の嚆矢となったのであるが，ほぼ同じ頃，同会社は現在のザンビアの地へも進出しはじめていた．

先ずは鉱区権を取得し，各首長領域内での行動の自由を確保した上で奴隷貿易の禁止などの名目で支配権を拡大していった．南アフリカのラントのような金鉱は見つからなかったが，1902年に現在のカブウェ（Kabwe）近

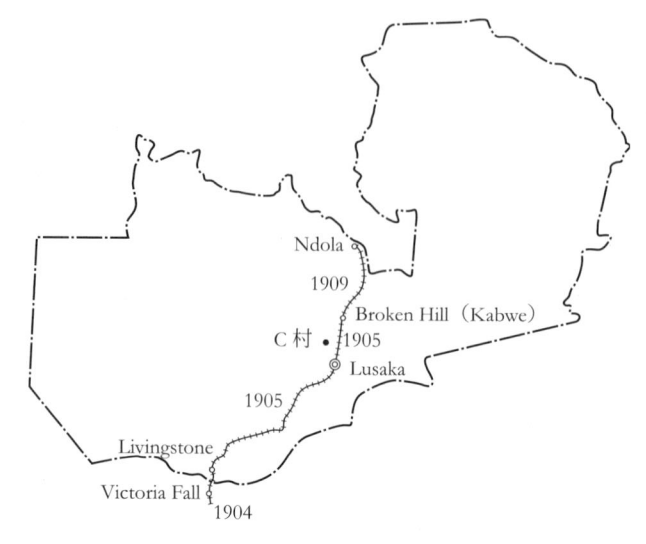

VIII-1：ザンビアの鉄道建設

郊で鉛の有力鉱山ブロークン・ヒル (Broken Hill) が発見され，また同じ頃現在のコッパーベルト地域に銅鉱山があることがほぼ確実になるに及んで，ザンベジ川を越えて鉄道建設が急ピッチで進められた．鉄道線は，1905年までにブロークン・ヒル鉱山まで建設され，1909年にはコンゴのカタンガまで延びた[58]．（第VIII-1図参照）

イギリス南アフリカ会社にとってザンベジ川の北側（北ローデシア：現ザンビア）は，基本的に南ローデシア（現ジンバブウェ）の付属物にすぎず，同社は北ローデシアを南ローデシアのための労働供給基地と考えていた．そのため1903年以降，ローデシア原住民労働局 (RNLB: Rhodesian Native Labour Bureau) は，北ローデシアで労働者を徴募し，南ローデシアに送り込むようになった．

南ローデシアでは次第に鉱山向けの食糧需要に応えるため，白人農業が

---

58) この鉄道は，南ローデシアの石炭をカタンガの銅鉱山に運ぶために利用され，ブロークン・ヒルの鉛の輸送が本格化するのは第一次世界大戦が始まってからである (Robert 1969: 155)．

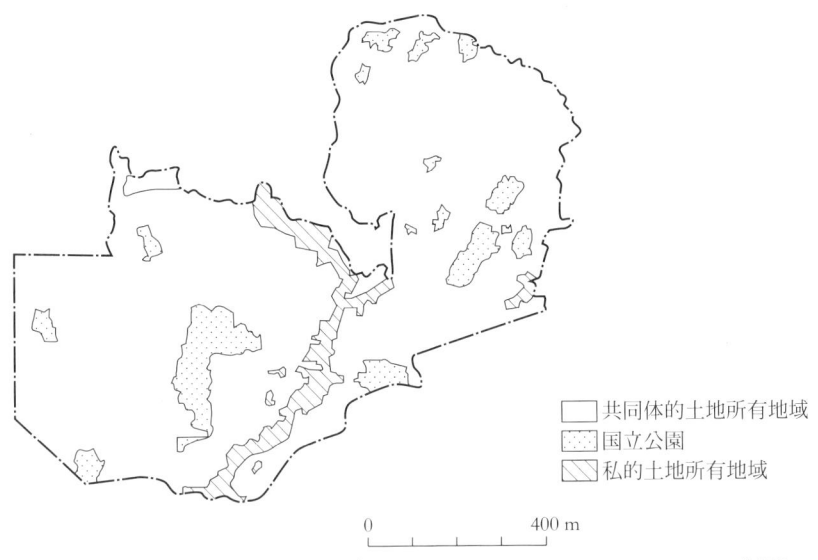

VIII-2：土地所有にみられる二重構造（荒木 2006 と Zambia traveller's map より作図）

凡例：
- 共同体的土地所有地域
- 国立公園
- 私的土地所有地域

発展しつつあった．南アフリカやイギリス本国から入植者が募られた．1904 年には 545 人にすぎなかった白人農民は 1911 年には 1324 人に増え，耕地面積も 18 万 4000 acre 近くになっていたという（McCracken 1986）．北ローデシア[59]でもヨーロッパ人人口は徐々に増え，1901 年時点で 600 人あまりであったものが，1924 年には 5000 人近くになり，1930 年には鉱山関係者のみで 4000 人，全体で 1 万 3000 人になっていたという（McCracken 1986: 602-624）．

ヨーロッパ人の農業入植者の土地を確保するため，南ローデシアでは 1930 年に土地配分法が制定され，国土の半分以上にあたる 4900 万 acre の土地がヨーロッパ人専用の土地とされた（第 VIII-2 図）．これに対し北ローデシアでは，鉄道沿線の土地やフォート・ジェイムソン（Fort Jameson：現チパタ Chipata）やアバコーン（Abercorn：現ムバラ Mbala）近郊の土地が白人専

---

[59] 1899 年から 1911 年まで，北ローデシアは北東ローデシアと北西ローデシアとに分かれていた．

用の土地 (王領地：Crown Land) とされた．そのほかの土地はさらに信託地 (Trust Land) と原住民指定地 (Native Reserve) とに 2 分され，前者は将来ヨーロッパ人が利用することもできる土地として確保され，後者はアフリカ人専用の土地とされた．鉄道沿線やフォート・ジェイムソンなどの土地が白人専用の土地とされた時に，そこに住んでいた約 6 万人のアフリカ人はその地を追われ，原住民指定地に移動させられた．北ローデシアでは，ヨーロッパ人用の土地とされた王領地では私有権が認められ，原住民指定地では私有権は認められなかった．ヨーロッパ人用の土地は長らく入植者がいない土地も多く，「静かな土地 (silent land)」と呼ばれ，一部の土地はツェツェ蠅が棲みつく林地になったという (Muntemba 1977: 351).

1923 年に南ローデシアがイギリス南アフリカ会社の経営から離れ植民地になり，翌年北ローデシアもイギリス植民地省の管理下に入った．特許を無くした後もイギリス南アフリカ会社は，鉄道といくつかの鉱山の利権は保持した．鉱山や鉄道沿線の町に住む白人の鉱山技術者や鉄道関係者の数も次第に増え，彼らの食糧需要を賄うために鉄道沿いの白人農業入植地では大規模な農業生産がおこなわれ，現在のザンビアの農業生産にみられる二重構造の骨格ができつつあった．

鉱山や大規模な白人農場に必要な労働力は，農村部から調達された．家屋税を導入することによりアフリカ人農民に現金収入が必要な状況を作り，彼らを鉱山や白人農場で働く賃金労働者に駆り立てたのである (Bates 1976: 41-46)．北ローデシアは南ローデシアや南アフリカの鉱山や白人農場にとっても重要な労働力源と位置づけられていたので，成人男性の出稼ぎ労働は北ローデシアの各地で広範にみられた[60]．鉄道沿線や鉱山都市から遠く，徴税官の取り締まりの手が届かない遠隔地は必ずしも出稼ぎ労働は一般的ではなかったが，1936 年時点の北ローデシアでは，成人男性の半分以上が故郷を離れ出稼ぎに出ていたといわれている．6 万人が北ローデシア内で働き，それ以上の男性が国外，主として南ローデシアで働いていたという (McCracken 1986: 631)．これが白人入植型植民地のもう 1 つの基本的性格を成していた[61]．

ナイジェリアのココア・ベルトに出かけたエビラ人と異なり，北ローデシアの出稼ぎ労働者は，出稼ぎに出かける先での居住地にさまざまな規制があった．ザンビアの出稼ぎ農民は，明確な賃金雇用契約や居住規制のもとで鉱山や白人農場で働くほかなかった．ナイジェリアのエビラ人は，出稼ぎ先で地元のヨルバ人と個人的に耕地の用益権を獲得することができた．そして，長年の交渉次第によっては，エビラ人の出稼ぎ農民も樹木作物であるココアの栽培が許可され，ココア生産農民になることも可能であった．ファーガソン(1990)は，ザンビアの出稼ぎ労働者に対する規制も取り締まりが厳格でなく，単身用住宅で家族が同居したり，偽装結婚で家族用住居に男女が住んだりとさまざまな移動形態がみられたとしている(Ferguson 1990: 398-402)．しかし，ナイジェリアの出稼ぎ農民との比較でいえばやはり，北ローデシアの出稼ぎ民の出稼ぎ先での生活は自由が制限されたものであったといわざるを得ないであろう．

また白人入植地故の影響はほかにもあった．銅鉱山の発展は，コッパーベルトにおけるトウモロコシの需要を増大させ[62]，白人入植者の大規模農場での機械化農業は一部のアフリカ人農民の農業生産に技術的影響を与え

---

60) アフリカ人出稼ぎ労働が，独身男性の単身出稼ぎが主であったとする説に対してファーガソン(1990)は再検討の必要性を指摘している．すなわち，出稼ぎ労働が本格化した1930年代の当初から，出稼ぎ者は妻や子供を伴う者が多かったこと，また，農村をベースに都市や鉱山に短期に出かける循環的労働移動ではなく，都市部や鉱山の町に止まり農村へ帰郷しない者も早くからいたのではないかというのである．出稼ぎ者が，初期の還流型男性単身労働者から徐々に家族を呼び寄せ都市(鉱山町)に定住する賃金労働者(プロレタリアート)に移行するという，単線的な段階論は当てはまらないのではなかというのである．1930年代末には，故郷の農村に10年から15年以上も帰ったことがないという人が大勢いたというこの指摘が正しいとすれば，鉱山や白人農場への出稼ぎ移動がアフリカ人社会に与えた影響は非常に大きかったといわざるを得ない(Ferguson 1990)．

61) 児玉谷(1993: 67)は，これを大規模な商業的農業経営をおこなう少数の白人入植者と，自給的農業をおこないつつ出稼ぎ労働に従事する大多数のアフリカ人農家とからなる二重構造と呼んだ．

62) 銅鉱山の労働者に食糧給付としてトウモロコシが支給されたことがこの需要増大を決定づけた(児玉谷 1993: 68)．

た.増大するトウモロコシの需要に反応して商業的トウモロコシ生産に乗り出したのが,南部州の鉄道沿線地域に住むトンガ農民たちであった.

アフリカ人小農の商業的トウモロコシ生産が白人大規模農場主の生産を脅かすことを怖れた植民地政府は,1930年以降白人大規模農場主保護政策に乗りだした(McCracken 1986: 627).1936年にはトウモロコシ統制局(Maize Control Board)を設置し,アフリカ人農民と白人農場主との間で,出荷量と価格を別々に設定することにした.

ナイジェリアで,農民が生産する農産物を統制するマーケッティング・ボードが設立されるのは第2次大戦中の1940年と少し遅れるのであるが,そこで取り扱われる農産物はココアやオイル・パーム製品,落花生,ゴムなどであり,食糧作物ではなかった.しかもそれらの換金作物はナイジェリア人小農によって生産されるものであった.これらのマーケッティング・ボードは,植民地産の農産物を安値で安定的にイギリス本国に供給することを目的としたものであり,白人農業との競合を恐れて設立されたものではなく,目的が異なっていた.

ちなみに北ローデシアのアフリカ人小農による商業的トウモロコシ生産は,第2次大戦中も銅生産の好況を反映して増大した(児玉谷 1993: 69-71).白人入植者とアフリカ人との間で,土地の分割と商業的農業生産の差別的統制がおこなわれたにもかかわらず,鉄道沿線の白人農場周辺の地域では,早くからトウモロコシの商業的生産が進んでいたことになる.

2——第2次大戦後から独立まで

(1) ローデシア・ニヤサランド連邦の結成

現在のザンビアにとって,第2次大戦後から独立(1964年)までの期間を特徴づける最も大きな政治的変化は,1953年のローデシア・ニヤサランド連邦の結成であろう.同連邦は,南ローデシア,北ローデシア,ニヤサランド(現マラウィ)を統合することにより結成された.

このローデシア・ニヤサランド連邦の結成にはいろいろな理由が存在している．最もよく指摘されるのが，南ローデシアの工業，製造業，商業的農業部門の発展とそれに伴う労働力需要の増大に応えるために，北ローデシアとニヤサランドの低賃金労働力を効率的に調達するため，という理由である．

確かに第2次大戦後，南ローデシアでは，復員軍人などを含む大量のヨーロッパ人が移住し，経済は好況を呈した．1945年に8万人あまりであったヨーロッパ人人口は，1954年には15万人以上に増えていた．これらの入植者は戦前の入植者より裕福な人が多く，農業部門に多額の投資がおこなわれ，商業的農業部門が急速に拡大した．入植者にとって土地が安かったことが何より魅力であったが，イギリスによる南ローデシア産タバコの買い付け決定も入植に弾みをつけた．タバコ栽培農家は1945年の862戸から1951年には2799戸と3倍以上の増加を見たという (Hodder-Williams 1983: 189)．このような農業生産の拡大は当然農業労働者の需要を増大させ，アフリカ人労働者は1946年の37万6000人から1953年の52万7000人へと年率7％の伸びを見せた．この農業労働者の需要を満たすには南ローデシア国内のアフリカ人労働者のみでは不十分で，北ローデシアやニヤサランドなどからも多くの出稼ぎ労働者たちを吸収した．1936年に14万5000人であった南ローデシアで働く国外アフリカ人は，1956年には27万7000人に増えていたという (Makoni 1980: 44)．

もう1つローデシア・ニヤサランド連邦統合の理由としてあげられるのは，好調な銅生産を背景に市場としての魅力を増しつつある北ローデシアを，南ローデシアの製造業のための市場として確保するというものであった．第2次大戦後，北ローデシアの銅輸出は好調で，1945年に19万4000tであった銅生産量は1964年には63万3000tとなり，同時期の労働者数は，2万8000人から3万8000人に増えたという (Parpart 1983: 167, AppendixD)．この事態に対処するため，鉱山会社と北ローデシア政府はこの期間に約10万戸のアフリカ人用住宅を鉱山都市に建設した．鉱山都市には鉱山労働者用のリクリエーション施設も建設され，鉱山労働者の長期雇用化が図

られるようになったという．北ローデシアの銅鉱業の発展のために，ニヤサランドからの出稼ぎ労働者を動員するためにも，連邦制への移行は有利なことと考えられた．

　このような意図で結成された連邦制のもと，アフリカ人労働者の移動範囲は広域なものとなった．南ローデシア，北ローデシアおよびニヤサランドの3つの植民地では，1930年代から国境越えの労働移動は盛んであった．しかし，連邦制への移行の後，鉱山労働者のみならず，白人農場で働くための賃金労働者の移動や，自ら新しい農業用地を求めて移動するアフリカ人農民達の移動も盛んになった．アフリカ人農民の移動では，アフリカ人の農業用地が相対的に不足していた南ローデシアから北ローデシアへの移住が多かった．

　南ローデシアでは1930年に土地配分法が制定され，アフリカ人の農業地域は国土の30％に押し止められた．しかもこの後，工業部門で失業した白人がヨーロッパ人地域に指定された土地に入植し，そこに居住していたアフリカ人が原住民指定地へと追いやられるようになると，指定地の人口密度は急速に高まった．1946年には，国土の23％弱の原住民指定地にアフリカ人の60％（135万1000人／222万9000人）（Johnson 1960: 170）が居住する状態になっていたという．原住民指定地はヨーロッパ人用の王領地よりも農業条件が悪いところに設置されていたので，この土地での実質的な人口密度は過去にアフリカ農民が経験したことがないほど高いものとなった．

　この原住民指定地における農業環境をさらに大きく変えることになる2つの法律が1950年代に相次いで制定された．1つは1951年の原住民土地耕作法（Native Land Husbandry Act, 1951）であり，もう1つは1952年制定の河川流路保護法（The Streambank Protection Regulation）である．

　原住民土地耕作法は，一部のアフリカ人農民に土地の私的所有を認めることにより，アフリカ人地域内に自営的アフリカ人農民を育成しようとしたものであった．耕作権を登記することによって土地を売買することを可能にするというものであった．この法律の目的は，アフリカ人の中に農業専従者を育成する一方で都市部（鉱山地区）出稼ぎ労働者の定着と熟練工化

を目指すものとされた．つまり，農民と賃金労働者との分化を促進することにあった．この法律が制定される以前まで，原住民指定地では伝統的土地保有制度を存続するよう主張し続けてきた白人政権が，突然その伝統的制度の一部を放棄するよう，政策を180度転換したことになる．これに対し，伝統的支配者層のアフリカ人は反発した．一部の農民を自営的農民にすることが原住民指定地における政治的混乱を生むばかりか，農業問題の解決には何ら貢献しないと考えたからである．それに加え，原住民指定地で土地不足問題が深刻化しているにもかかわらず，ヨーロッパ人用の地域で広大な土地が未利用のまま放置されていることに対してアフリカ人達の不満は高まっていた．

河川流路保護法も南ローデシアのアフリカ人農民達に大きな影響を与えた．この保護法は，ダンボと呼ばれる低湿地（河川流路域）の農業利用を禁止する法律であった[63]．ダンボの土壌浸食をおそれたヨーロッパ人商業農場主達が政府に働きかけて制定したものであったが，この法律はアフリカ人地区にも適用された．人口密度が高い原住民指定地では，乾季にも野菜やトウモロコシが生産できるダンボは貴重な農業用地である．その土地を農業に使えないとなると，多くの農民は生活の手段を奪われることになる．後で述べる調査村に居住するジンバブウェ出身農民の家族が，ジンバブウェからザンビアに家族全員で移ってきたのが，まさにこの法律の制定による被害者の例である．

(2) ローデシア・ニヤサランド連邦からの離脱と独立

1964年の連邦制からの離脱と独立の達成にあたって重要な役割を果たしたのは，鉱山労働者たちであった．北ローデシアの産銅地域では，1940年代後半にアフリカ人労働者の組織化が進み[64]，彼らはアフリカ人とヨー

---

63) この法律で，流路から両側30mの低湿地の農業利用は全面的に禁止された（Shimada 1995）．

64) 1949年にカティルングが書記長を務めるアフリカ人鉱山労働組合が結成された（星・林 1978）．

ロッパ人との間にみられる職種や給与の差別是正を巡って会社側と交渉する程に力をつけていた．これは南ローデシアにおけるアフリカ人とヨーロッパ人との力関係とは異なるものであった．もちろん交渉力を持つ労働者は北ローデシアでも産銅地域に住むアフリカ人社会のごく一部の人たちに限られていたが，その一部の人々が北ローデシアの連邦離脱運動の核になったのである．政府も彼らの動きを無視することはできないほど，彼らの政治力は連邦内部ではほかに例をみないほど強いものになっていた．

この鉱山労働者組合の労働運動が政治運動と結びつき，まず目指したのが，北ローデシアの連邦からの離脱であった．その政治運動は，ローデシア連邦の結成が南ローデシア主導でおこなわれ，そこのヨーロッパ人農業や鉱業，製造業にとって有利であることを批判し始めた．事実，連邦内のアフリカ人労働者の移動をみると，ニヤサランドと北ローデシアから南ローデシアへの出稼ぎがほとんどで，南ローデシアが一方的に低賃金労働利用の恩恵に預かったという構図が見られる．

北ローデシアとニヤサランドにおいて連邦離脱の運動が活発になったのは1950年代末からである．1956年のスーダンの独立，その翌年のガーナの独立，そして1960年の多くのアフリカ諸国の独立が，連邦離脱運動を勢いづけた．連邦離脱と独立に到る経緯については詳しく述べないが，カウンダ（K. D. Kaunda）が率いる統一民族独立党（UNIP: United National Independence Party）が1962年の選挙で勝利を納め，翌年から連邦離脱を前提とした新憲法起草をおこない，1964年にザンビア共和国として独立を実現した．

3 ── 独立直後のザンビア経済と農業（1964-75年まで）

1964年から1975年までの期間は，「ザンビアの黄金時代」といわれる．国際的な銅価格の好況に支えられ国内総生産が急速な伸びを示した時期である（Andersson, Bigsten and Persson 2000: 11）．この時期，政府は，銅依存経済という古い構造に支えられながら，その構造を変革するために新しい国家開発計画を2次にわたり実施した．新生独立政府が引き継いだ古い構造と

は，輸出経済にみられる銅依存構造と，農業生産にみられるヨーロッパ人農業部門とアフリカ人農業部門との二重構造の2つである．この2つの構造は，空間的にも投影されており，鉄道沿線地域とそこから離れた周縁地域との間で大きな経済格差として現れていた．1968年の従業者数32万5000人のうち85％は鉄道沿線地域での雇用であり，都市人口の95％以上もこの地域に居住していた（Schultz 1976: 1）．

このような銅依存経済からの脱皮と農業にみられる二重構造の解消を目指して，政府は第1次国家開発計画（1966-71）と第2次国家開発計画（1972-1976）を実施することになった．これらの開発計画では，それまで政府からは無視されてきた遠隔地のアフリカ人小農の農業生産も計画の対象に取りあげられるようになった．このことを指してこの年代を，政府がアフリカ人の小農生産に対して初めて干渉した時代だということもある[65]．

(1) 第1次国家開発計画（F. N. D. P.: First National Development Plan, 1966-1971）

この計画では，都市農村間およびヨーロッパ人とアフリカ人の間の不平等の解消，雇用の創出，政府部門・工業部門でのザンビア人化，農業の改良，等が謳われた（Chipungu 1988: 136）．特に農業の発展は，銅依存からの脱却を目指す上で重要で，農民所得の増大は工業部門の消費市場の拡大のためにも貢献すると考えられて重視された．

しかし，産業多角化を目指して計画された政府所有の工業開発会社（INDECO: Industrial Development Corporation）による農業関連工業の発展は成功しなかったし，肝腎の農業生産も，この開発計画の期間，トウモロコシ以外はそのほとんどが1964年の水準を下回るかせいぜい同水準に停滞するという有様であった．

この農業生産停滞の理由としてはいくつかあげられるが，最も重要な理由として白人入植者たちの国外流出があげられる．ザンビア政府が，南部

---

[65] 独立後最初のこの10年を「第1共和制」の時代と呼ぶことがある（Chipungu 1988）．

アフリカにおける独立運動支援の姿勢を明確にするにしたがい,それを嫌った白人入植者たちが多数国外に流出した.独立時に1200人程であった白人入植者の数は1970年には半減し600人規模になっていたという[66].換金作物生産の主要部分を白人入植者たちが支えていたために,彼らの国外流出の影響は大きく,独立直後の1964年に11.5%であった国内総生産に占める農林漁業の割合は,1969年には7.5%まで低下した.逆に同じ期間,農産物輸入は1505万クワッチャ(kwacha:ザンビアの通貨)から5270万クワッチャに急増した(Schultz 1976: 2-4).

もう1つの理由として,カウンダ政権の鉱山労働者や都市部賃金労働者優遇があげられる.カウンダ大統領は,1965年に「適正価格(fair price)」政策を打ち出したが,それは実際には都市住民に対する食糧価格の安定化のために穀物の買い上げ価格を引き下げる「低価格(low price)」政策となった.アフリカ人農民たちは,白人入植者との間にあった差別的穀物買い上げ制度からは解放されたものの,今度は都市部住民への安定的食糧供給のためという理由で,農作物の買い上げ価格を低く押さえ込まれるという新たな差別的政策に直面することになったのである(McPherson 2004: 306).

独立後アフリカ人の移動規制が撤廃されたことにより,農村から都市への人口移動が加速的に増えた.1963年に約68万人にすぎなかった人口5万人以上の都市居住人口は,1969には約112万人に急増した[67].鉱山労働者を中心とした都市部住民の支持が重要であったカウンダ政権にとって,こうした急増する都市住民に対する食糧供給は重要な問題となってきていたのである.

チプング(Chipungu 1988)は,第1次開発計画の中でアフリカ人の農業生産に影響を及ぼしたものとして,農業普及員サービスの改善をあげている.開発計画によって,農村で農業普及活動をおこなう単位として,多くの農

---

66) 第1次国家開発計画の開始時には,このような白人入植者の流出は想定されていなかったという(Chipungu 1988: 139).
67) 都市人口の増加はその後も続き,1980年には176万人となった(Ferguson 1990: 604).

業キャンプ(agricultural camp)が新設された．平均2名強の農業普及員を抱える農業キャンプは，1965年から72年の間に206カ所も新たに設置され，すでにあったものも含め全体で542の農業キャンプが全国に設置された．

さらに開発計画では，農業普及サービスの一環として，各県に最低1つの農事試験場(Farm Institute)と複数の農民訓練センター(F. T. C.: Farmer Training Centre)が設置された．F. T. C. は，農民に対する技術指導はもちろんのこと農業普及員の再教育もおこなうものとされていた．これらの試験場や訓練センターでの指導や再教育は，資金不足のために計画通りにおこなわれることはなかった．しかし，南部州などの農業先進地域では講習会の開催数も多く，参加者の延べ人数も多かった[68]．また出版物の配布や1967年からはラジオによる農業番組(Radio Farm Forum)の放送も実施され[69]，農業技術普及の点では一定の効果があったと考えられている．

(2) 第2次国家開発計画(S. N. D. P.: Second National Development Plan, 1972–1976)

第2次国家開発計画は第1次開発計画での成果を引き継ぐ一方いくつかの新しい取り組みがなされた．特に1970年に主食作物トウモロコシが不足した経験を教訓に，食糧の自給達成を目標に掲げ，食糧危機に備え各州で備蓄をおこなう方針が立てられた．

その結果トウモロコシ生産が優先され，トウモロコシの販売価格が引き上げられた．1970年にわずか149万袋であったトウモロコシの販売量は1972年には一気に701万袋へと急伸した．また，国内の食用油の輸入代替工業化を推進するためにヒマワリの生産奨励がおこなわれ，第2次開発計

---

68) 講習会の参加者は男性が多かった．南部州の農民訓練センターがおこなった訓練コースの例では，1972年のコースでは男性の出席者が2191人に対し女性は385人に過ぎなかった．同様に1975年でも男性の1399人に対し女性は656人に過ぎなかったという(Chipungu 1988: 154)．

69) 南部州の1960年代後半は，農業番組の「黄金時代」といわれたほどだという(Chipungu 1988: 150–151)．

画中にその栽培は急速に拡大した．1973 年に 1700 ha しかなかったヒマワリの栽培面積は 1975 年には 1 万 862 ha にまで拡大し，生産も 1385 袋 (50 kg) から 4 万 4964 袋へと急増した．商業的大規模農家のみならず小規模農民もヒマワリの生産に乗り出した．ヒマワリを直接油加工工場に販売することができ，すぐに現金収入を得ることができた点も農民たちのひまわり栽培を刺激した．

　第 1 次開発計画で新しく拡張された農業キャンプや農事研究所，農民訓練センターに関しては，第 2 次計画では施設を拡張するのではなく，その内容の改善に力が注がれた．商品展示係を農業アシスタントに格上げするなどスタッフの質の改善につとめ，またスタッフの居住施設やセンターの施設の改善をはかった．普及員が言語上の問題がないよう，自らの出身地に赴任することも含め，過度の人事異動がないよう移動の縮小がおこなわれた (Chipungu 1988: 152-153)．

　結局この「第 1 共和制」の時代は，開発計画での謳い文句とは裏腹に，鉄道沿線の中央州や南部州での大規模，中規模農業生産とそれ以外の地域での自給的小規模農業との二重構造は変化することなく残ることになった．しかしながら約半数の白人入植者が国外に流出し，その跡地の一部がアフリカ人の手に渡り，アフリカ人の大規模，中規模農民が多数出現するという変化がみられた．これらの大規模，中規模農民たちは，開発計画の中のさまざまな農業普及事業を利用し，トウモロコシやタバコ，棉花，ヒマワリなどの新品種の導入や新しい生産技術の移転を進めた．南部州や中央州ではこの時期の農業技術の進歩は大きかったといわれている[70]．

---

70) 一部の換金作物生産農民のみが農業普及員の技術普及の恩恵を受け，そのほかの農民は埒外におかれていたこと，さらに富裕農家と普及員との癒着関係がみられたこととも指摘されている．また，農業普及事業が UNIP の政治活動の一環としてパトロン関係の醸成に利用されてきたという意見もある (Chipungu 1988: 174-178)．

4——経済危機と構造調整下の農業生産(1976年以降)

1976年以降のザンビアは,経済的には対外債務問題に直面し,政治的にはUNIPの1党制支配の終焉という大きな変革を経験することになった.

対外債務は,銅価格の下落と銅生産の減少が相俟って,1970年代の後半以降急増してきた.銅価格の下落は1974年の後半に始まった.それまで0.8～0.9 US\$/lbであった銅価格がこの時一気に0.5 US\$/lb台に急落したのである.銅の価格はその後も低迷を続け,1979-80年の一時的上昇を除き0.56-0.81 US\$/lbの間を往き来していた.銅価格が1 US\$/lbを超えたのは1988年になってからである.原油価格の高騰によるオイル・ショックのため,国際的不況が起きたことが1つの原因であったが,先進工業国で急速に進展しつつあった産業構造の変革が銅需要を減少させていたことも銅価格の低迷に影響を与えていた.

銅の国際価格は,1980年代末から1990年代末にかけて再び上昇したが,この時にザンビアの銅生産は生産を回復することができなかった.長期にわたって投資がおこなわれず生産効率が悪くなっていたことに加え,1991年に政権の座に就いた複数政党民主主義運動(MMD: Movement for Multi-party Democracy)が,ザンビア統合銅鉱山(ZCCM: Zambian Consolidated Copper Mines)の民営化を計画中で,有効な対策が取れなかったからである.

(1) 構造調整計画

ザンビアの構造調整計画が農業生産に対して与えた影響について述べる場合,構造調整計画導入以前の国家農業マーケッティング・ボード(以下Namboardとする:National Agricultural Marketing Board)の機能について述べておかなくてはならない.構造調整計画によって,Namboardが担っていた農産物の流通と農業投入財の供給が自由化されるという大変革がおこなわれたからである.ところで,Namboardの設立およびそれがザンビアの商業的農業の発展に与えた影響については児玉谷(1993)が詳しく述べている

ので，ここでは Namboard が担っていた機能に関して要約的に述べるに止めたい．

Namboard は，それまでさまざまな目的で設立されていたいくつかのマーケティング・ボードが1969年に統合されてできたもので，それはザンビアの主要な農産物すべての流通と農業投入財の供給とを一手に引き受ける機関であった．白人大農場や商業化したアフリカ人農家からトウモロコシと落花生の買い付けのみをおこなうために設立された穀物マーケティング・ボードの機能と，地域間不平等を是正する目的で遠隔地のアフリカ人農民からトウモロコシ，落花生，タバコなど10種類の農作物の買い付けをするために設立された農業・農村マーケティング・ボード（Agricultural Rural Marketing Board）の機能とを併せ持ち，さらに種子や肥料といった農業投入財の供給も担当していた（児玉谷 1993: 91）．

このような Namboard の農作物の一元的統括機能を利用して，1974/75年の収穫シーズンに政府は，鉄道沿線部と遠隔地との地域的二重構造を解消するためと称して，全国均一固定価格制度を導入した．これは全国どこでも通年，均一価格でトウモロコシを買い上げる制度であった．もっともこの制度の導入の真の目的は，都市部労働者に主食のトウモロコシを安く供給することにあったといわれている．1970年代に入り都市部労働者の実質賃金は低下していたのである[71]．1975年のトウモロコシと肥料に対する補助金の支出額は，全政府歳出の12％にも達し，1970年代末までほぼ10％の水準を推移していた．この比率は，1980年には20％を超えるまでになるのであるが，Namboard によるこの全国均一価格制度は，あくまで銅生産が好調であることが必要条件であった．

1975年に銅価格の急落から銅の輸出額が前年の半分に落ち込み，貿易収支が初めて赤字となった．政府はこの事態を切り抜けるため，2国間およ

---

71) 多くの国有会社はインフレーションの中でも労働者の賃金を引き上げることができず，その代替策として食糧補助金が使われたという．国有会社への補助も別途おこなわれ，1980年にはそれら両者の補助金の合計は政府歳出の80％にもなったという（Andersson, Bigsten, and Persson 2000: 17-18）．

び多国間の借款を増やした．輸入を減らし為替レートの変更もおこなったが輸出は回復せず，政府は1978に国際通貨基金(IMF)に財政支援を仰ぐことになった．IMFとの構造調整を巡る交渉の始まりである．

　ザンビア政府は，IMFの協力のもと貿易収支の均衡とインフレの抑制をねらって1978年にアクション計画(Action Programme)を開始した．銅価格の上昇が幸いし，IMFとの間で取り決めた目標が達成できるまでになったところで，カウンダ政権は再びトウモロコシに対する補助金を再開した．しかしその直後に干魃が襲い，政府財政は再び悪化したのである．

　政府は1983年に再び構造調整計画を実施しはじめた．その計画では，政府による価格管理を廃止し，関税を低くし，市場原理による価格形成力を高めることが謳われていた．しかし実際には消費を押さえ，労働者賃金を凍結するという管理的政策が実施された．そんな中，通貨の切り下げが進み物価が急速に上昇し，銅産地で食糧暴動が起きる事態が発生した．これを受けて1987年5月に政府は，IMF支援の構造調整計画を取りやめることを宣言した．それに代わって政府独自の新経済復興計画(New Economic Recovery Programme)を実施することを宣言したのである．この計画はIMFと完全に決別し，一部統制経済へ復帰することを狙ったものであった(Andersson, Bigsten, and Persson 2000: 20)．

　しかし皮肉にも1988年のトウモロコシの大豊作が補助金支出を増大させ政府の歳出問題を再び深刻なものにした．この時は外国からの援助は得られず，やむを得ず政府は1989年1月に入って食糧クーポンの導入を決めた．これは長期的に食糧補助金を無くすことを狙ったものであった．さらに7月にはトウモロコシ以外のすべての価格管理を廃止することを決め，さらに政府歳出の切りつめや貿易システムの自由化など，実質的に構造調整計画の内容と同じ改革に着手しはじめた．新経済計画 (NEP: New Economic Program) の開始である．

　しかしこの計画は，西側諸国の政治の民主化要求に反発したカウンダ大統領によってすぐに破棄されることになった．大統領選挙と議会選挙の先送りに反対する西側諸国に反発するように，カウンダ大統領はIMFとの改

革協定を撤回してしまったのである.

結局構造調整計画が全面的に展開されたのは1991年の大統領選挙で野党であったMMDが勝利してからであった.前政権が実施しなかった改革をおこなうことで国民の支持を得てきたMMDにとっては当然のことであった.彼らはそれを経済改革計画(ERP: Economic Reform Program)といった.

1991年にMMDが政権の座に就くと,すでにUNIP政権が一部着手していた農業補助金政策[72]の変革に乗り出した.選挙の数ヶ月後にチルバ大統領は,ミリミル(mielie-meal:トウモロコシを製粉したもの)と肥料への補助金の廃止を打ち出した.1991年にこの2つの補助金に支出された額は,政府歳出総額が57億クワッチャであった時に10億6000万クワッチャにのぼったという[73].さらに政府は,1992年12月に為替レートの管理を止め,1993年5月には為替の完全自由化に踏み切り,文字通り経済の自由化を実現したのであった(Andersson, Bigsten, and Persson 2000: 22).

(2) 構造調整計画下の農業

政府は,トウモロコシと肥料に対する補助金の廃止と市場の自由化を打ち出したが,自由化に移行する初期の段階でさまざまな問題に直面した.

最初にあげられた問題は,価格変動に不安を抱く民間の会社が大量の主食作物を独自に買い上げ,販売できるかという点に関するものである.実際に自由化の直後の1993年に,トウモロコシの買い上げ・販売をおこなう民間企業は政府に200億クワッチャの資金援助を仰いでいたという[74].このことが政府に市場操作の途を残し,さらに食糧の安全保障上の観点から

---

72) 1990年9月にカウンダ政権は,私企業のメイズ市場と肥料市場への参入を認めていた.しかし,さまざまな理由をつけて政府は市場への干渉をやめなかった(McPherson 2004: 318).

73) McPherson (2004: 314)では106億クワッチャとなっているが間違いであろう..

74) これでも資金が不足し,政府は次年度に支払いを約束する預かり証を農民に発行して急場をしのいだ(McPherson 2004: 317).

完全自由化は問題であるとする農業省に市場介入の恰好の理由を与えるといった具合であった[75]．

また，1992年の干魃も政策転換期に微妙な問題を投げかけた．この年の生産が平年の半分以下となり，新政権の自由化政策を支援する西側諸国は多量の食料と肥料援助を申し出た．この援助が市場に回れば，せっかくスタートしたばかりの市場がその影響を受ける危険性があった．トウモロコシや肥料などの援助物資は，援助国側の都合で変動するため，あらかじめ援助量を予測することができず，干魃の後もこの援助がザンビア国内のトウモロコシと肥料の市場に変動要因として残ることになった[76]．

このようなさまざまな問題に直面しながらも，主食作物トウモロコシと肥料の自由化は進展し，農民にとってもはっきりとその変化が感じ取れるものとなってきた．農民たちにとって，トウモロコシと肥料に対する補助金の廃止は，トウモロコシの買い上げ価格の下落と肥料の価格の上昇と写り，自由市場制の導入（全国均一価格制度の廃止）は，政府指定の集荷場への搬入から庭先での商人への直接販売へと明らかな変化をもたらした．

我々が調査をおこなった村でも農民たちは上記の変化を経験していた．しかし，主要都市部へのアクセスがよい調査村では，輸送費が比較的少ないため自由化によるトウモロコシ価格の下落は極端なものとならなかった．また野菜を販売することで現金収入があり，値上がりした肥料の購入も以前ほどではないが可能であった．これに対し，先に空間的二重構造のところで指摘した鉄道沿線から遠く離れた遠隔地では，全国均一価格制度によって支えられてきたトウモロコシ生産が困難になってきた．

1980年代の全国均一価格制度の時に肥料を使ったトウモロコシ栽培が

---

[75] 農業・食糧・漁業省は，構造調整導入の影響を調査するための調査チームを作り，突然マーケッティング・ボードの自由化を実施したナイジェリアの経験も研究したという（McPherson 2004: 316）．

[76] 主要援助国は，これらの援助物資が市場に影響を与えないよう協議し，農業部門投資計画（ASIP: Agricultural Sector Investment Program）の設立が計画されたが失敗に終わった．

急速に拡大し，焼き畑のチテメネ (citemene) 耕作に代わって無休閑施肥耕作のイバラ (ibala) 耕作が増えていたザンビアの北部州では，1990年代に入りその動きが逆方向に向かった (White, and Seshamani 2005: 134)．北部州では，1988年に180万袋 (90 kg 用袋) であった生産が，10年後には50万袋に激減し，代わりにキャッサバとミレットの栽培が増えているという．

　市場からの距離が遠い農村部では，自ら生産物を町まで運搬することは不可能で，頼みの商人も農産物価格が最も低くなる収穫後の4月から7月にしか村に来なくなっている．商人たちはトウモロコシを安く買い付け，町における価格の2倍から10倍の値段で商品を売る．肥料の値段も跳ね上がり，農民が購入できないものとなってきた．ホワイトとセシャマニ (White, and Seshamani 2005) の調査地では，かつて40-53％の農家が使用していた肥料を，2002/3年の現地調査時には1世帯しか利用していなかったという．

第IX章

ザンビアの中心部のC村で起きていたこと：民族的多様性とダンボにおける野菜生産

1——はじめに—C村との出会い—

　私がC村と出会ったのは1991年のことである．この村を調査地に決めたのはこの村にある低湿地（ダンボ：dambo）の1つカンチョンチョ・ダンボ（以下Kダンボとする）に巡り会えたお蔭である．私は1986年以来5年間にわたって小農によるダンボの農業利用に興味を抱き，調査の機会を狙っていた．

　1986年に3ヶ月のジンバブウェ滞在の後ザンビアに出かける機会があった[77]．この時に，ジンバブウェでおこなわれているダンボ利用とザンビアにおけるそれとが著しく異なり，ザンビアでのダンボ利用が無秩序のような印象を受けた．その理由は，ジンバブウェとザンビアでダンボ利用に関する法的規制が異なることですぐに理解できたのであるが，無制限とも思われるザンビアにおけるダンボ利用の持続性が心配になってきた．

　ザンビアの都市近郊農村部でおこなわれているダンボ畑耕作は，短期的

---

[77] 国際交流基金・学者長期派遣計画による「アフリカの労働力流出農村部にみる社会経済問題に関する研究」でジンバブウェに滞在していたのであるが，ビザの問題から一度国外に出る必要が生じ，この機会を利用してザンビアとマラウィへ調査に出かけた．

には農民に富をもたらすかもしれないが，丘陵地の頂頭部に広がる低湿地であるダンボが，どれほどこのような集約的農業利用に耐えられるものか心配であった．当時，ザンビアでは都市近郊のダンボ利用が急速に拡大していた時でもあり，この課題は緊急を要するもののように私には思えた．そして，1990年に文部省科学研究費によってザンビアへの出張が実現した時[78]に，いくつかの地方を訪ね小農によるダンボ利用が進んでいる村を探しはじめたのである．結果的には適切なダンボをもつ村が見つからず，ザンビア大学の地理学教室のカジョバ学科長（当時）に相談したところ，1年後に彼は友人の化学科のチペパ博士を紹介してくれたのである．

チペパ博士は自分の母が生まれ育った村にたくさんのダンボがあり，人々がその土地を盛んに野菜栽培に利用していると私に言った．私はたくさんのダンボがある村だということで大喜びし，その時にはチペパ博士とその村との関係を深く考えることはなかった．しかし後にチペパ博士は，自分が2代目村長の姉の息子であると聞いて驚いた．姉の息子だということは，母系相続制に則れば2代目村長の後を継ぎ，C村の村長になる権利を持つ人物であるということになる．我々をこの村に紹介することに関して彼には何らかの思惑があったかも知れない．しかし実際には彼は村長家の相続問題に関与することもなく，また2代目村長の後を継ぐこともなく2002年に急死した[79]．

いずれにしろ私がこの村を調査地に決めたのは，この村で私が長らく夢に見てきたような理想的なダンボに巡り会えたためである．それに加えて，2代目村長が快く我々の調査を受け入れてくれたことも幸いした．バランスが取れて美しい形を持つKダンボは村の中でもとりわけ私を魅了するダンボであった．多くの人々がダンボ畑で水やりや除草のために忙しく働

---

78) この時，文部省科研費「社会・経済的諸条件の変化に対するアフリカ小農の反応」（1989年-1990年度）の現地調査のためザンビアを訪問した．

79) 3代目村長の弟で副村長をしているP.C.が耕している土地は元来彼らの姉であるジャネット（チペパ博士の母）の土地であるとされている．チペパ博士は1990年代後半から病気がちで2002年に亡くなった．

第 IX 章 ザンビアの中心部の C 村で起きていたこと

写真 IX-1　K ダンボの中にあったアリ塚の上から北を望む．ダンボ畑では，レイプやトマトが栽培されている．北に見える山が，ムカンワンジの岩山である．

いている姿も魅力的であった．

　私は早速，この村でダンボ利用とその環境変化に関する研究を開始することに決め，1992 年から 2 年間，科学研究費による「ダンボにおける土地利用の変遷と環境変化に関する研究」を実施し，1994 年から 3 年間「アフリカにおける低湿地帯の農業利用と環境保全に関する研究」を実施した．多くの研究者[80] の協力を得て，K ダンボの自然的条件の調査をおこなう一方，この村の社会経済的調査も実施した．私自身は，半澤和夫氏と共に主として農業経済的な調査をおこなったが，K ダンボの魅力に惹かれ，ほとんどの時間を K ダンボ周辺の地図の作製とその周囲の農家の聞き取りに費やすことになってしまった．これに対し児玉谷史郎氏や半澤氏らは，村全体

---

80) 調査に参加してもらった人は以下のとおり（敬称略：現職）．児玉谷史郎（一橋大学），境田清隆（東北大学），鈴木啓助（信州大学），隅田裕明（日本大学），半澤和夫（日本大学），松本秀明（東北学院大学）．

での広範な聞き取りをおこなった．複数の研究者で現地調査をおこなうことは村の人たちに多大な負担をかけることになる．しかし2代目村長の，調査に対する理解と協力があって無事5年間調査は続けられた．3代目村長に代わり，我々の調査に対する村長の対応が少し変わったものの，何とか現在まで調査が継続できているのは，村の人たちとの長いつきあいのお蔭である．10年間に及ぶ調査の間，私自身の研究目的も少しずつ耕作形態から農業生産へ，そして農村社会へと変化してきた．

集団で聞き取りをするということは情報の正確さを確認する意味で非常に役に立った．しかし，聞き取りはあくまで個人的関係を基礎におこなわれるもので，同じことを同じ人から聞いても，聞き手によっては違う答えが返ってくることがある．農村社会が1つの社会であると同時に，複数の聞き手（我々日本人）も1つの社会であり，農民の人たちも我々を，ある時は個人として，またある時は日本人チームの1員として対応する．聞き手が増えれば集まる情報量が増えることは間違いないが，精度が増すかとなるとそれほど答えは単純ではないことをこの調査では思い知らされた．

私が以下の章で紹介するC村の調査結果は，一緒に参加した人たちに負うところが少なくない．それどころか，社会的分析に関しては児玉谷氏の研究に，農業生産に関しては半澤氏の研究に多くを負っている．明らかに両氏の調査結果を引用した場合には文献を明示しておいたが，文献の指示をしていない箇所でも両氏からの情報に基づいているところが少なくないと思う．長く一緒に調査を続け，頻繁に情報を交換するうちに我々のフィールドノートの中には共通のテキストのようなものが形成されているからである．しかし，細部となると，聞き取りされた人と我々との人間関係が微妙に反映し，3人のフィールドノートは完全に同じとはなっていないと思われる．

本書で描いたC村像はあくまで私のフィールドノートを中心に構成したものであり，たとえそこに事実誤認があったとしてもそれは私の誤認であって共同研究者である児玉谷氏や半澤氏のものではない．したがってその誤認の責任はすべて私にあることを断っておきたい．両氏もいずれ私が

描いたC村とは異なる像を描かれるものと考えている．その時には私の誤認が訂正されることと思う．

調査は1992年から2004年にかけ，ほぼ毎年夏に2週間から3週間村を訪ね，村の青年を通訳にお願いし主として聞き取りでおこなった．児玉谷氏と半澤氏は一部アンケート用紙を用いつつ定量的調査もおこなった．Kダンボの自然環境調査とKダンボ周辺の土地利用図の調査は，境田，松本，鈴木の各氏と島田がおこなった．

2——レンジェの土地

本稿で取りあげるC村はザンビアの首都ルサカの北方約90 km北方にある（第IX-1図）．ルサカからコッパーベルトに通じる国道1号線を東に入ると，標高1150 mあまりのなだらかな丘陵地が広がる．そこがC村の土地である．北側には標高1300 mあまりのムカンワンジ（Mukamwanji）の岩山が東西に横たわり，東側はムヤマ（Muyama）森林保護区が接し，南側はなだらかな丘陵が続いている（第IX-2図）．降水量は年変動が大きいが，平均で示すと大凡900ミリ前後である．村には未開地がほとんど無くなっており自然の植生をみることは難しいが，東隣にある森林保護区の自然植生を見ると一面にミオンボ林と呼ばれる疎開林が広がっており，この村にもこのような森林が広がっていたことが想像できる．

この村は，前章の説明でわかるように，亜鉛と鉛を産するブロークン・ヒル鉱山のすぐ南にあり，その鉱山を目指して南ローデシアから延びてきた鉄道からも遠くない地域にある．先に述べたザンビアの農業生産に見られる空間的二重構造にあてはめれば明らかに市場に近く農業生産に恵まれた地域にあたる．

そのことは言い方をかえれば，植民地支配の歴史の影響をまともに受けた地域であるということになる．事実この村の歴史は古くない．C村の調査結果の分析に入る前にこの村を含むレンジェの土地で，植民地時代以降どのようなことが起きてきたのか，簡単に触れておきたい．

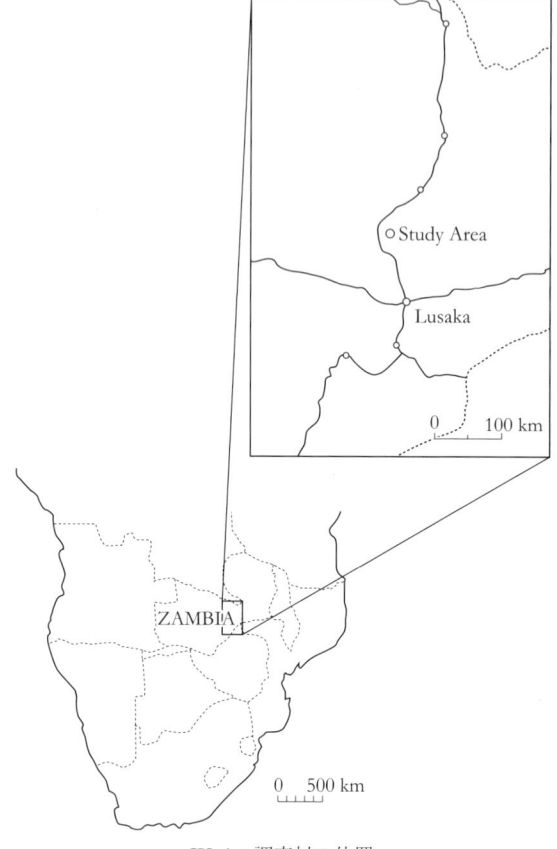

IX-1：調査村の位置

(1) レンジェの歴史とC村の土地

　レンジェの人々は18世紀後半からポルトガル人と長距離交易をおこなっていた．19世紀になるとアラビア人や西部のアンゴラから来たオヴィンブンドゥ (Ovimbundu) 人とも交易をおこなっていたことが記録されている．この交易によってレンジェ人は象牙や奴隷との交換で，鉄砲，火薬，ナイフ，布地，ビーズなどを手に入れていたという (Muntemba 1977; 347)．域内の交易も盛んでソリ (Soli) 人からは鉄鉱石を，イラ (Ila) 人やサラ (Sala)

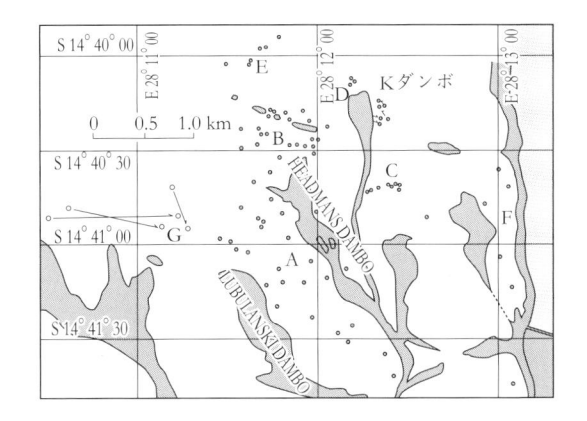

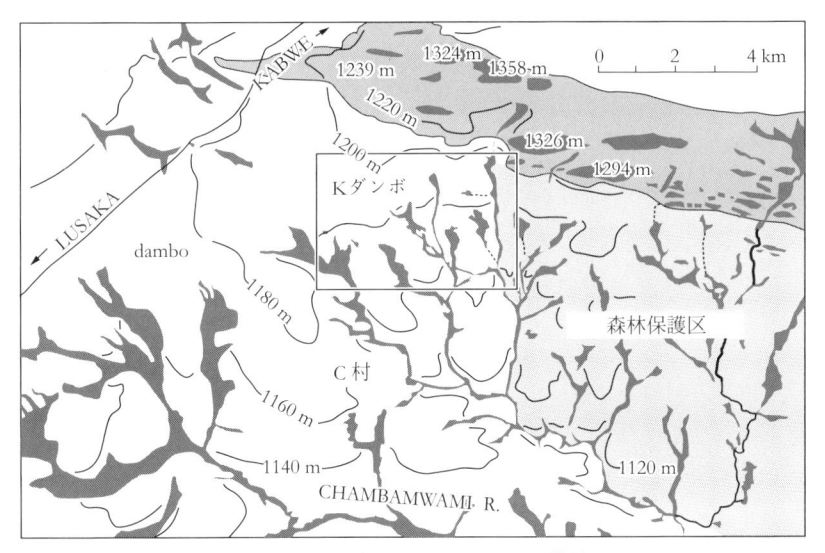

IX-2：C村の概略図とKダンボの位置

人からは塩，家畜，銅，象牙を，トンガ人からは象牙や家畜，塩を手に入れていたという．またルカンガ湿地帯の人々と丘陵地の人々の間で魚と穀物のやりとりも盛んであったという．しかし，専門的な長距離商人は出現しておらず，首長が長距離交易を支配していたということはないと言われている．

写真 IX-2 C村と森林保護区の境界になっているのがこのルウェマウェ・ダンボである．このダンボのむこう側は，森林保護区のはずであるが，今では立派な耕地が広がっている．ダンボを渡る牛車（スコッチカート）で人々は，炭や野菜，トウモロコシを国道まではこぶ．

　ほとんどの農民はチテメネ耕作でソルガムを主食作物として栽培していたという．土地は首長に帰属するものとされ村長がその分配を任され，各農家世帯に配分されていたという．女性にも土地用益権が確保されていた．
　このような状態の中で1906年，南のヴィクトリアからローデシア鉄道がブロークン・ヒル（現カブウェ）まで延びてきた．1932年にはローデシア鉄道の北ローデシア本社がヴィクトリアからこの地に移り，さらに政府機関やミッションの人々も移り，この地は急速に都市化が進んできた．1927年の男性労働者数は6460人で，訪問者や一時的失業者数は1040人であったという．北にある銅鉱山の発展も著しく，1946年の産銅地域の都市居住アフリカ人は20万人に達していたと言われている．
　1902年に白人入植者が初めて入植してきた．1924年に南アフリカ会社から支配権を取り戻した植民地政府は，将来の白人入植者の増大を見込んで鉄道沿線にヨーロッパ人に譲渡するための王領地（Crown Land）や保護地

(Trust Land)を確保した(1928/29年). それと同時にその周囲に原住民保護区 (Native Reserve) を設けた. 調査地のC村の土地はこの時, ヨーロッパ人の経済活動の拡大に備えて確保される保護地とされた. ちなみにこの保護地の南北の両隣はともにヨーロッパ人によって購入され大規模農場用地となった.

第2次大戦後退役軍人の入植者が増えたが, 政府が期待したほど増えずこの保護地は独立後までそのままの状態であった. 1964年の独立後白人入植者の数が半減するに及んで多くのヨーロッパ人入植地がアフリカ人農民に分譲される中で, この保護地へのレンジェ人の入植も認められたのではないかと考えられる. この時にこの土地への入植をおこなった村長の1人がM. C. 氏(現村長の3代前の村長)である. 彼はリテタ首長からこの土地への入植を認められた.

(2) レンジェ人の経済活動

前章でも述べたように鉄道沿線の地域の人々は鉱山都市にも白人農場にもアクセスが良かったので, ほかの地域の人々に比べ早くから農産物の販売に積極的であった. レンジェの人々も鉄道駅やそこから延びる自動車道路に近い人達は, 増え続ける労働者を抱える町ブロークン・ヒルに野菜やトウモロコシ, 魚を売りに出かけた. 1920年代のブロークン・ヒルでは, 地元のレンジェ人が, さまざまな商業活動で現金収入が得られるため, 鉱山労働に熱心ではなく, 鉱山関係者が困っていたという記録がある (Muntemba 1977: 352). 1910年代には町の近郊ではすでに, ミルクや卵の生産, 養鶏, 野菜生産が盛んであったという. またソルガムよりも生産が容易で保存も良く値段も高いトウモロコシの方に生産が移ったのもこの頃だという. 1936年のトウモロコシ統制局の設立で, トウモロコシの国内市場の3/4を白人農場主に割り当てたのは, このようなアフリカ人農民のトウモロコシ生産の増大が白人農業にとって脅威になったからである.

第2次大戦後, この地域に大きな技術的変化が起きた. レンジェの土地を含むカフエ盆地を対象に, 農業開発がおこなわれることになったのであ

る.1946年にアフリカ人農地改良計画 (African Farmer Improvement Scheme) が開始され,開発の対象となった改良農民 (improved farmer) には,中耕機 (cultivator) の操作方法や,新しい耕作方法が教えられ,さらにローンや肥料も得やすくするという優遇策が取られた (児玉谷 1993: 70–71; Muntemba 1977: 353).当初消極的であったレンジェ農民も次第にこの計画に積極的に参加するようになり,農民組合を結成し共同販売をおこなうまでになった.

1920年代から徐々に始まっていた牛耕は1950年代にはかなり広範におこなわれるようになっていた[81].この急速な牛耕の普及には,1953年以降当時の南ローデシアから移住してきたショナやンデベレの農民たちの影響があるとする説もあるが,白人入植者の農業を近くで見ていたレンジェの農民には,技術習得の機会も多かったと思われる.

1930年代40年代までまだ広範に営まれていたと言われる焼き畑,チテメネ耕作は,第2次大戦後急速に減少し,とりわけ1964年以降政府が肥料の利用を奨励してからは,ほとんど見られなくなり,C村ができる頃には,牛耕が一般化していたと思われる.

さらにもう1点触れておかなくてはならないのは,この村のエスニック構成が極めて多様である点である.これもこの村独自の特殊性ではなく,カブウェ近郊農村の一般的姿である.1920年代に地元のレンジェ人が鉱山の仕事に定着しなくなっていたということは先に述べたが,鉱山会社は北ローデシア国内からはもとより,南ローデシア,ニヤサランドからも労働者を呼び寄せた.その彼らの一部が故郷に帰ることなく鉄道沿線のレンジェの地域に居残ったため,レンジェの地域はほかのザンビアでは見られない多くの民族が共住する地域となったのである.これも植民地支配の歴史的遺産と言えよう.

---

81) Muntemba (1977: 354) によれば,1953年の中央州では1777本の犂があったという.

3——C 村の成り立ちと人々の構成

(1) 人口の増加

　C 村は聞き取りによれば 1970 年代の中頃に切り開かれた．この地区に最初に入ってきたと言われるタンザニア出身の F 家は，1970 年にこの地に入ってきた．彼らは炭焼き職人で，農地を拓く前の土地に招かれて炭焼きをして生計を立てていたという．この時も新しい村のために森を拓く目的でこの村に入ってきたものと思われる．彼らは，森を拓く前にこの村の入り口にあたる国道沿いに住んでいた M. C. の許可を得た．この時すでに M. C. はこの土地の村長に任命されていた．

　F 家の人々は，まだミオンボ林が一面に広がっていた村の北東部に入り炭焼きをおこなった．そこは村に多くあるダンボの中の 1 つ K ダンボの北西側にあたる平坦地であった．しばらくして 1972 年頃，F 家によって切り開かれた土地に村長家である C 家が移ってきた．彼らは K ダンボの西側に畑を開いていった．

　1970 年代の後半になると，ザンビア南部から来たトンガ人の Mo 家の人がこの村に入ってきて，K ダンボの北側の土地を開き始めた．1979 年頃だったろうという．そのすぐ後の 1981 年に，ジンバブウェから来たショナ人の Z 家，S 家の人々が，いろいろな経緯の後 K ダンボの東側の土地に居を構えた．Z 家，S 家の人々は 1978 年からすでにこの村の近くの森の中に移住していたのであるが，そこを追い出されてこの村に移ってきたのである（第 IX-2 図参照）．

　こうして村は徐々に家族を増やし，我々の調査が 2 年目を迎えた 1993 年には約 90 世帯の村になっていた（Kodamaya 1995）．この時点でも村は入村者を受け入れ続けており，1994 年の調査時点では，世帯数は 108 世帯にふくれあがっていた．

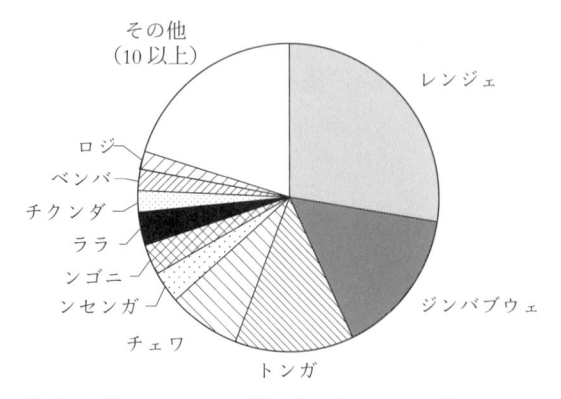

IX-3：C村のエスニック構成（Kodamaya 1995 (in Shimada ed. 1995: 21 より作成）

(2) 多民族構成の村ができた理由

1993年の調査時点で村人のエスニック別世帯数は第 IX-3 図のようであった (Kodamaya 1995)．村長のエスニック・グループであるレンジェが最も多いが，南部から来たトンガ人，東部から来たチェワ人，さらにジンバブウェから移ってきた人たちもいる．この村の民族構成がこのように多様である理由は，この地区の歴史的特殊性のところで述べた．さらにそれに加え，2代目村長になったJ. C. が，民族にかかわらず農業に熱心な人たちの入村を積極的に認めたことがこの傾向に拍車をかけた．それには J. C. がM. C. の死後村長になる経緯が少なからず影響していると考えられる．

初代村長の M. C. は 1980 年に死亡した．彼は死ぬ前に，家と村長職をレンジェの伝統である母系的相続ではなく，自らの息子である J. C. に継がせたいと明言していた．このことが M. C. の甥たちの反発を買い，C 家の財産と村長職の継承を巡る争いが起きた．M. C. が母系的相続を嫌ったのは，彼の妻がレンジェ人ではないので，彼の死後妻と子供たちがこの村から追い出されることを恐れたからだ，という人もいる．その真意の程はよく分からない．

いずれにしろ，M. C. の甥（M. C. の姉の息子）で正当な相続者を自認する

第 IX 章 ザンビアの中心部の C 村で起きていたこと　　173

村長の相続

初代村長（'74–'81）

選挙

二代目
村長
（'81–'95）

三代目
村長
（'95–　）

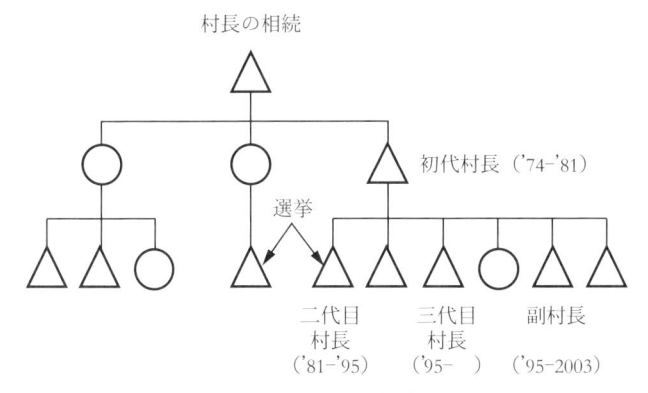

副村長
（'95–2003）

IX-4：C 村長の相続

　L. S. と，遺言で相続を言い渡された J. C. の間で，相続を巡って対立が起きた（第 IX-4 図）．C 家の相続者が村長になるので，これは村の政治にとっても重要な問題となってきた．村で話し合いがもたれたが双方譲らず決着がつかなかった．このため，J. C. は，この村が帰属する領域の伝統的支配者であるリテタ首長に問題の解決をゆだねた．これに対する首長の提案は，「選挙で決めるように」というものであった．そこで早速，L. S. と J. C. の間で選挙がおこなわれた．その結果人望の厚かった J. C. が 28 票対 11 票でL. S. を破り，新村長に選ばれたのである．J. C. は全般的に人気があったが，この村を構成していたレンジェ以外の村民がとりわけ強く J. C. を応援した．それは彼らが，J. C. の方がレンジェ以外の村民に対して開放的だと考えたからである．そしてこのこともあって J. C は，村長就任後もますます他民族に対して開放された村として対応したのではなかろうか．
　この J. C. は 1995 年に急死するのであるが，その後に村長になった彼の弟 E. C. は兄の「開放政策」には不満を持っていた．E. C. は，1992 年まで公務員として町で働き，1992 年に村に帰ってから J. C. のもとで副村長を務めていた．兄の死後すぐに村長に就任するや，まもなくこの村がレンジェの村であることを強調しはじめた．したがって，この村の多民族性がいつまで保てるか怪しくなってきている．

三代目村長となったE. C.は，村の土地配分に関する村長の権限の強化も主張しはじめ，これがレンジェ以外の人々やジンバブウェ人の間に不安を拡げている．彼は1996年に，リテタ首長領の上級村長 (Senior Headman) の1人に任命されると俄にレンジェの文化や伝統を強調するようにもなった[82]．そんな彼は，首長会議 (34村長に首長を加えた35人の会議) の書記に任命され，またリテタ首長領内に4人いる地区代表村長の1人 (彼の地区には14か村が含まれる) にも選ばれ，ますますレンジェの伝統社会の中で重職を担うようになった．

(3) Kダンボ周辺の多民族構成

C村全体，もっと広くいえばレンジェの地域それ自体が多民族を受け入れた土地なのであるが，私が集中的に調査をしたKダンボの周辺地域もまた多民族の農家が集まっていた．

第IX-5図に示したのは，1992年と1993年に測量したときのKダンボ周辺の農家の立地状況である．このダンボ周辺に立地する農家の中には，1990年代後半以降，村内および村外へと移動した農家もあり後で述べるように現在は少しばかり様子は変わっている．しかしここでは，C村の中でも一番早くからダンボ耕作がおこなわれたKダンボ周辺の農家のこの土地への定着の歴史について簡単に説明しておきたい．

先に述べたように，Kダンボの周辺部に最初に来たのはタンザニア出身の炭焼き職人であったF家の人たちである．F.家は1970年頃にKダンボの北西部に入ってきた．やがて彼らによって切り開かれたKダンボの北西側の土地に村長家 (図のC家) の家族が1972年頃移り住んできた．

1970年代の後半になると，トンガ人であるMo家の人々がこのダンボの北側の土地を開き始め，ジンバブウェから来たZ家とS家の人たちがダンボの東側に住み始めた．Mo家がこの地に入ってきたのは1975年の頃だと

---

[82] 1996年になると村長は，首長会議でレンジェの歴史や伝統，さらに伝統的祭りであるクランバ・クバロ (Kulambo-Kubwalo) の由来等をまとめた冊子を作ることになったといって村人からそのための分担金を徴収し始めた．

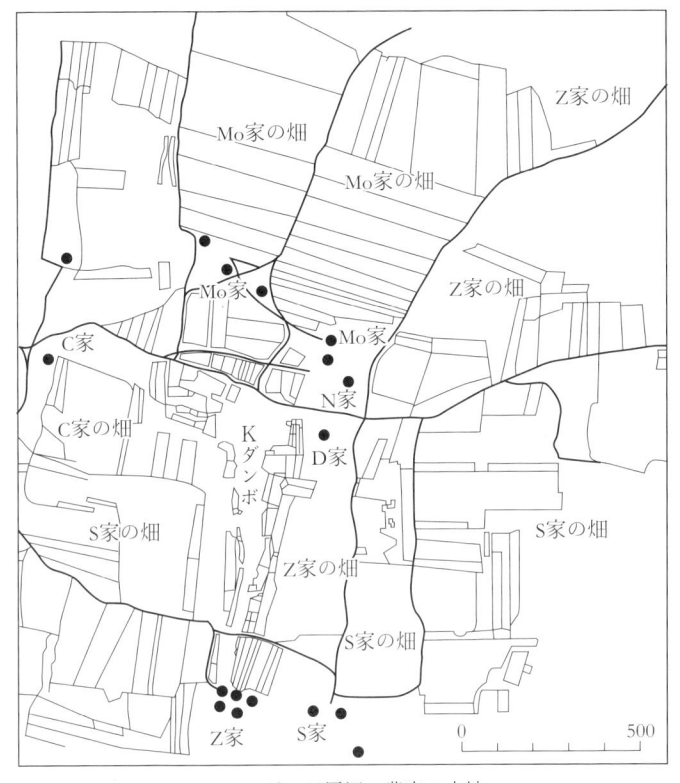

IX-5：ダンボ周辺の農家の立地

いわれている．Z家とS家の人々が現在のようにKダンボの東南側に住み始めたのは1981年のことであるが，1978年からすでにこの近隣の森の中に移ってきていた．

こうして1980年代初頭にはこのKダンボ周辺の大まかな土地の配分は終わっていた．Kダンボの北西部側は村長家であるC家とF家が占め，北側の土地はMo家の土地とされ，東側から南部にかけてはZ家とS家が利用することができる土地とされた．

Z家とS家が比較的広大な土地を配分されていることには理由がある．この両家は元々1つの家であり，3世代前の両家家長はN. Z.氏であった．

Z. 家はこの N. Z. 氏の長男の子孫たちであり，S. 家は 3 男の子孫たちである．この N. Z. 氏の家族は後述するように 1956 年に当時の南ローデシアを出て北ローデシアに移住し，3 度の移動を経て 1977 年から 1978 年にかけてこのダンボの東側に広がる森の中に移ってきた（島田 2002）．しかし彼らが最初に切り開いた森が森林保護区内であったためその地を追い出され，1980 年にこの K ダンボの東南側に移って来た．彼らがこの土地に来た当時は K ダンボが C 村と森林保護区の境界線とされており，彼らが家を建てた土地も森林保護区内であった．しかし，当時有力な政治家がいた Z 家と S 家は，彼を通してこの土地を森林保護区からはずしてもらうよう働きかけ，結局それが功を奏し 1981 年に森林保護区の境界線は東側に移されたのである．このような経緯で K ダンボの東側が C 村の土地となったため，Z 家と S 家は，このダンボの東側の土地に関しては村長から割り当てられた土地という以上に「自分たちの土地」という意識を持っている[83]．

これらの古株の家々に対してこのダンボ周辺への移住の歴史が浅いのが，D 家と N 家である．D 家は 1988 年にこの地に入ってきた．そこはもともと Mo 家の姻戚関係にある世帯が住んでいたが，姻戚関係の絆であった家長の妻が 1987 年に死亡したためこの地を去って空き家状態になったところを村長に取りあげられ，新しい村人に割り当てられることになった．そして入ってきたのがジンバブウェ出身の D 氏である．

D 氏は伝統医であり，たまたま村長の家族を診察して村長の知るところとなり，むしろ村長に請われるような形でこの村に入って来た．D 氏の伝統医としての名声は中央州（Central Province）内に広く伝わっており，彼の診察記録には遠く 200 km 以上も離れたところから患者が治療にきていたことが記録されていた．J. C. は，農業の知識，技術のある人，医療の分かる人ならば民族，国籍を問わない村長であった．その開放性はトンガの P. Mo. も認めるところであったが，そのために自分の土地を取り上げられること

---

[83] 村の中には 5 カ所以上の埋葬地があるが，Z 家と S 家は自分たちだけの埋葬地を K ダンボ東側の蟻塚の 1 つに持っている．2003 年に死亡した家長 J. S. もこの地に埋葬された．

は嬉しくないことであった．

　D家の誘致のために村長によって自分の土地を取りあげられたことについてMo家の家長であるP. Mo. 氏はいっさい不満をもらすことはなかった．しかし後日村を離れたP. Mo. 氏は，この時の土地の取りあげを快く思っていなかったことを私に告白した．その言葉を裏書きするように，D氏に土地が与えられた直後，P. Mo. 氏は，友人で遠い姻戚関係にあるN. C. 氏をD家のすぐ北隣の土地に招き入れ，そこに住まわせた．N. C. とP. Mo. とはかつてルサカ近郊の村で一緒に住んでいた仲である．彼が新しい土地を求めているということを聞き，P. Mo. は自分の家の土地を一部貸し与えたのである．姻戚関係にある世帯を自分の土地に呼ぶにあたっては特に村長の許可を仰ぐ必要はない．いわば家族内での土地の割り振りという形でN家をD家のすぐ北隣に住まわせたのである．これでP. Mo. は自らの土地の境界領域を押さえる意味を持たせたのである[84]．

　こうしてレンジェの村であるにもかかわらず1993年時点のKダンボ周辺には，レンジェの村長家のC家，タンザニア出身のF家，トンガ人のMo家とN家，そしてジンバブウェ出身のZ. 家，S家，D家と多彩な人々が集まることになったのである．

(4) 家族と世帯

　これまで何の注釈もなく農家やC家などと家族を示唆する言葉を使ってきた．しかしC村では，日本のイエのように，生産と消費の単位と相続がおこなわれる単位が一致しているものを見つけることが難しい．C村では，生産活動や消費活動の単位が一致しなかったりさらには相続にいたっては日常的な生産や消費の単位とは別の人々との関係が問題になることが少なくない．そこで，この本書で使う家族や世帯という言葉が何を意味するのか定義しておく必要がある．

---

84) N. C. 氏はここには僅か3年しか住まず，1996年にすぐ隣の森林保護区内にできた新村に移っていった（妻達は1999年までC村に残した）．その後には，P. Mo. 氏の息子R. Mo. がこに家を建てた．

この村でイエを指す言葉としてよく言われるニャンジャ語のムンヅィ（munzi）という言葉は，広義の意味でも狭義の意味でも使われる．耕起作業を共同でおこなう拡大家族をムンヅィと呼ぶこともあるし，それより小さい日常的な消費単位である核家族的単位をムンヅィと呼ぶこともある．したがってこのムンヅィという言葉は，本書で使う家族も世帯も包含する概念であるということになる．

さて，本書でどのような単位を世帯あるいは家族と呼んでいるのかについて明らかにしておきたい．本書では資源に対するアクセスの集団の違いをメルクマールにして，家族と世帯を以下のように分けて考えることにした．つまり，収穫物の消費において1つの単位になっている集団を世帯と呼び，その世帯の最年長男性を世帯主と呼ぶことにする．寡婦世帯や離婚した女性の世帯で子供がまだ成人に達していない場合は寡婦や離婚した女性を世帯主と呼ぶ[85]．

そして，現在の世帯主の1世代あるいは2世代前に同じ先祖を持つ人たちから成る世帯の集団を家族と呼ぶことにする．現在の家族は，もとの世帯から分かれたばかりの，いわば「移住2世」の世代群から構成されているものが多い．この「移住2世」世代の中で最も年長者である男性を家長と呼んでおく．後で述べるように，家長は土地の耕作や葬式，子供の養育などで重要な役割を果たす．家長は，模式的には年老いた父親がなる（C家，Mo家，D家）が，同世代の長男である場合（S家）もあれば，1代前の叔父が甥たちの世帯を統括して家長の役割を果たしている場合（Z家）もある．

子供たちが成人し結婚するとやがて自分の世帯を持ち，父親の世帯から離れていくことになる．現在S家とZ家では，南ローデシアの地を離れた時の家長から数えて第3世代目の子供たちが世帯主になっている．彼らの子供たちが自立して自分の世帯を持った時に，引き続き自らをS家の家族，

[85) 寡婦や離婚した女性の場合でも，結婚して世帯をなしている息子と同居している場合は彼女たちが独立した世帯を構成しているとは見なさず，息子世帯のメンバーとして見なした．本稿での調査対象世帯では見られなかったが，村の中には息子世帯と同居しつつも生産と消費の面で高い独立性を示している未亡人世帯もみられる．

Z家の家族と呼ぶかどうかはわからない[86].

(5) ジンバブウェ人のC村への定住過程

C村の多民族構成を象徴しているのがKダンボ東部に居を構えるZ家とS家であるが，これらの2つの世帯がこの地に移ることになった背景には，前章で述べた南ローデシア時代の政治が深く関わっている．C村の歴史の奥行きを深めるためにここでZ家とS家の移動の歴史を，聞き取り結果[87]をもとに明らかにしておきたい．ちなみに現在のZ家とS家は同じ家の兄弟から派生して独立してきた家である．その兄弟が属していた家をここではZS家と呼んでおく．つまり，Z家の初代ンギリチとS家の初代マボイとはZS家の兄弟であったということである．

(i) 南ローデシア脱出の要因

ZS家の人々が当時の南ローデシアを離れ北ローデシアに向かったのは1952年のことである．当時の南ローデシアは第VIII章でも述べたようにイギリスの退役軍人の入植が盛んな時代であった．1931年に制定された土地配分法(Land Apportionment Act)で白人用に確保された国土の約50％の土地に，比較的裕福な白人が多数入植してきた時期である．

ZS家は，当時の南ローデシア中南部の都市セルクウェ(Selukwe)近郊の村に居住していた．その地域は土地配分法で二分された南ローデシアの国土の中で，ヨーロッパ人地域に指定された土地であった．ZS家が住んでいた土地も白人によって購入され，ZS家の人々はほかの黒人家族と同じようにその白人農場で働く農場住みの農家となった．彼らは，いずれは農場から追い出されるのではないかという不安を抱きつつ，なだらかな丘陵の

---

86) たとえばS家では，第1夫人(故人)の子供たちと第2夫人の子供たちとの間で，共同耕作や子供の養育に関して少し異なる対応が起き始めている．

87) 聞き取りは主としてZ家の最長老であるDa. Z. 氏と彼の異母兄弟であるCr. Z. ほかに聞いた．Da. Z. 氏は，1989年に父親のN. Z. が亡くなってからZ家の最長老となっている．ジンバブウェを離れるときは14歳であったという．

浸食面やダンボとよばれる低湿地の近くで自給作物生産を細々とおこなって生活をしていた．この白人農場では，農場主の耕作時には農家 1 軒につき男性 1 人，除草作業にも男性 1 人，収穫期には家族全員が農作業を手伝うよう決められていた．これはこの地域の白人農場では広く実施されていたことであり，農場住み込み農家の義務と考えられていた．

ZS 家の人々は，耕作地と放牧地が狭められたものの，その分低湿地ダンボを集約的に利用することで白人農場の中で生活できる状態にあった．原住民指定地や原住民購入地に移動することも可能であったが，原住民購入地で土地を購入するほどの資産はなく，原住民指定地に関しては農業条件の悪さに関する評判を聞いていたので移る気がしなかった．それよりも無償労働義務や耕作制限などがあるものの，白人農場内に居住しダンボで栽培した野菜を近くの市場で売って生活する方が余程良いと考えていた．

しかし 1952 年に彼らの生活を脅かす法律が制定された．それは低湿地での耕作を禁止する法律 (The Streambank Protection Regulation 1952) である．この法律では，ダンボの中心部（最低位部）より両側 30 m が耕作禁止とされた (Shimada [1995], p. 15)．この法律は，1927 年制定の，ダンボの水利用禁止を謳った「水条例」(Water Act) を土地利用にまで拡大したものである．白人農場では，雨季の冠水期間を短縮するためにダンボの中に排水溝が盛んに掘られていた．この排水溝の建設が各地で土壌浸食を引き起こしたため，それを防ぐためにこの条例が施行されたのである．しかし，白人農場内に居住するアフリカ人農業労働者にとってみれば，ダンボの低湿地は自給作物生産と換金用野菜生産にとって不可欠の土地であり，この条例は自活の道を閉ざすことを意味していた．

この法律の制定により ZS 家の農業生産条件も一変した．ZS 家が白人農場内で何とか家族を養うことができたのは，ダンボ畑のお陰であった．それが利用できなくなると ZS 家の耕作地と放牧地は，面積が半分になり，自活できなくなる．この窮地を抜け出すために ZS 家の長老たちは，農場内に住むほかの家の長老たちと相談しこの農場を出ることを決意したのである．折しも政府が北ローデシアへの農業移住を奨励していることを聞き，

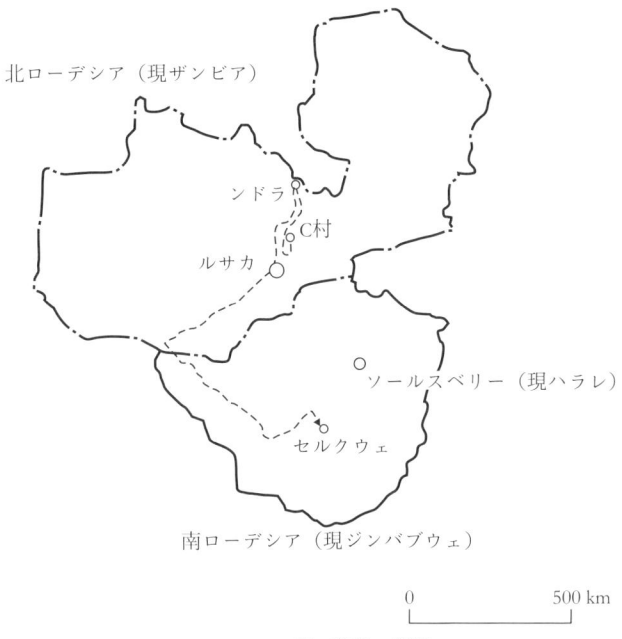

第 IX 章　ザンビアの中心部の C 村で起きていたこと　　181

IX-6：ZS 家の移動の経路

　彼らは南ローデシアの原住民指定地に移ることはせず家族全員で北ローデシアに移住することを決断したのである．移住を決心した世帯の家長たちは，最初に 3 人の若者を偵察隊として北ローデシアに派遣し，彼らが持ち帰った情報をもとに，1952 年に北ローデシアに向け旅立った（第 IX-6 図参照）．

（ii）ザンビアへの移住

　ZS 家と一緒に北ローデシアに移動した家族は，ZS 家を含め，11 家族であった．移住には専用列車が使われたようで，この列車には 11 家族全体が所有する家畜 60 頭，ロバ 6 頭，羊 20 頭あまりも一緒に積み込まれていた．彼らは，この専用列車で 1952 年にセルクウェを出発し，3 日 3 晩をかけ北ローデシアのンドラ（Ndola）に到着したという．到着したのはその年の雨季が始まる前の 10 月下旬であったという．

最初に定着した村はンドラ近郊のムテテシ (Muteteshi) 川沿いのチクルル (Chikululu) という村であった．その土地は，部分的に開墾されていたがほとんどは未開の森林が広がり，人々は到着してからすぐに開墾をはじめた．全ての家が犂を所有しており，把耕機（ハロー）もほとんどの家が持っていた．自動種播き機を持っている家も多かったという．彼らは北ローデシアの農民よりもよほど資本に恵まれた農民たちであった．最初の雨季に彼らはトウモロコシ，ソルガム，落花生を栽培した．

　しかしここの土地はあまり良くなく，1年目のトウモロコシ生産は少なく，自家消費分しかとれなかったという．幸いダンボで栽培したキャベツの生産が良く，近くにいた白人がこれを買い上げてくれ急場をしのぐことができた．しかし，結局は食糧不足となり，農業省が支給してくれたミリミル (mielie-meal：トウモロコシの粉) で生活をしのぐ有様であった．チワレ (Chiwale) 首長領に属するというこのチクルル村には結局3年間(52-55)しか滞在しなかったという．

　農業省の指導があったというが，彼らは次に同じンドラ近郊の入植地であるニェニェ (Nyenye) 村に移った．この村は政府が用意した入植用地ではあったが，土地はムシリ (Mushili) 首長領のムココ (Mukoko) 村に属する土地であると言われたという．各農家には6.4 ha(16acre)の土地が配分された．配分された土地はすべて森林であり，ダンボもあり地味も肥えていた．この土地は農業用地としては良かったが，Z家では，家長のンギリチがすでに妻を3人持っており，1世帯6.4 haの土地配分では面積が狭くなってきていた．この入植地では配分以上の土地を利用することはできないためほかに移ることを考えた．結局ZS家がこの地にとどまったのは1955－1959年の5年間であった．

　彼らが次に移ったのはリテタ首長領の土地であった．ンギリチ(Z家)の息子の1人が1956年に別途北ローデシアに移住し，ルサカから北約50 km程のンガラ (Ngala) という土地で農業をおこなっていた．リテタ首長領に属するその土地は政府管理の入植地ではないので，村長から耕作許可をもらえば6.4 haをはるかに越える土地を耕作することが可能であった．ンギ

リチはこの地に移ることを決意し，ZS家のほか3家族とともにこの地に移ったのである．1952年にZS家と一緒に北ローデシアに移り，ニェニェ村まで行動をともにしてきたほかの家族の中にもムココの地を離れるものが多く，1960年時点でムココの地に止まっていたのは4家族に過ぎなかったという．

　ZS家が移り住んだンガラの土地は未耕作の森林地であった．土地は広大で，土壌も農耕には良かった．しかしその土は粘土質で，場所によっては雨が降ると種まきまで2日待たなければならないこともあった．また雨季には川やぬかるみで交通が遮断されモノの運搬に難儀する土地であった．生産したトウモロコシは鉄道駅のチサンバ (Chisamba) の集積所まで運ぶ必要があった．Z家ではこの時車を持っていたので，入植者たちはそれを使って集積所までトウモロコシを運ぶことができた．しかし雨季には自動車や牛車が使えない状態となり，病人が出ても近くの町まで運べない僻地となることが欠点であった．彼らは雨季でも鉄道か幹線道路へのアクセスが容易な土地を求めはじめた．

（iii）より良い土地を求めてC村へ

　よりよい土地を探すために，1977年に一部の若者たちが中心になり，現在のC村の東端にあたるルウェマウェ (Luwamawe)・ダンボ（以下Lダンボとする）近傍に移った．その土地は森林保護区内にあったが，ほかにも居住者がいて彼らも首長に開拓の了承をえて入ったという．この時に移ったのはZ家の3人の若者たち (Cr. Z., En. Z., Dav. Z.) である．土地は非常に良く，雨季になっても国道まで牛車で行くことができる恵まれた土地であった．彼らはトウモロコシ，落花生，ひまわり，モンキー・ナッツ等を栽培した．生産は良く残りの家族を呼ぶには最適の土地のように思えた．しかし一度目の収穫が終わって間もない頃に森林保護官が来て，2ヶ月以内に移動せよと命令された．彼らはやむを得ず入植1年目足らずでこの地を追われることになった．

　その地を追い出された彼らはやむを得ず1978年に現在のC村の北東縁

写真 IX-3　C村の北側にあるムカンワンジの岩山から村を望む．写真では木々に隠れてよく見えないが家は広大な耕地のあちこちに分散して立地している．写真の手前半分くらいは隣村の土地であり，C村の土地はその背後に広がっている．

にあたるLダンボの最上流部の土地に移動した．この土地も当時は森林保護区の中であったが，Z家とS家を代表してZ家の家長ノワが当時のC村の村長(J. C.)に相談し入植の許可を得たという．しかし当然のことながらここにも森林保護官が訪れ，彼らにその場所を立ち退くよう命じた．しかし1980年に結婚したばかりのCr. Z.は，この土地への定着を強く希望した．このため1981年に森林保護官が来て再度この土地から退くよう警告に来た時も彼らはそれを無視し続けた．この命令違反の件で，Cr. Z.は逮捕され，2週間警察に拘留されてしまうことになった．裁判の結果，12ヶ月の執行猶予つきながら有罪となり，この土地を退くべきことが言い渡された．

　しかし不法入植の判決が出たその直後(同じ1981年)に，彼らが切り開いたLダンボの西側が森林保護区域から外されることになった．C村と森林保護区との境界線がKダンボからLダンボへと後退させられたのである．

Cr. Z. たちは，さっそくこの日わく付きの開墾地に，Z家とS家の人たちをンガラから呼び寄せた．Z家とS家の人たちがこのC村の北東縁部に移る直前までこの土地には同じジンバブウェ出身のほかの家族が住んでいた．しかし彼らは Cr. Z. の逮捕に驚いてジンバブウェに帰ってしまった後であったので，KダンボとLダンボの間の広大な土地はZ家とS家だけが住む土地となったのである．

　Z家とS家の人々は，新しい森林保護区との境界線から少し離れたKダンボに近い一角に家を建てた．1984年には，Z家のンギリチの第2夫人の長男である Da. Z. がZ家の耕作地の最北縁部に入植してきた．隣村との境界線が確定しておらず，土地を確保しておく必要があったからである．

第X章

C村の農業生産とそれを支える社会関係

　前章の第IX-2図で示したようにC村は河川の最頂部にある．同図で黒く川筋のように描かれているのが雨季に冠水する低湿地ダンボである．ダンボは非常に傾斜のなだらかな斜面をもつ低湿地である．第X-1図はKダンボの地形断面を示したものであるが，いかに傾斜が緩やかであるかが分かる．ダンボから続く雨季にも冠水しない土地をアップランドと呼ぶが，両者の境界線は地形的に必ずしも明確ではないところがある．人々もダンボとアップランドの境界を地形学的に決めているというより，年々の冠水の状況や水位の深さに応じて適宜ダンボ耕作の範囲を決めているといった方が正しい．

　Kダンボ周辺の拡大図における●は各世帯の家の分布状況を示している．当然のことながら家は雨季にも冠水しないアップランドにある．ヘッドマンダンボとKダンボの周辺に一部家が密集して立地しているところがあるが，あとは分散している．家が分散立地しているところでは家の周りにアップランドの耕作地が広がっている世帯が多い．このアップランドの耕作地は，ダンボ畑と区別して一般畑と呼ぶことにする．

　アップランドにおける一般畑耕作もダンボにおけるダンボ耕作もつぶさに見れば，この10年間でいろいろ変化してきた．しかし一般畑におけるトウモロコシやトマト栽培，ダンボ畑におけるトマトやレイプ（葉菜）栽培は

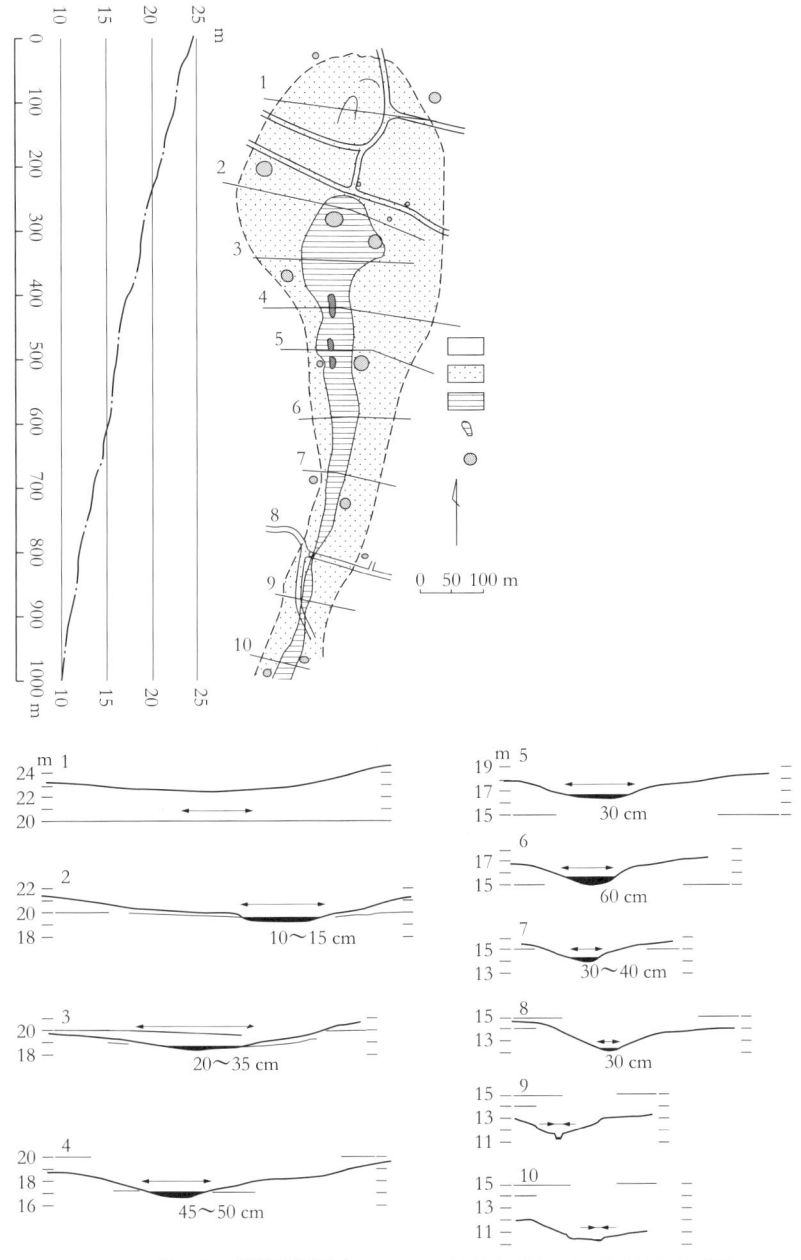

第Ⅹ章　C村の農業生産とそれを支える社会関係　187

X-1：Kダンボの地形断面図（Matsumoto 1993 in Shimada ed. 1993: 30-33）

基本的に変わらないできた．年によって変化してきたのは，一般畑でのヒマワリ栽培や棉花栽培，ダンボ畑のスイカ栽培などである[88]．ここではまず最初に，一般畑とダンボ畑における耕作の実態について述べ，次にそれらの耕地に対するアクセスの問題を用益権に注目して検討してみたい．

耕作の実態については，1993/94 年度当時の調査の結果を参考にする．耕地のアクセスの問題については，1993 年から 2003 年にいたる調査の全期間中に観察された事例や聞き取りによって得られた過去の情報を参考にする．それによって，一見安定的に見える人々の農業資源に対する権利が，いろいろな経緯や出来事によってその内容が変わってきている様子が明らかになる．もちろん農民たちは，それらの権利に対する侵害あるいは侵害の恐れに対してはさまざまな行動で対処している．その点についても明らかにしてみたい．

1——C 村の農業

第 X-2 図は 1993 年と 1994 年に聞き取りと観察によって得られたこの村の農事暦を示している．この調査をおこなった頃には，まだダンボ耕作をおこなっていない農民が少数いた．彼らは，ダンボ耕作をやりたくてもダンボ畑が手に入らない農民かダンボ耕作に不安を持つ農民たちであった．しかし 1994 年の時点ですでにこのような農民は少数派になりつつあり，多くの農民は大なり小なりダンボ耕作をおこない，この農事暦にあるような作物栽培をおこなっていた．

この農事暦を見ると，11 月から翌年の 5 月頃までの雨季はアップランドの一般畑でのトウモロコシやトマト，スイカの栽培が中心で，4, 5 月から 10 月頃にかけてはダンボ畑でのトマト，レイプ（葉菜），スイカなどの野菜栽培が盛んであることが分かる．C 村の農業は，雨季の一般畑耕作と乾季

---

[88] 1970 年代の第 2 次国家開発計画（1972-76）の時にこの村では農業普及活動の推進の恩恵も受け，アップランドでのトウモロコシ栽培に加えヒマワリの栽培が非常に盛んであったという．

X-2：C村の農事暦

月	1	2	3	4	5	6	7	8	9	10	11	12
アップランド畑：												
										耕起		
				トウモロコシ								トウモロコシ
					収穫							植付け
	トマト			トマト							トマト	
	植付け			収穫							植付け	
				落花生							落花生	
				収穫							植付け	
				ヒマワリ							ヒマワリ	
				収穫							植付け	
	スイカ			スイカ								
	植付け			収穫								
ダンボ畑：												
				トマト		トマト		トマト				
				植付け		植付け／収穫		収穫				
				レイプ		レイプ		レイプ				
				植付け		植付け／収穫		収穫				
						スイカ		スイカ				
						植付け		収穫				

のダンボ畑耕作との組み合わせで成り立っているといえる．

(1) アップランド耕作

アップランドの耕作は，雨季の到来とともに始まる．11月から12月にかけて雨が降り始めると人々は一斉に牛に犁を引かせ一般畑の耕起を始める．普通2～3年ほど休閑した土地を耕作することが多いが，土地に余裕がない場合は1年休閑の場合も多い．第X-3図は1993年雨季に耕作されていたP. Mo., S. Mo. そしてMo家から土地を借りていたN. C.が耕作していた畑の位置を示している．Mo家はこの村の中でもとりわけ大きな耕地を持っているが，この年の雨季に耕していた畑は全耕地のおおよそ半分に達していたことがわかる．これでは，畑を休ませるとしても休閑期間は1年しか取れないことになる．

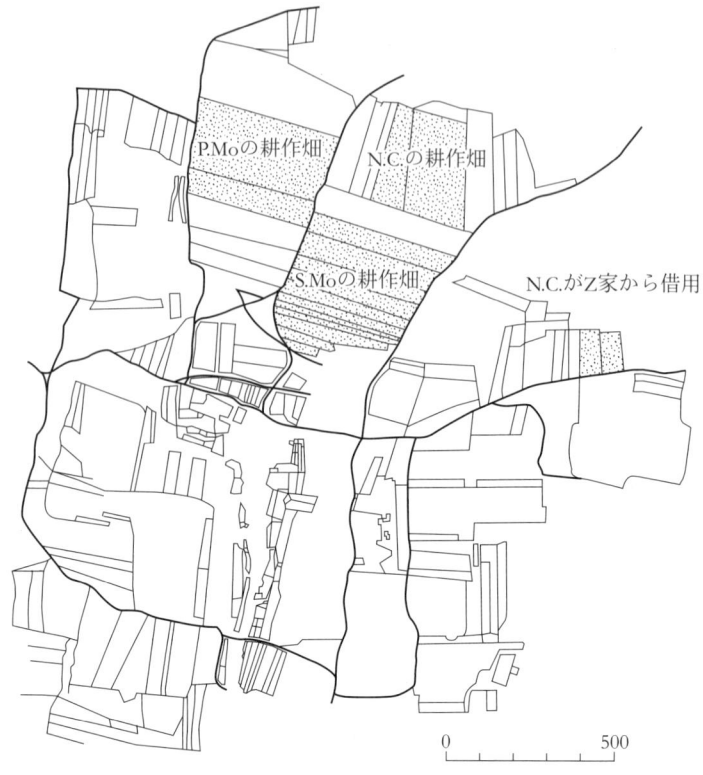

X-3：Mo 家のアップランドの耕作状況（1993 年）

　この図で S. Mo. の耕作地としたものの中には彼の弟たち（Z. Mo. や Ra. Mo.）の畑も入っている．Z. Mo. と Ra. Mo. はこの2年後の1995年に森林保護区に移っていった．結婚して家族を養うためにはこの土地ではもう狭くなったというのがその理由であった．K ダンボ周辺の1世帯当たりのアップランドの耕作面積は 4.9 ha であった．これは 0.5 ha のダンボ畑の約10倍に近い面積である（第 X-1 表）．第 X-3 図を見てもわかるように，一般畑の少なくとも半分は休閑地として耕作されず残っているので，各世帯がアップランドに用益権を確保している一般畑の面積は 10 ha 前後になるということになる．それでも Mo 家の若い世帯（Z. Mo. や Ra. Mo.）にとっては土地

表 X-1 ダンボ畑，一般畑の一筆あたり面積および一世帯あたり耕作面積 (ha)
—K ダンボ周辺 6 家族の事例—

	一筆あたり面積	一世帯あたり耕作面積
ダンボ畑 (1992 年)	0.08	—
(1993 年)	0.08	0.5
一般畑 (1994 年)	0.68	4.9

写真 X-1 4 頭牽きで畑を耕す人々．雨が降ると，村のあちこちでこのような風景がみられる．

は充分ではなかったのである．

アップランドの一般畑は牛に犁を牽かせて耕される．この牛耕のためには最低2頭の成牛と犁が必要である．牛がまだ小さい場合やまだ馴致の訓練が足りない牛を使うときには4頭立てで犁を牽かせることが多い．小さい牛や訓練途上の牛は，経験豊富な2頭の成牛の後ろにつけるのである．

当然の事ながらすべての世帯が牛を2頭以上持っているわけではない．そこで耕起作業は共同でおこなわれることが多い．ジンバブウェ出身の

ショナの人たちは，この共同耕作を拡大家族内で組織することが一般的である．Kダンボ周辺のS家でとりわけ大きい拡大家族内での共同耕作がみられた．その具体的内容については後で述べる．拡大家族で共同耕作をすることのない世帯では，所有する牛と犂を出し合って友人と共同で耕作することがある．またあるいは，金やトウモロコシの後払いを約束して，牛や犂を借りて耕作する場合もある．いずれにしろ，短期間で広い畑にトウモロコシを植え付ける必要がある一般畑の耕作では，牛と犂の確保が非常に重要である．

アップランドで栽培される作物でいちばん大事なものはトウモロコシである．雨季が来て最初に植え付けられるのはトウモロコシである．その後でトマトやスイカ，棉花，落花生等などが植え付けられる．農民たちは11月の雨季がくる前に種子と肥料の準備に取りかかる．種子の方は改良品種が購入できない場合は前年収穫のトウモロコシを使う．肥料も年によっては購入できない場合がある．購入できても必要な時に入手できない時があり，農民たちは9月頃からいつも肥料の入手に頭を悩ましている．雨季が始まる頃までに肥料が手に入らない場合は無施肥でトウモロコシを栽培するより他ない．そのような場合はやはり収穫量は落ちる．

(2) ダンボ耕作

この村でダンボ耕作が盛んなのは，この村にジンバブウェ出身の農民が多いことが関係している．聞き取りによれば，1980年代はダンボで耕作をおこなっていたのはジンバブウェ農民のみで，ほかの農民はほとんどダンボを利用していなかったという．レンジェの人たちに限らずトンガの人もダンボ耕作に熱心ではなかった．1979年頃にこの村に入ってきたトンガの農民 P. Mo. も，雨季の終わりにダンボで稲作をおこなっていたが，これはダンボの冠水を利用した一種の天水田耕作であった．それ以外の作物を栽培したことはないと言っている．我々がこの村での調査を始めた1993年の時点では，すでにKダンボでは耕作可能な土地のほとんどがダンボ畑として耕作されていた．しかしKダンボの西側で耕作していたC家にあっ

写真 X-2　ダンボ畑でレイプを収穫しているところ．この畑では，牛が入ってこないように有棘鉄線をはりめぐらせている．

ては，このダンボ畑を作り始めたのは 2, 3 年前だということだったので，C 家の人々がダンボ耕作を始めたのは 1990 年頃のことに過ぎない．

　これに対しジンバブウェ出身の移住民の人たち（Z 家および S 家）は，前章でも述べたようにそもそもジンバブウェからザンビアへの移住原因の 1 つが，ジンバブウェでのダンボ耕作の禁止にあったことからもわかるように，彼らはザンビア国内で執拗に良いダンボを探し求めてきた．何度かザンビア国内で移動したのも，市場にアクセスが良く野菜栽培に適したダンボを求めてのことである．森林保護官に追い出されながらも諦めず探したのは良いダンボの土地であった．そうして最終的に定着したのが K ダンボの傍だったのである．第 X-4 図は 1993 年に Z 家と S 家やほかの家が耕作していた K ダンボ周辺の土地利用を示している．

　ダンボ耕作は乾季におこなわれる換金作物生産中心の農業である．ダンボ耕作をおこなう以前，乾季には牛を売る以外に現金収入の方法はなかっ

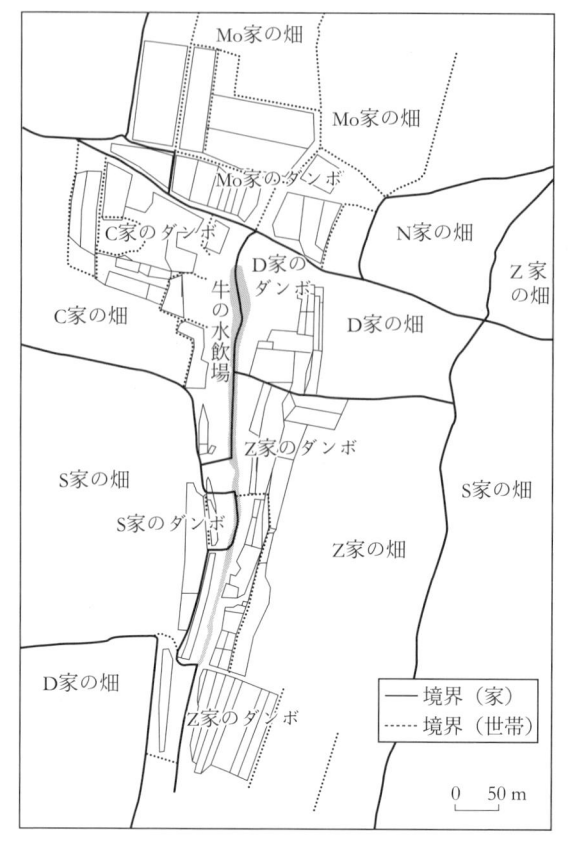

X-4：Kダンボ周辺の耕作権者

た．それがダンボ畑における乾季野菜栽培のおかげで，雨季直前に種子や肥料を購入するための収入源ができたことになる．これがダンボ畑の経済価値を高めた．1991年に肥料に対する補助金が突如廃止され，肥料の価格が急上昇すると農民たちにとって雨季前の現金収入が極めて重要な意味を持つようになってきた．ダンボ耕作を始める前にも，農民たちはアップランドでトマトやスイカを栽培し，雨季が終わった直後の数ヶ月間（5月から7月頃まで）これらの野菜を売りに出すことができた．しかしこの季節のトマトの生産は，ダンボ耕作の収穫期（8月から12頃まで）のそれに比べ価格

X-5：トマトの月別販売価格

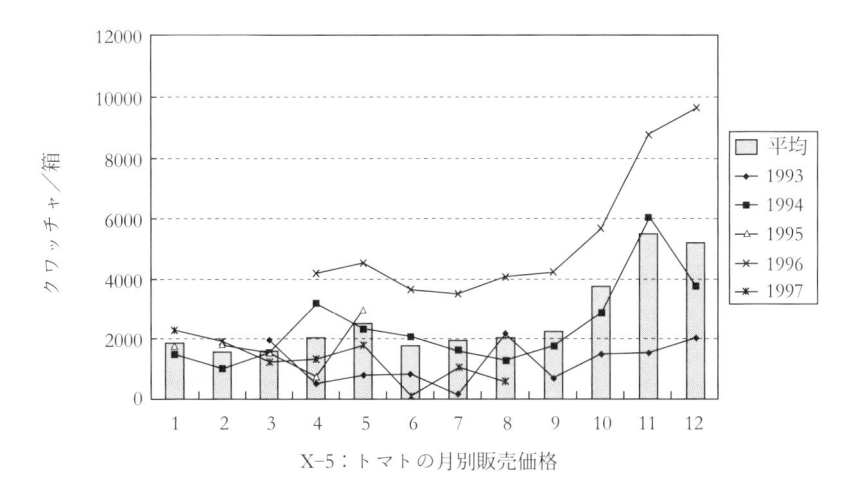

が安い(第 X-5 図)．そればかりか，肥料の購入時期で現金が必要とされる10〜11月にはアップランドのトマトは生産が終わっている．こうして，ダンボ耕作は自由化以降ますますアップランドのトウモロコシ栽培を維持する上でも不可欠な農業となってきたのである．

第 X-2 表は 1993/94 年の D 家, Z 家, S 家, Mo 家の中から数世帯を選び，それらの世帯におけるアップランドとダンボの農業生産額を推計したものである．アップランドの生産額はトウモロコシの生産量から推計しており，トマトやスイカ，棉花，落花生等の生産は考慮に入れていない．一方ダンボ耕作の生産額は，聞き取りによって得たトマト，レイプ，スイカの収穫量と販売価格の情報から推計を試みた．したがってアップランドの生産額の方が実際の生産額よりも過小評価されていると思われる．それを勘案してもこの表をみると，D 家や Z 家などにおけるダンボ耕作の重要性がわかる．我々がこの村で調査を開始してからも，ダンボ耕作は村のあちこちで面積を広げ，ダンボ耕作への欲求は農民全体に広がっていた．

そんな中，一部の農民たちはダンボ耕地を囲む柵を伝統的な木柵から，有刺鉄線の柵に変えるなど，ダンボ畑に対する意識にも変化が見られた．また，村内のダンボに満足できない農民の中には，やがて村を出て広大な

表X-2 Kダンボ周辺農家世帯の粗農業生産高推計（1993/94年：単位1000クワッチャ）

耕作 作物	アップランド畑 (A)			ダンボ畑 (B)			合計 (C)	(B) / (C)
	トウモロコシ	トマト	スイカ	トウモロコシ	トマト	スイカ		
D 世帯	82	96	—	—	280	—	458	61
P. Z. 世帯	68	14	36	45	288	—	451	74
J. S. 世帯	30	—	—	—	151	—	181	83
Z. M. 世帯	30	20	5	—	64	34	153	64
S. M. 世帯	60	128	—	—	—	—	188	0

（1994年の現地調査による）
注：D, P. Z., J. S. 世帯がジンバブウェ農民
　　Z. M. と S. M. 世帯はトンガ農民

ダンボが広がる森林保護区の森の中に移っていく農民もでてきた．

最近では，国際的なNGOグループがこの村に進出し，ダンボにおける小規模灌漑計画を推進している．1辺15m×30mの畦畔で囲まれた小さな圃場に足踏みポンプで水鑚りをおこなう集約的な農業は，この地域では初めてのやり方であるが，2001年に始まったこの農業は2006年の現在も順調に続いている[89]．ダンボ耕作は形を変えつつその重要性をますます増大させているといえる．

2 ── 一般畑とダンボ畑の用益権

アップランドの一般畑とダンボ畑の耕作方法が違うことは前項で述べたが，それは単に土地条件と耕作期の違いから来ているわけではなく，これらの土地に対する各農家世帯の用益権の違いとも深く関係している．そこ

---

89) ヴィフォー(Village Irrigation & Forestry)計画は, Total Land Care Zambia というNGOの指導の下におこなわれたものである．この計画の説明のためNGOの責任者（ヘイズ博士）がこの村に入ってきたのは2000年11月のことであったという．2001年2月には灌漑組合を設立し，同年9月にヴィフォー計画の開初式がおこなわれ，すぐその後に足踏みポンプが届けられ本格的に灌漑栽培が開始された．ヘイズ氏がこの村を計画地に選ぶことにしたのは，ザンビア大学の中央図書館で，我々の調査報告書をみてのことであるという．我々の調査は予期せぬ経路を経て農民達に，新しいインパクトを与えたことになる．

で，ここでは両者の土地に対する農民のアクセス権について検討してみたい．

（1）一般畑の用益権

F家の人々がこの地に来た1970年頃は，1つの家族に割りあてられるアップランドの割りあての区画は大きかった．1975年頃にこの地に入ってきたMo家に割り当てられた土地も広大で，すでに利用したことがあるアップランドだけでその広さは30 haを超すものであった[90]．森林保護区から逃げてきてKダンボの東側に居を構えたZ家とS家もそれぞれMo家に劣らぬ広さのアップランドを確保している．

しかし入村時期の遅いD家などは1993年の時点では自分のアップランドは割りあてられず，第X-6図に示すように村人から3.3 haのアップランドを借りて耕作していた[91]．アップランドの割りあては，入村時に村長によって決められるということになっているが，村に入った年代やその時の経緯によって，割りあてられる面積にはかなり違いがあるのである．割り当てられたアップランドの土地は永久的に利用が約束された領域ではなく，村に返還される可能性がある．しかし，村長といえどもこれらの家長に事前に相談もなく領域の土地を強制的に取りあげることはできないので，これらの領域は「家族の土地」と呼ぶことができる．

用益権が認められている領域内では，その家族に属する世帯のメンバーは家長の承認のもと一般畑があてがわれ，そこで耕作をおこなう．世帯ごとの土地の割り振りは家族内部で決められ，村長がそれに対して口を挟むことは基本的にはない[92]．したがって，家族のメンバーであればアップラ

---

90) 少なくとも1度は耕作した形跡のある面積だけを積算した値は1993年時点で約32.6 haであった．畑の北側にあるムカンワンジ山の麓の傾斜地はMo家の領域とされていたがこの時点では耕作されていなかった．これも含めるとMo家に割り当てられたアップランドの総面積はおそらく50 haを越えているものと考えられる．
91) D家はその翌年にはこの畑で1.5 haを借りS家から約1 haを借りていた．D. M.は村長にアップランドの配分を要求し続け2002年についにS家の土地の南側に自分のアップランドを獲得した．

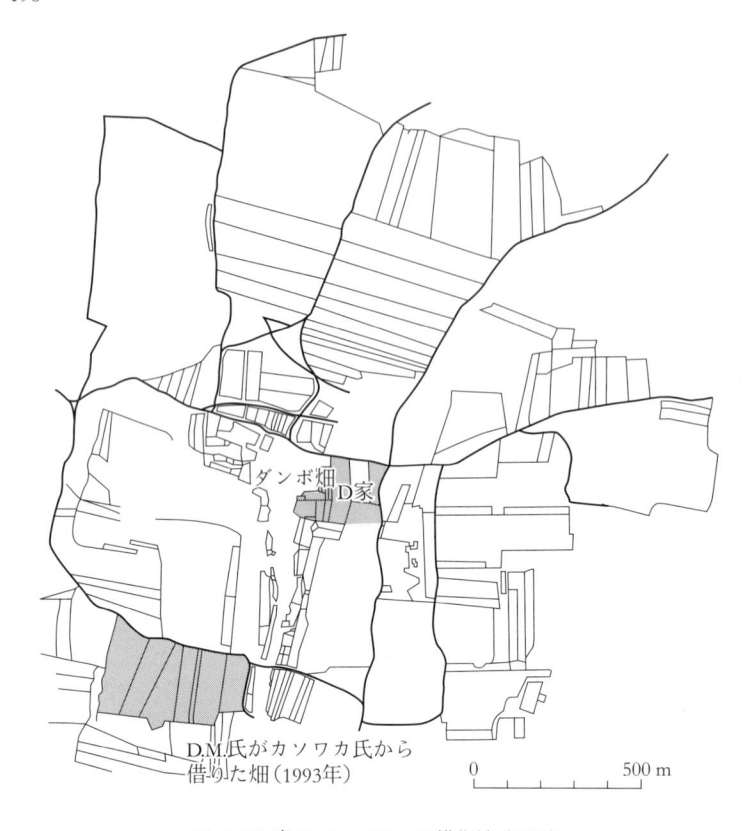

X-6：D家のアップランド耕作地（1993）

ンドでの耕作権は自動的に賦与されているといえる．各世帯が耕作地の拡大を要求する場合，彼らは先ず家長に話をする．家長はその要求を受けて村長に新しい土地の割りあてを要求する．しかしその要求がすぐに受け入れられるとは限らない．その場合，家長は家族の土地の領域内で耕作地を

---

92) 家間で土地を巡り争いが起きた場合，村長が調停に出ることがある．1999年にZ家とS家の間で土地争いが起きた．S家のD.S.とS.S.とが畑を東方に拡張し，Z家の畑に突き当たったところでさらに土地の拡張をしようとしたため，Fa. Z.と争いが起きた．2000年4月に村長の調停で土地争いはようやく収まったが，この結果はZ家の土地が小さくなるという，Z家にとって不利なものであった．

割り振ることになる．

　婚出した女性が離婚や夫の死亡で村に帰ってきた場合に，彼女たちに耕作地を分け与えるのも家長の仕事である．Mo 家には 2 人の寡婦が子供を抱えて帰っており，S. Mo. と一緒にアップランドの耕作をおこなっていた（第 X-3 図参照）同様のことは世帯レベルでもいえる．子供が成人してくると，世帯主は自分の耕作地の中から子供に土地を与える．何時どれ位の土地を息子に与えるかは世帯主の判断による．これは新しい世帯の分離独立へ向けた動きにつながるものであるが，後述するようにこの動きは耕作用具（犂）と役畜の利用に対するアクセスとも密接な関係がある．いずれにしろ村の中ではまず家族が耕作地の用益権と領域確保の単位となっており，その中で世帯が土地の経営単位になっている[93]．こうして，家族とその中の世帯のメンバーはアップランドの一般畑での耕作が保証されている．

　逆にそのような血縁関係者が居ない人がこの村でアップランドにアクセスしようとすれば村長に土地の配分を要請する必要がある．1990 年代前半（1992 年-95 年）には年平均 11 世帯の入村があり，この時の入村者の中にはこの方法で入村した人も多い（児玉谷 2000）．短期間（1, 2 年）土地を借りて耕作することは許されているが，長期にわたって借地で耕作を続けることはできない．したがって C 村では原則として借地農として定着することはできない．そんな場合でも，姻戚関係を結ぶか，姻戚関係を掘り起こしていずれかの家族のメンバーとなれば，村に定着しアップランドに畑を作る権利が生じる[94]．

---

93) 後述するように，家が共同耕作の単位になっている例（S 家の場合）もあるが，これはむしろ例外的であるといえる．

94) 現在 K ダンボの西南部に居を構える Mu 家族は，かつて Z 家のもとで働いていた労働者が土地を取得した例である．この土地は Z 家族のものであったので Z 家にとっては家族内部の土地を割り当てたという考えを持っている．しかし，Z 家族とは血縁関係が無かった Mu の家族をこの土地に張り付けることは，村長から見れば新入者への村の土地の再配分という文脈で理解できる．両方にとって説明が可能な微妙な処理が，後にこの北の土地で起こる焼き討ち事件（本章 4-(2) 参照）の下地になっている．

(2) ダンボ畑の用益権

ダンボの用益権も基本的にアップランドのそれとかわりはない．しかし，耕作の方法と収穫物の権利関係がアップランドの畑の場合とは違うので，個人レベルからみた場合ダンボの用益権は一般畑のそれとはかなり異なったものになってくる．家族単位で共同耕作をおこなうことの多い一般畑とは対照的に，ダンボ耕作は世帯単位でおこなわれることが多い [95]．

土が粘土質のダンボでは牛耕は難しい．多くの場合人々はダンボ畑の耕作を手鍬耕でおこなう．ごく一部の砂質土壌のダンボにおいて牛耕がおこなわれるにすぎない．手鍬耕をおこなうのは世帯単位で，それより大きい単位で共同作業をすることはない．ダンボ畑のあちこちに小さな井戸を掘って，そこからくみ上げた水を使って人々はトマトやレイプ，インプア（ナスの実）などを集約的に栽培する．その水遣りも世帯単位でおこなわれている．子供たちも重要な働き手で，水遣りの仕事をしているのをよく見かける．当然収穫も世帯単位でおこなわれることになる．

アップランド生産にみられる世帯間の生産格差は消費の段階で平準化のメカニズムが働く．しかしダンボ耕作は生産が世帯単位でおこなわれているので，ダンボ栽培による現金収入が世帯をまたいで世帯間で平準化に寄与することは少ない．それはもっぱら世帯内での平準化にしか寄与しないということになる．それどころか4人の妻を持つD世帯の場合，1997年以降世帯主のD. M.がダンボ畑の一部を4人の妻に等しく分割して与え，その畑の経営を彼女たちに任せた．もちろんこれらの畑から得られた現金収入はもっぱら妻たち個人の現金収入になった [96]．

---

95) ダンボ耕作の経験が浅いMo家の人々は1990年代前半には，ダンボ畑の耕作を家族単位でおこなっていた．それが世帯単位に分かれたのは1990年代の後半になってからである．

96) 当時このD. M.氏のやり方は，驚きと嘲笑の的であった．本人は「新しい方法だ」と表面的には平静を装っていたが，「上手くいかなければすぐ止める」とも言っていた．しかし結局はこのやり方は彼が死ぬ2003年まで続いていた．

ところで第X-4図で示したように，1992年の時点ですでにKダンボは中央部の牛の水飲み場を残してほぼ全域が耕作されていた．換金作物生産の畑としてますます重要性を増していたこのKダンボでは畑を拡大する余地はない状態にあった．ダンボ畑からの生産高が大きくなればなるほど，当初はダンボ耕作に興味を示さなかった農民たちもダンボ耕作を希望するようになってきた．そしてそれまで利用されてこなかったダンボの土地も農民に利用されるようになってきた．

通常Kダンボにみられるように，ダンボの用益権はアップランドの用益権の延長線上に考えられていた．アップランドが低湿地に接する土地（ダンボの土地）はアップランドの用益権者に属するものと考えられていた．したがってアップランドとダンボとの位置関係によってはダンボへのアクセスの悪い農民も当然出てくる．例えば第X-4図のN家のように，そもそもアップランドがダンボに接していない農家もでてくる．このような農民はダンボに接するアップランドを求める必要がある．

また1つのダンボの中でも，その位置によって水位の高さや土質が微妙に異なる．ダンボへのアクセスは確保されていても，ダンボ畑の生産条件は同じではないのである．Kダンボの例でいえば，D家やZ家のダンボが農業生産条件が良く，Mo家とC家側の条件は良くなかった．このようなダンボ内部における水や土地の条件の善し悪しが世帯間のダンボ収入に大きな格差を生んでいた．

ダンボ耕作の重要性が増せばますほど，このようなダンボ畑に対するアクセスの善し悪しに対する農民の意識がたかまり，1990年代中頃この村では新しいダンボ地の割り当てが大きな問題となってきていた．そこで村長は，それまでほとんど使われていなかったKダンボとLダンボの中間にあるダンボの一部を，その周辺のアップランドの用益関係とは切り離して一部の人々に割り当てた．しかしそのダンボは水位が非常に低く，Kダンボやヘッドマンダンボにくらべ生産条件が悪かったので，せっかく割り当てを受けた農民たちの評判も芳しくなかった．

そんななか1990年代後半になると，良質なダンボを求めて村を出て隣の

森林保護区内に移住する人が増えてきた(N世帯, Mo家族の2世帯). 彼らはいずれも森林保護区内で大きなダンボを獲得しそこでダンボ畑を開いた.

3——用益権の「安全性」

以上述べたように, 村長の承認を得て獲得した用益権は, 著しい条件の変化がない限り返却を求められない「安全」なものと考えられる. しかし, その「安全」がどの程度確固としたものなのかは検討を要する.

先に述べたように1980年代初頭にこの地に入ってきた人たちにとって, 土地配分はさほど大きな問題はなかった. 当時この村に入ってきたMo家族の広大な土地がそれを証明している. また第X-7図に示したのは1982年の航空写真から判読して作成した土地利用図であるが, Kダンボの東側のZ家とS家の土地にまだミオンボ林がたくさん残っていることがわかる.

しかし我々が調査を開始した1993年頃にはこのS家とZ家のミオンボ林も一部に残るのみで, それも日1日と焼かれていた. すでにこの頃, この村では土地の割換えは「使われていない未利用地を村に戻す」といった綺麗事ではすまない状況が起きていたことが理解できる. そこに「事件」が起きる下地があった. そのような事例を2例挙げておく. いずれもKダンボ周辺で起きた「事件」で, 村の草創期に広大な土地を割りあてられた農家の土地をめぐる村長と農家との対立を背景とした「事件」である.

(1) S家の土地をめぐる確執

Kダンボの西側にあるS家のアップランドの土地をめぐって1998年に事件が起きた. 2代目村長(J. C.)がその土地の割換えを要求したのが事の発端であった. 村長はその土地を, 彼の妻の親族に割り換えたいと言い出したのである. 村長の言い分は, Z家とS家に配分された土地はあくまでKダンボの東側の土地であり, このダンボの西側の土地は, 初代の村長が一時的にS家に耕作を許可したもので, この土地の用益権は村長家に属するものであるから, その耕作を辞めて欲しいというものであった.

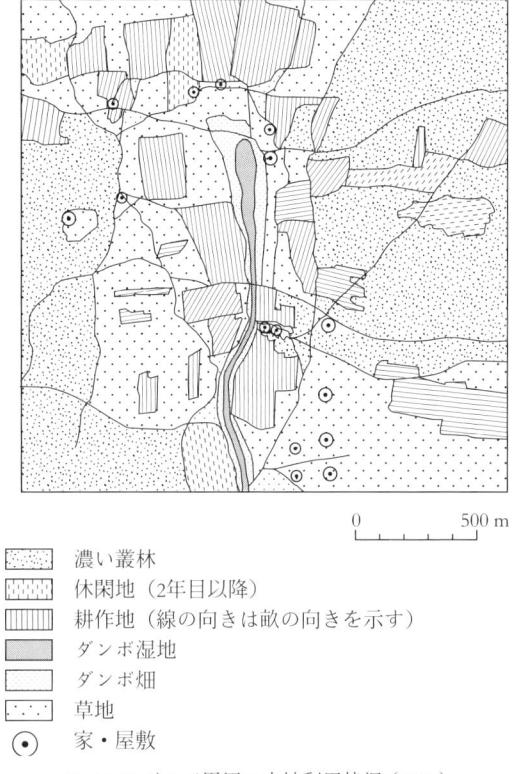

第X章　C村の農業生産とそれを支える社会関係　203

```
凡例：
濃い叢林
休閑地（2年目以降）
耕作地（線の向きは畝の向きを示す）
ダンボ湿地
ダンボ畑
草地
家・屋敷
```

X-7：Kダンボ周辺の土地利用状況（1982）

　これに対しJ. S.は，Kダンボの東側はもちろんのこと，このダンボ西側のこの土地もS家の土地として割り当てを受けたものであると主張した．もともとKダンボの東側が森林保護区から外されC村の領域に組み入れるにあたって貢献したのはJ. S.の義兄（姉の夫）にあたる国会議員と警察官の働きかけによるものであり，ダンボの東側は間違いなくS家の土地であり，この西側の土地もその時に初代目村長との間で用益権が認められた土地であると主張したのである．

　しかし2代目村長J. C.はJ. S.の主張を聞き入れず，1998年にそれまでJ. S.がトウモロコシを栽培していたその土地に，彼には無断で自分の妻の親族

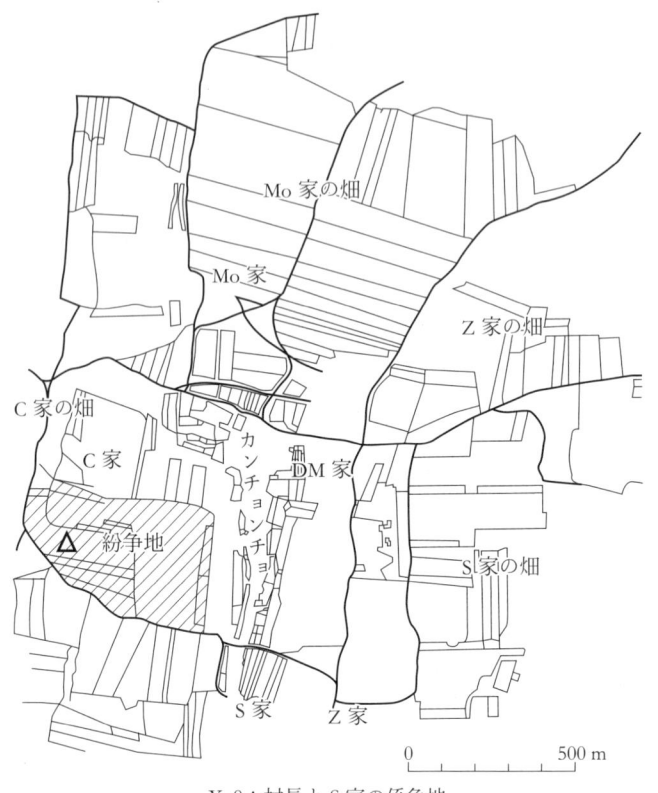

X-8：村長とS家の係争地

のための家を建てたのである(第X-8図の△の場所). 村長は, 再三にわたる土地明け渡し要求にも応じなかったので, あえてJ.S.の了承を得ることはしなかったのだという. それは村長として当然の権利だというわけである. しかしこれに怒ったJ.S.はこの小屋に火をつけ焼き払ってしまった. これに対し村長は, J.S.のこのトウモロコシ畑を正式に取りあげたばかりか, そのアップランドの前面にあったダンボ畑をも取りあげてしまい, それを村長の親族の家族に与えてしまった.

この土地を取りあげられた後, J.S.は首長宛てに村長の行為の不当性を訴える手紙を書く一方, 村長に代替地の配分を強く要求した. 首長への訴

えは村長を経由しておこなわれることになっているので、この手紙は村長の手元に留め置きされ、首長に届くことはなかった。しかし村長も、J. S. の訴えをまったく無視するわけにもいかず、彼に K ダンボの南東方向にある新しいダンボ畑を与えた。新しくあてがわれたダンボ畑は、家から遠いばかりでなく水位も低いとあって、J. S. はこの措置に不満であった。しかし、これによってこの焼き討ち事件は一応の落着を見たのである。

　この「事件」が起きた同じ年に、S 家の D. S. と M. S. の家の近辺に落雷があった。この落雷で、身ごもっていた D. S. の妻が流産し子供たちも 1 週間病院に入院する大けがをした。D. S. らはこの落雷を「村長の怒り」と関連づけて受け止めた。そして「落雷は 1 度落ちたところにまた落ちる」という言い伝えにしたがい、彼らは北東方向にある自分たちの畑の中に家を移すことにした。この移動は諺に従ったという以上に、村長と J. S. の土地争いに対する S 家の対応行動であるという面も伺える[97]。自分の家の領域内に世帯を分散させ、領域にほかの家族が分け入る可能性を少なくするという方法は IX 章 3 - (3) で Mo 家の例として示したが、それは Z 家でもおこなわれていた（第 X-9 図）。もっともこのような家族の領域内での世帯の分散立地の動きは、将来の家の分裂（各世帯が家として独立する）に備えているという面もある。たとえばこの時に S 家の中で家を移動した M. S. は、家長の J. S. とは異母兄弟であり、自分の母親と一緒に移ったのである。

(2) 村を出た Mo 家の事例

　Mo 家は入村時期が早く割り当てられた土地も大きいことはすでに述べてきた。この土地をめぐっては、2 代目村長の時から割り換えの要求がたびたび出され、Mo 家の家長 P. Mo. の心配事であった。1988 年に 2 代目村長が Mo 家の南端部の土地に D. M. 氏を招き入れそこに住まわせた時に、P. Mo. 氏が遠い親戚をそのすぐ北側に住まわせ、それ以上自分の土地が切り崩されないように配慮した経緯については先に述べた。

---

97) D. S. は、村長の呪いが落雷と関係していると言っていた。

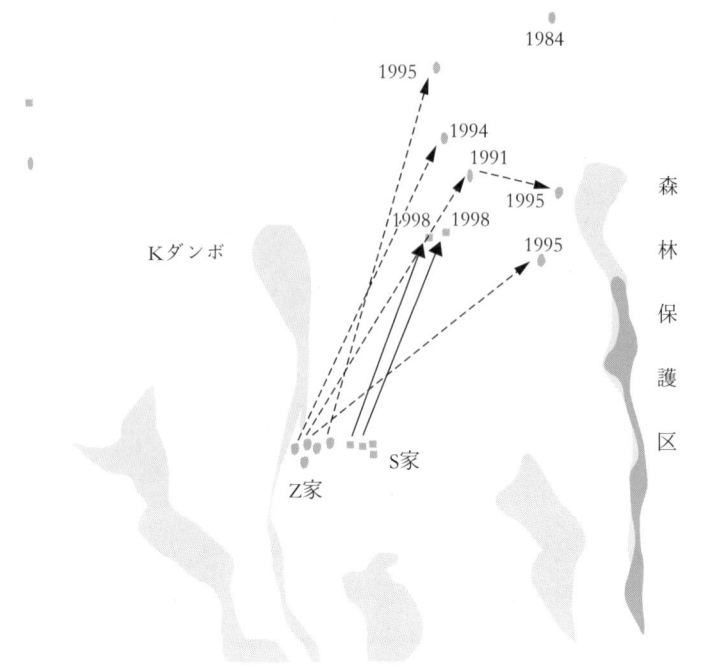

X-9：Z家，S家の居住地移動

そのような鞘当てがあった後も村長の土地取りあげ要求は続き，3代目村長になってからむしろその要求は強くなってきていた．そんな状況を嫌って，1995年に3男が，そしてその翌年に4男が相次いで村の東隣にある森林保護区に移り住んでいった．彼らはそこで広大な土地を切り開き，トウモロコシ栽培を始めた．広大な新開地でのトウモロコシ栽培は順調で，2人の世帯は2, 3年で牛車（スコッチ・カート）や犂を買い足し，新たに妻（多妻制）も迎え入れた．

これをきっかけに村長の土地引き渡し要求はより一層強まってきた．P. Mo. は，2代目村長の時代には村の長老会議のメンバーの1人であった．しかし3代目村長は1995年に長老会議のメンバーを新しく任命し，その時にP. Mo. をメンバーから外した[98]．村長は年老いた家長である P. Mo. を避けて彼の長男であるS. Mo. に土地の一部明け渡しを執拗に迫るようになった．

「Mo家の余った土地に新しい入村希望者を入れたい」というのである．もちろんS. Mo. も，P. Mo. と同じように度重なる村長の要請を断り続けてきた．Mo家には，離婚して戻ってきた女性世帯と夫が死亡して戻ってきた寡婦世帯もある．これから成長してくる彼女たちの子供のためにも是非ともこの土地を自分たちの土地として確保しておきたいと考えていた．森に移った兄弟たちもこの村の土地を取りあげられる危機を避けるため，雨季のはじめには，アップランド耕作を手伝うため森の中から犂と牛を持ち込み，以前とかわらない共同耕作を続けていた．

そんな時，2003年に長男のいちばん下の男の子が急死した．この死をきっかけに，Mo家は村長との対立から身を引くことを決意した．子供の急死が村長の呪術の力によるものだと思い込み，怖れを感じると同時に嫌気がさしたのである．長男の子の死は7月であったが，この年の雨季を待たずにS. Mo. は11月にこの村を離れた．彼の世帯は夜逃げをするようにC村を出て近くの森林保護区内のムクシ村でその年の雨季をすごした．耕作地はムクシ村の村長家の土地を借りた．そして翌2004年に今度はここから100km程北にあるスワカ人の村に移った．C村には未だにMo家の次男世帯と離婚女性世帯，寡婦世帯が残っているが，実質的な家長であったS. Mo. が不在になって以降Mo家のアップランドは一部荒れ始めている．それは村長が望んでいた，土地取りあげ要求を拒否できない状態になっている．

4──土地を巡る村レベルでの最近の変化

上記の2つの事例に見られるように，本来安全なはずの耕地も村長の要求次第では，安全なものではなくなる．村長の要求は，村長の個人的思惑があるとしても，語られるときには常に「入村希望者がいる，ほかの村人へ

---

98) ちなみにこの時には，村にきてまだ2年ほどしか経たない，政権党（MMD）の地区長を務める人物を長老会のメンバーの1人に任命した．3代目村長の村政は2代目村長に比べ，政治的行動がめだつようになってきた．

の割り換え」という形でなされる．そのため，S家やMo家の人々が経験したように，土地に対するアクセス権は，それを求めるほかの人からの圧力を常に受けているものと考えられる．

このような圧力に対し，用益権者は自分に割りあてられている土地に対するアクセス権が，自分たち（および子孫）の生活にとって必須なものであることを常に示しておくことが肝要となる．少なくとも外部からの割り変え圧力よりも自分たちの必要性の方が重要であることを主張しておくことが必要である．村長から見て相対的に広大な土地が割り当てられていると目されたMo.家の人々にとって，土地に対するアクセス権は安全とはほど遠い心痛の種であったといえよう．

C村における村長と各農家の土地配分を巡る力関係も絶えず変化してきた．1993年に2代目村長が死にその後を引き継いだ3代目村長は2代目以上に土地の割り換えに積極的であった．そのことは，村人にとっては自分の畑が取りあげられる危険性が高まってきていることを意味し，彼らは心穏やかではない．1990年代の後半以降C村を出る人が増えていることの原因の1つはこの点にある．

今回Mo家の人々が移り住んでいったスワカの土地では，村長と村民との土地を巡る関係が多少異なっていた．P. Mo.によれば，彼らがこのスワカの土地に移ったのは，この地における土地用益権をめぐる農民と村長との関係が新しいからであるという．このスワカの例はザンビアにおける土地をめぐる新しい関係を示す事例でもあるので，それについて少し説明しておきたい．

Mo家が移り住んだスワカ人の土地では，首長に3万クワッチャ（この時の為替レートで約1000円）を支払えば，耕作許可証が発給してもらえ，2年目以降は1万クワッチャで更新できるという．年老いたP. Mo.にかわりMo家の実質的な家長となっている長男のS. Mo.は，この地で土地が売りに出されていることを同じトンガの知人から聞き，150万クワッチャを支払って土地と家屋のすべてを購入し，2004年の7月にこの土地に移り住み，村長に耕作許可を申請し8月には耕作許可証の発行を受けた．

この耕作許可証は1年限りのもので，一定の条件を満たさなければ更新されないことが明記されている．この点では，C村における状態と実質的にはかわりがない．むしろ「合法的」に更新を拒否される危険性があるので，交渉の余地は狭められたとすら言える．しかしC村の場合と大きく違う点は，この村ではほかの土地に立ち退くときに，土地と家屋を自分の意志で売却できるという点である．土地の耕作権は，首長と村長によって認知されなければならないが，土地と家屋は他人に「売却」できるのである．新しい「購入者」も首長と村長から耕作許可書をもらわなければ農業ができないので，自由市場における土地の売買とは異なるが，少なくともC村におけるように，何の補償もなく村を無一文で追い出されることはない．

　このような，土地の「半自由市場」の評価に関してはいろいろ検討すべき点が多い．土地や家屋に対する投資分が農民の財産として売却できるという点は評価できるが，土地の立ち退きの最終決定権は相変わらず村長や首長が握っており，その権利が定期的に合法的に行使できるという点では，農民の立場はむしろ弱まっているといえるかもしれない．しかし，Mo家のように，計り知れない呪術の力におびえる農民にとっては，より公開性のあるこの制度の方が心休まるという．ちなみにP. Mo. は熱心なキリスト教徒で，日頃から呪術を嫌っていた．

第XI章

C村の変容にみるポリティカル・エコロジー：変わる農村社会と農業生産

1 ── 共同耕作の変化と「過剰な死」の関係

　アップランドの耕作で，拡大家族単位の共同耕作が広くみられることを述べたが，ここではその中でもとりわけ大きな集団で共同耕作をおこなっていたS家の共同耕作のやり方についてみておきたい．農業をおこなう上で極めて大事な共同耕作のシステムも，さまざまな状況の変化に応じて変化する．共同耕作が持つ積極的な意味にもかかわらずメンバーの中に不満を持つ者が現れることがある．それが結局共同耕作グループの分裂を引き起こすことになる．メンバーが抱く不満は1つの理由で説明できるものではない．さまざまな理由が複合的に重なって共同耕作を取りやめようということになる．ここでは，家族メンバーの「過剰な死」が共同耕作グループ分解の主要な要因になったと思われるS家の例についてみてみたい．

（1）S家のアップランドにおける共同耕作

　S家は，Z家と同じようにジンバブウェ（当時の南ローデシア）から移動してきた家族である．また現在住んでいるKダンボの東側の土地は，有力な親族に働きかけて森林保護区から外してもらってC村の土地に移管しても

第XI章　C村の変容にみるポリティカル・エコロジー　211

らったものであり，格別の感情を持っていることも先に述べた．このこともあってKダンボ周辺の土地をめぐって1998年に村長と対立したことも述べたとおりである．

1990年代の後半にはこの家の家長はJ. S.であり，彼が中心になり彼の5人の弟たち（D. S., C. S., S. S., M. S., Ho. S.）がそれぞれ世帯を持ちKダンボの東側の土地で農業をおこなっていた．S家の土地はMo家，Z家と肩を並べるくらい広く，Kダンボ周辺の中では3大家族の1つであった．3代目村長がこれら3家族の土地が広すぎると広言するようになってから，J. S.はS家の土地が必ずしも「安全」ではないことを感じていた．J. S.は，弟たちに対して自分たちがジンバブウェ人であり，この村の土地用益権が必ずしも安全ではないことを常に語っていた．そして彼は，家としてのまとまりを強調し，アップランドの耕作にあたっても家全体で共同耕作することの重要性を主張していた．こうしてS家のアップランドの耕作は，J. S.の強いリーダーシップのもとで大規模に実施されていた．耕起の開始や耕起の順序をJ. S.がすべて決めていた．

S家の共同耕作はショナで広くみられるやり方を踏襲したもので，男性の年齢順に畑を耕すというものであった．第XI‐1図では，J. S.が村長と土地をめぐり争っていた最中の1997/98年雨季の，S家の共同耕作の耕作順序を示している．世帯主J. S.の前にJaとHの畑が耕起されているが，2人はJ. S.の母たち（父親の第2夫人と第3夫人）である．つまり，先ず父親の世代の寡婦達の畑を耕し，その後でJ. S.を筆頭に彼の兄弟たちの畑を年齢順に耕すという方法をとっている．この年には，親戚（Haとその息子のB）の外，J. S.の息子（P）と友人の畑も第1巡目の共同耕作の中に組み込まれたため，耕作サイクルは非常に長いものとなった．この年の共同耕作の最初の1巡には4週間以上かかっていることがわかる．比較のためZ家の共同耕作についても示しておいた（第XI-2図）．

この共同耕作は，第1巡目が終わるとまた順番のはじめに戻って第2巡目の農作業に入る．この時に第1巡目で作付けが終了したり種子がなくなった畑の作業は省略され次の畑に作業が移る．実際に1997/78年の例で

XI-1：S家の共同耕作順序

(1)	JaJaHHJoJo DDCCSS MMHHHH PPOOBB PP				(1997/98)
(2)	JaJaHHJoJo DDCCSS MMJaJaHH JoJoDDCC SSMM				(1999/2000)
(3)	上記の共同耕作は2000/01年にJo, D, Cの兄弟間で分裂：				(2000/01)
	(i) JoJoJoJaJa JoJoJoJaJa *JoJoJoJoJo* JoJoJo*J*sBP				
	(ii) DDDDDD 後は依頼耕作で耕起				
	(iii) CCCMMH CCCMMH *CCMJa*CC CCCCCC CCC				
					Mはこの後友人に依頼
	一巡目	二巡目	三巡目	四巡目	五巡目

各共同耕作の参加者名（家長Joから見た関係）：
(1) S.家の共同耕作（1997/1998）： Ja（父の第一夫人），H（父の第二夫人），Jo（家長），D（弟），C（弟），S（弟），M（弟），H（親戚），H（弟），P（息子），O（甥），B（親戚Hの息子），P（息子）
(2) S.家の共同耕作（1999/2000）： 氏名同上
(3) 分裂後のS.家の共同耕作（2000/01）： 氏名同上

XI-2：Z家の共同耕作順序

NNEENN	AAPPGG	CCNNEE	NNAAPP	GGCC	(1)
MMCCSS	RRMMCC	SSR*RMM*	*CCSS*RR	MMCCSS RR	(2)
JJFFLL	JJFFLL	*JJFFLL*	JJFFLL	JJFFLL	(3)
DDRRFF	DDRRFF	*DDRRFF*	DDRRFF	DDRRFF	(4)
一巡目	二巡目	三巡目	四巡目	五巡目	

Z家の共同耕作（世帯主から見た関係）
(1) Z家の共同耕作（N.Z.世帯：1989年以前）：N（世帯主），E（弟），N（弟），A（弟），P（息子），G（息子），C（息子）
(2) Z家の共同耕作（C.Z.世帯：1999/00）： M（母），C（世帯主），S（弟），R（弟）
(3) Z家の共同耕作（F.Z.世帯：1999/00）： J（母），F（世帯主），L（息子）
(4) Z家の共同耕作（D.Z.世帯：1999/00）： D（世帯主），R（息子），F（息子）

は，親戚の畑（HaとB）や友人の畑，さらにJ.S.の息子達の畑の耕起は1巡目で終わり2巡目からはおこなわれなかった．またJaとHの畑の播種は2巡目の途中で終わり，3巡目からはJ.S.の畑の農作業から始められた．

　共同耕作の順序は，作物の生長や世帯の必要性に応じて変更することが

ある．特に 2 巡目以降は耕作順序が不規則になることも多い．作業内容も畑によって，犂を使った耕起の場合もあればハローを使った砕土や除草の場合もあり，共同耕作の順番や内容は適宜変更される．それでも第 1 巡目の耕起作業は，年齢順におこなわれることが多い．

S 家のように共同耕作の規模が大きくなると，各自の畑に耕起（播種，除草）作業の順番が回ってくる間隔が長くなる．さらに巡回順位の遅いメンバーにとっては，第 1 巡目の作業が遅すぎることが不満の種になる．適作期を逃す危険性が高いためである．このため，大きくなりすぎた共同耕作のグループには分裂の力が働くことになる．共同耕作は，少ない農業資本の共同利用という点では相互扶助と規模の効果が出るが，農作業の適時性という点からみると，参加メンバーのなかに不満を生む．特に耕作順位の遅い若年層の不満は大きくなる．特にこの若年たちが自分の世帯を持ち子供たちも大きく成長してくると，複数世帯でおこなう大きな共同耕作グループが重荷となる．そうした中で共同耕作の単位が家から世帯に分裂することになるのである．このような，家が分裂してくる過程で，この共同耕作の規模の問題が果たす役割は小さくないと思われる．

この S 家の場合もそうで，J. S. の弟たち（特に D. S. と C. S.）は 1990 年代の後半には，自分で独自に共同耕作を組みたいと切実に考えはじめていた．1991 年に肥料に対する政府の補助金がなくなり肥料の購入に苦労していた D. S. や C. S. は，ほかの村人と肥料の共同購入の可能性を相談していた．自分たちで肥料が手に入れば，雨季がきた適作期にトウモロコシを植えることができる．政府の農業政策が急変する中で，大きな共同耕作方法は S 家の若者世帯にとって極めて不利なやり方に映ってみえるようになった．

そんな若者世帯の要求を抑えていたのは家長の J. S. である．彼は，自分たちがジンバブウェから来たよそ者であるという危機感を強調し，家族が常に団結していることが大切であると考えていた．しかし J. S. といえどもあまりに長くなりすぎた耕作サイクルの弊害は取り除こうと思ったのか，1999/2000 年には 1 サイクルの長さを 2 週間あまりに短縮した．しかし，D. S. と C. S. の要求はさらに強いものとなり，結局 2000/01 年の雨季作で

S家の共同耕作は、3つのグループに分割されることになった.

　この共同耕作のグループが3分割されることになった原因は、もちろんD.S.とC.S.の数度にわたる要望があってのことであるが、この年にJ.S.が彼らの意見を受け入れるようになったきっかけを明らかにするには、その前年の2000年にS家で起きた一連の出来事を明らかにしなければならない. 2000年には、S家の重要な働き手であったS.S.が死亡した. その直前には、有力政治家に嫁いでいたJ.S.の姉が亡くなっていた. このためこの年、家長J.S.は村を離れることが多く、実質的にS家の共同耕作の指揮を執れなくなっていた. そして2人の弟たちもS.S.の入院と葬儀などのために多くの時間と労力を割く必要があり、収穫が非常に悪かったのである.

(2) S家の共同耕作の組み替え要因

　S家の共同耕作のグループが2000/01年の雨季作に3つのグループに分裂するにいたった経緯を説明するには、その前年にD.S.やC.S.がどのような不満を抱えていたかを明らかにしておく必要がある. それにはS家における親族の度重なる死について述べておくことが必要であろう. 第XI-3図はS家における近年の死亡者を表している. 1990年代後半以降死亡者が急増している. 1998年に2人、1999年に4人、2000年に5人、2001年に1人、2002年に2人、そして2003年に2人、2004年に2人といった具合である. このうち2003年の死亡者のうちの1人が家長のJ.S.自身であった.

　これほど多くの死が続くことに関してJ.S.氏も生前「何かがおかしい」と言っていた. この死亡例の中にHIV・エイズによる死が含まれているかどうかは判断することはできない. しかし家長もこれまでになかった多くの死に直面し、戸惑いを隠さなかった. このような予期せぬ多くの家族の死を、ここでは「過剰な死」と呼んでおく. このS家の例は、Kダンボ周辺の家ではほかに例を見ないものであった.

　「過剰な死」が共同耕作に与える影響には、共同耕作の担い手を失うという直接的な影響もあるが、多くは間接的な影響である. 家族や親族が病気になると、家長はもとよりその他のメンバーもできる限り見舞いや農作

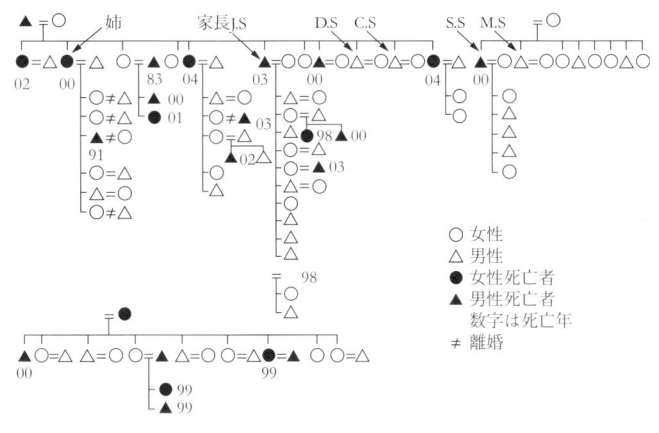

XI-3：S家における「過剰な死」

業の手伝いに出かける．また家族や親族が亡くなると葬儀の準備や喪明けの儀礼，そして相続に関する相談などが続く．家族全員が一連の出来事に何らかの形で関わるが，家長の役割は特に大きい．

　S家にとって最も大きな衝撃を与えたのは，2000年に当時まだ30歳代後半であったS.S.が死んだことであった．S.S.はS家自慢の働き者で，1999年にンドラ郊外にある姉の大農場で農業を手伝うために送り込まれたばかりであった．その農場は前政権（カウンダ大統領）時代の1980年代末に大臣を務めていた有力政治家の農場である．姉がこの政治家の妻で，この政治家こそKダンボの東側を森林保護区から外すために尽力した人物である．大規模な農場を所有するこの姉の家で，トウモロコシ栽培を手伝うためにS.S.は送り込まれた．

　彼がこの農場に移った直後の2000年1月にその姉が亡くなり，そして3月にはS.S.自身も体調を崩したのである．当初彼はマラリヤに罹った程度に考えていた．しかし体調が回復せず，5月には病院に入院せざるを得なくなった．病院に18日間入院の後治療の甲斐もなく彼は6月に病院で死亡した．

　この姉が死んだ時，J.S.と姉の子供たちの間でちょっとしたトラブルが

持ち上がった．それは故人が生前 J. S. に貸していたトラックと乗用車，製粉機をめぐるトラブルである．J. S. たちは，トラックを収穫物の運搬や収穫の手伝いなどに故人の家に出かける時の交通手段として利用し，製粉機は村の中でトウモロコシを製粉して手数料をとるために活用していた．これらの車や製粉機は C 家の家計を助けていただけでなく，S 家の人々が姉の家へ手助けに行く時にも役立っていた．

しかし，葬儀の時に故人の子供たちは，それらの車と機械は父が買ったものであるので，故人(母)のものではないから，返却するよう求めたのである．J. S. や D. S., C. S. らはその言い分に納得せず，争いは S. S. が死亡した後まで続いた．結局，J. S. らはトラック，乗用車，製粉機をすべて失い，息子達がンドラ近くの大規模農場に持ち帰ってしまった．J. S. は，この交渉と，この後に起きた S. S. の入院治療費の負担を巡る交渉に忙殺されることになった．

ところで S. S. が体調を崩し入院することになると，J. S. は，2 人の弟 (C. S. と M. S.) をトウモロコシの収穫作業手伝いのために再び姉の家に送り出した．C. S. と M. S. は，自分の畑のトウモロコシ収穫作業を家族に任せて姉の家に出かけ，S. S. に代わって収穫作業をおこなった．

S. S. の入院費用は 200 万クワッチャ (当時の為替レートで約 7 万円：1 US$ = 3200 クワッチャ) にも達した．その支払いの一部に当てるために J. S. は，S. S. の牛 2 頭を売却 (70 万クワッチャ) し，さらに収穫したトウモロコシの中から 85 袋 (90 kg/袋) を売却 (65 万クワッチャ) した．それでも入院費の支払いには足りなかったので，義兄 (政治家) に援助を仰いだ．幸いこの年の義兄の家のトウモロコシ収穫量は 200 袋と多かったので，何とか工面してもらうことができ病院への支払いを済ませることができた[99]．S. S. の葬儀に際してさらに牛 1 頭を屠殺し，結局 S. S. が所有していた牛は，雄牛 1 頭と雌牛 1 頭しか残らなかった．

---

99) 姉の死で問題となったトラックや乗用車，製粉機の相続の話とこの医療費負担の話しとが絡まり，J. S. は前者の話を諦めざるを得なくなったようである．

J. S. は，S. S. の入院に先立つ3月には自分の子供を亡くしており，2000年の雨季には心も体も休まる暇がなかった．彼の家では，彼に代わって異母弟の D. S. が農作業の指揮をとっていた．村に残った D. S. の世帯も，姉の家の収穫に手伝いに行った C. S. と M. S. の世帯も，この雨季のトウモロコシ生産は出来が悪く，そのうえ収穫間際に盗難に遭って収穫量はさらに減った．

　もともと大規模な共同耕作に不満を持っていた C. S. と D. S. は，この翌年の雨季作の作業にあたっては共同耕作の単位を小さく分割するよう J. S. に懇願した．自分で肥料を入手し，計画的な耕作をおこないたいと考え始めていた C. S. や D. S. にとって，共同耕作は不都合なシステムとなりつつあった．加えて今回の事例で示したように親戚の家で死が相次ぎ，J. S. の指示のもと S 家全体の畑の管理を任されたり援助にかり出されたりすることが多くなると自分の畑の生産がおろそかになりやすい．こうなると共同耕作は2人にとって負担のみ多く自由のきかない仕組みのように感じられるようになってきていたのである．

　姉の死とそれに次ぐ S. S. の死で，弟たちに過重な負担を強いていた J. S. はその希望を受け入れざるを得ず，2001年の雨季の共同耕作では3つのグループに分割することに同意した．こうして 2000/01 年の共同耕作は，J. S. と C. S., D. S. の3つのグループに分裂した．

2——孤児養育の問題

　ところで前項で述べた「過剰な死」は，農作業以外にも農家や世帯にさまざまな影響をあたえるようになってきた．その中で重要な問題になりつつある孤児の養育問題について少しみておきたい．第 XI-3 図に示したように，S 家では 1980 年代後半以降多くの人が亡くなっている．この「過剰な死」により，S 家では孤児の養育の問題が深刻化していた．

　第 XI-1 表は戸数 120 戸あまりのこの村において 2002-03 年に亡くなった人の数である．交通事故死 (1) と被殺害者 (3)，自殺者 (1) の5人を除きあ

表 XI-1　C村における二年間の死亡者 (2002-03 年)

被養育者を残した例	被養育者を残さなかった例
2002 年	2002 年
女性 30 代：病死 * 男性 30 代：病死（上記の夫）*	幼児（女）：病死（左記の子供）* 男性 10 代：病死 女性 20 代：殺害 男性 20 代：自殺（上記夫） 男性 20 代：病死
2003 年	2003 年
男性 40 代：事故死 男性 50 代：病死 女性 30 代：病死 男性　年齢？：病死 男性 40 代：病死 男性 50 代：病死 女性 20 代：病死 女性 60 代：病死	女性 20 代：病死（上記の妻） 幼児（男）：病死 女性　年齢？：病死 女性 20 代：病死 女性：20 代：病死 女性　年齢？：心臓病

との17人が病気で亡くなっている．このうち＊をつけた3人はHIV・エイズによる死亡の可能性が極めて高い人たちである．ほかにもその可能性が疑われるものがあるが，正確にはわからない．現在のところこの村ではHIV・エイズが広く確認されている訳ではなく，一部の世帯に集中して見られる．また「過激な死」も広く見られる現象ではなく一部の家に集中している．それらの家では，親の死に遭遇した子供たちが少なからずいて，彼らの養育が問題になりつつある．

　ここでは事例として3家族をとりあげてみたい．まず多くの家族の死にもかかわらず多くの孤児を養育したE. Z. の例をみてみる．次にHIV・エイズの可能性が高い死亡例を出したC家の例を検討する．この2つの家族の例は，多くの孤児を抱えているものの，家族内で養育問題を「解決」している例である．これに対し，先に第 XI-3 図で示したS家の例は，子供の養育を巡って世帯間で多少の争いが起きた事例であり，家族内での養育に限界が生じつつある事例である．

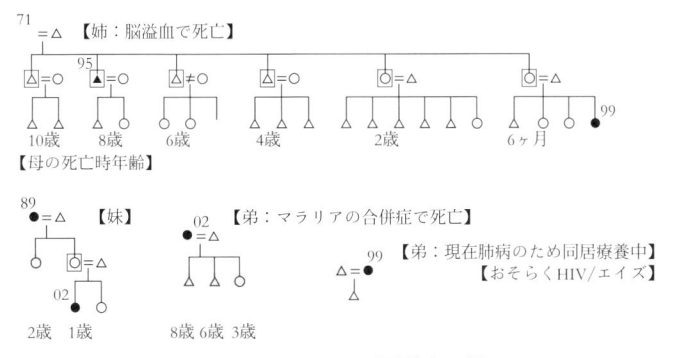

第XI章　C村の変容にみるポリティカル・エコロジー

```
    71
     =△　【姉：脳溢血で死亡】
  ┌──┬──┬──┬──┬──┐
  △=○ 95       △≠○   △=○   △=△   ○=△
     ▲=○
  │   │   │   │   │   │     99
 ┌┴┐┌┴┐┌┴┐┌┴┐┌┴┐ ┌┴┐   ●
 △△△△△△△△△△ △△
 10歳 8歳 6歳  4歳  2歳  6ヶ月
【母の死亡時年齢】

  89
   ●=△　【妹】　 02          【弟：マラリアの合併症で死亡】
    │          ●=△
   △=○        │                      【弟：現在肺病のため同居療養中】
    │        ┌─┴─┐           99     【おそらくHIV/エイズ】
    ●        △ △ △         △=△
   02                         │
  2歳 1歳   8歳 6歳 3歳       △
```

XI-4：E. Z. にみる孤児養育の例

　まずE. Z. の孤児養育の例をみてみよう．E. Z. はZ家の最長老であるDa. Z. の第2夫人である．彼女は1990年にDa. Z. と結婚してからも村に住むことはなく，ずっとカブエの町に住んできた．2000年10月に第1夫人が亡くなってからは彼女も村に来る頻度が高くなってきているが，それでもカブエの家にいることの方が多い．彼女には養う家族が多く，Da. Z. もそのことを承知で彼女を第2夫人に迎えたのである．Da. Z. は，ダンボで取れた野菜をカブエの町に売りに行った時に彼女の家に泊まってくるという生活を永らく送ってきた．彼女がカブエの町で同居している家族とはその多くが彼女の親族の孤児らである．

　彼女の孤児養育の実態を示したのが第XI‐4図である．この図で□で囲ってある人は彼女がかつて養育していた甥や姪であり，網掛けのある人は2004年現在養育中の子供たちである．彼女が最初に引き取ったのは姉の子供たちである．姉が1971年に脳溢血で亡くなった時，彼女の子供たちは10歳の長男から生後6ヶ月の次女までの6人（男4人，女2人）いた．それらすべてをE. Z. は引き取った．この子供たちは現在いずれもE. Z. の元を離れて生活している．次に彼女が引き取ったのは，1989に亡くなったすぐ下の妹の娘2人である．2002年には，別の妹の子供3人（男2人，女1人）も引き取った．このうち1人はすでに結婚しE. Z. の家を出ているが，残り2人は今も彼女の世話になっている．さらに彼女は病気がちな実の弟も自

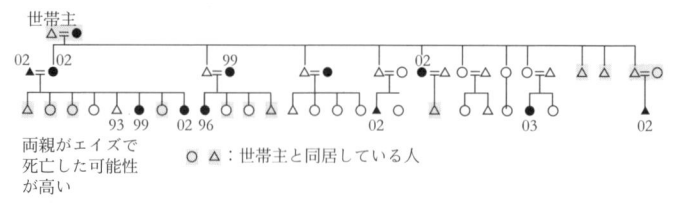

```
         世帯主
         △─●
       02│ │02
   ┌───┴─┴───┐ ┌───99──┐ ┌───┐ ┌──02──┐ ┌───┐ ┌───┐ ┌───┐
   ▲─●       │ △─●     │ △─● △─●  △─● △─● △─● ▲─● △─●
 02│ │02     │         │     │        │     │     │     │
 △△●●△       │ △○○     │ ○   △        ○     ●     ▲     ●
 93 99 02 96                 02                   03    02
 両親がエイズで    ○△：世帯主と同居している人
 死亡した可能性
 が高い
```

XI-5：HIV/エイズによる死者を出したC家の例

宅に引き取り世話をしている．この弟は 1999 年に妻に先立たれ，その後 4 年間も病気のままで E. Z. の家で療養生活を送っている．この弟の日常的な世話は彼の子供がしている．E. Z. はこの弟の病気の原因はエイズであると考えている．

　彼女がこれほど多くの甥や姪の養育を引き受けることができたのは，彼女が金属工業所を退職して始めた溶接業が何とか軌道に乗っていたためである．また 1990 年に Da. Z. と結婚してからは，Da. Z. がカブエの町にトマトやスイカを売りに来る時に持参するトウモロコシが彼女の孤児養育を大いに助けてくれたと彼女は言っている．この E. Z. の養育の例をみていると，経済的に安定した収入があれば都市居住者でもかなりの数の子供たちを養育できることを示している．

　次に，第 XI-5 図に示したのは HIV・エイズによると思われる死者を出した C 家における養育の実態 (2004 年 8 月) である．この家の世帯主 (E. C.) には 6 人の息子と 5 人の娘がいた．このうち長男と長女が 2002 年に相次いで亡くなり，その子供たちを現在養育している．現在 E. C. と同居して畑仕事や家事を手伝っているのは，4 男，5 男，6 男の 3 人の成人男性である．この家では 2004 年時点では，2002 年に亡くなった長女の子供 4 人 (男 1 人，女 3 人)，長男 (妻が 99 年に死亡) の子供 3 人 (女 2 人，男 1 人)，2002 年になくなった次女の娘，の合計 9 人の子供が養育されていた．E. C. は，養育の必要がある孫たちを兄弟姉妹一緒に育てることが大切だと考え，このように多くの孫達の面倒を見ているのだという．

　幸いこの C 家には世帯主である E. C. のほかに成人男性が 3 人も居り，ま

た村の有力者の家系で耕作地も広いので、食糧に不足を来すような心配はあまりない。それどころか、養育されている子供たちの中にも家事や農業の重要な担い手に育ってきている者もあり、C家では孫の養育による経済負担がただちに家計を圧迫することになる危険性は少ない。親を亡くした孫たちは必ず自分の手元で育てるという強い意志を持っているE.C.が健在であるかぎり、C家では孤児の養育は家族内部で吸収されることになろう。

以上2つの例は、いずれも経済的余裕がある家族内での養育の例であり、「過剰な死」によって生みだされた孤児は家族内に留まり、養育の問題もその中で「解決」されていたといえる。しかし、この村でもすべての家でこのような事例のように孤児養育の問題が「解決」されている訳ではない。経済的な余裕がない家族の場合には、孤児の養育は大きな負担となる。そんな事例が次にあげるS家の例である。

S家がKダンボ周辺の農家の中でもとりわけ「過剰な死」を経験していた家であることは先に述べた。今回取りあげる孤児の養育者の変更例は、そんなS家で起きたことである。2000年に亡くなったS.S.には5人の子供がいた。いちばん下の乳飲み子は母親が彼女の故郷に連れて帰り、長女と長男、次男、3男がS家の中で養育されることになった。相談の結果、長女と長男、次男の3人がD.S.に預けられ、3男はJ.S.が引き取ることになった。子供の養育者を決める話し合いの時に養育を自ら申し出る者がなく、家長J.S.の強い意向によってこのような養育者が決められたという経緯がある。

しかし3人の子供を引き取ることになったD.S.の世帯では、3人の養育が重荷であった。彼は建築（レンガ作りの家）や機械修理の技術[100]を持ち、

---

100) 製粉機の修理を4万5000クワッチャから7万クワッチャ（当時の円換算で約1400円から2150円程度）で請け負っている。雨季には牛車（スコッチ・カート）のベアリングの修理依頼が多い。彼はこの技術を見込まれて、2004年には岩山の向こうにあるジンバブウェから来た白人農場で、日当9000クワッチャのレンガ工として働いたこともある。

表XI-6：S家における養育者の変更
—2000年に亡くなったS.S.の子供たちの例—

S.S.の子供 (2000年の年齢)	養育者（被養育者から見た関係）（移動年）		
長女 (16)	→ D.S.(異母兄)(00)	→ 祖母 (01)	→ 結婚 (04)
長男 (14)	→ D.S.(異母兄)(00)	→ M.S. 同母兄 (01)	→ 祖母 (01)
次男 (12)	→ D.S.(異母兄)(00)	→ M.S. 同母兄 (01)	→ 祖母 (01)
三男 (11)	→ J.S. (異母兄)(00)		
次女 (4)	→ 母親の故郷 (00)		

不定期に現金収入を得る機会はあるが、農業はあまり得意ではなくトウモロコシの生産は何時も自給水準が維持できる程度に過ぎない。また3人の子供が異母兄弟の子であり、同母兄弟であるM. S.こそ子供たちの養育者にふさわしいと考えていたことも、彼が孤児の養育を辞める理由になっている。2001年に共同耕作の単位が小さくなり、異母兄弟の間で共同作業が別々になる機会を捉え、自分に預けられた子供たちを異母（と彼女の子供M. S.）に預け替えすることにしたのである（第XI-6図）。

　HIV・エイズに関する報告書では、本来養育すべき親族以外の人に養育される孤児が増えていることが報告されている。中には養育者がおらずストリート・チルドレンとなる子供達もいることも報告されている。このS家でみられた孤児の譲り合いは、未だ不適切な養育者の問題とはいえない。しかし農村部においても、親族の中に孤児の養育が過重になってきている世帯があることを、この例は示しているといえよう。C村においてはいまだ拡大家族内部での孤児の養育能力（セーフティ・ネットの役割）が機能しているといえるが、家族や世帯の経済条件や家族構成などの条件次第では、孤児養育の問題はこの村においても早晩家族の内部で吸収し得ない問題になる可能性があるといえよう。その場合に農村部では、各家に従属人口を支えるだけの基幹労働力が充分にあることと、その労働力を生産に活用できる充分な耕作地が確保されていることが重要な要件をなしていると思われる。アップランドやダンボの土地へのアクセスの善し悪しは、ここでも重要な意味を持っているようである。

3——森林破壊

C 村の東隣が森林保護区（ムヤマ森林保護区）であることは村の歴史のところで述べてきた．S 家の人々が追い出され，逮捕された森である．しかし，その森林保護区が現在は立派な農村地域に変貌してしまった．森林保護区の規制が外されたわけではない．その規制が残ったまま人々の流入が続き，もはや「違法」流入者を強制的に追い出すことも不可能なほど多くの農民が定着しているのである．また，彼らを追い出したところで，もとのミオンボ林に戻るにはどれほどかかるのか分からない．少なくとも保護すべき森林は耕作ができないムカンワンジの岩山と基盤岩が露出している一部の平地を除いて残っていない．どうしてこのようなことが起きたのであろうか．このことは 1990 年代以降の政治変動を抜きには考えられないと思われるので，その点について述べておきたい．

(1) 森林保護区内への移住

1995 年に Mo 家の 3 男が隣の「森林保護区」に移ったというのでその移住先を見に行った．まだミオンボ林がかなり残っており，道はその林の中を車がやっと通れるほど細いもので，所々切り株が顔を出し運転手を悩ませた．林の切れ間から時々みえる家はいかにも開拓農家然としたもので，C 村で普通に見られる土レンガの家ではなく，丸太を利用したログ・ハウス風の家が多かった．人々は車で駆けつけた我々をいぶかしがるように家や木の陰からひそかに見ていたが，誰一人として話しかけてくる人はいなかった．それは「森林保護区」への移住行為がまだ公式に認められていないのではないかという思いを私に抱かせた．

しかしこの前年，村でのインタビューで，リテタ首長がある公的な場所で「植民地時代に『奪われた』森林保護区に，人々が開拓入植することを認める」発言をしたということを私は聞いていた．Mo 家の 3 男（Z. Mo.）が森に入ったのもそれを信じたからに違いない．それでも森の中で我々の車

写真 XI-1　ミオンボ林を焼き払い，耕起を待つばかりの森林保護区の畑.

を見る人々の目は，何かを恐れているような感じであった．不思議なことに，リテタ首長の発言があった正確な日時と場所を聞いても，誰もその質問に正確には答えないのである．直接首長の発言を聞いた人は村にはいないようであった．誰に聞いても，「自分は直接聞いたわけではないが，そのことは皆知っている」という言い方をする．村長に聞いても，自分は直接聞いた訳ではないがその発言があったことは確かだという．そのような言い方で人々は森の中への移住を正当化しているようであった．

　そう言えば，リテタ首長はその少し前の 1992 年に，土地権利書の発行について言及し，希望する者は積極的に村長に申し出るように，と言ったばかりであった[101]．この年は，政府によるトウモロコシの買い上げが廃止された[102] 年である．1991 年と 1992 年は，政権の交替と経済政策変更がおこなわれ，政治や経済の変革の影響が農民の日常生活レベルにまでおよび始

---

101) C 村の村長がこの発行については後ろ向きであったので，この村では一件も土地権利書の発行は認められていない．

めてきていた．人々は長年続いた一党独裁の終焉と新しい時代の到来を実感し始めていた．そんな時の噂であったので，首長の森林保護区移住許可発言の言説は，ことの真実はともかく人々の心を動かす力を持っていたといえよう．

その言説を信じてC村からも何人かが森の中に「入植」した．先に述べたMo家の兄弟やN.C.などが真っ先に森に入った．彼らは森の中に新しくできたというチュルベリ村の村長（同じくC村出身）に金を払い，1995年には森の開拓を始めた．タンザニア人の炭焼きを雇って森を拓き，森に入った翌年には大量のトウモロコシを収穫した．N.C.はMo家の土地に居候させてもらっていたので，森に移ることに積極的であった．彼は森に入って2, 3年のうちに広大な耕地とダンボ畑を作り，自ら「ビッグマン」と名乗るほど富かな農民になった．

私が最初に訪ねたZ. Mo. もC村にいた時の3倍〜5倍の生産をあげ，豊かな農民となっていた．Z. Moとその弟のRa. Mo. は，C村の村長の土地割り換え要求に嫌気をさしていた．家族も増えC村の土地ではいずれアップランドの耕地が狭くなると考えていた2人が，Mo家の将来のために森林保護区の中に入ったのである．KダンボにあるMo家のダンボ畑も少しずつ収穫が落ちてきていて，新天地で良いダンボを手に入れたいと考えていたことも大きな理由であった．切り開かれたばかりのミオンボ林跡地は生産性が非常に高いことを彼らは良く知っていた．彼らの期待に違わず，入植先での彼らのトウモロコシの生産は，1997/98年に300袋（90 kg），1998/99年に500袋，1999/00年に550袋と，C村にいた時の平年の収穫高60-70袋の5倍以上であった．Z. Mo. は1998年に第3夫人を迎え，さらに第2夫人の弟，第3夫人の兄，さらに第1夫人の母も彼の家に呼び寄せ農

---

102) 農民達は，政府によるトウモロコシの買い上げにはたくさんの不満を抱えていた．買い上げ価格が安すぎるとか支払方法が悪い（翌年の播種期まで換金できない小切手で渡された）といった理由からである．しかし，その制度が，政権交代の翌年には破棄され，かわりに商人と庭先で直接取引せざるを得ない自由販売制になると，農民達は喜びよりも戸惑いを口にするようになった．

写真 XI-2　森林保護区の中で農業をはじめ豊かになった Z. Mo. と父親の P. Mo.(トラクターに乗っている).

業に従事させていた．それでも労働力が足りず，農業労働者を4人も雇っていた．1999年には中古のトラクターを400万クワッチャで購入し，牛車(スコッチ・カート)も2台購入した．

(2) MMD 政権の発足と森林破壊

ところで，リテタ首長の森林保護区への入村許可発言の言説はどうして創りあげられてきたのであろう．それは1991年の選挙による複数政党制民主主義運動(MMD)政権の樹立と深く関係していると思われる．C村の人々にとって新政権の MMD は身近な政党であった．村長もリテタ首長も選挙期間中から MMD を推してきたからである．

1995年に2代目村長が亡くなったときに，葬儀委員長を務めたのが中央州の副大臣のムルル氏であり，この葬儀に MMD 新政権のもとで第1副大統領を務めたムワナワサ(L. Mwanawasa[103])氏も同席した．2代目村長の妹がムワナワサの夫人であったためである．このような MMD との強い繋がり

が，首長や村長に「勇気」を与え，それが森林保護区内への「入植許可」発言に繋がったといえるかも知れない．村人達にとっても，「怖くて権威もあった」政府がなくなり，自分たちが投票して身近な政府ができたように映った．UNIPによる1党独裁時代には怖かった森林保護官も，もはや恐れをなす存在では無くなってきていたようである[104]．

　MMD政権は，いろいろな制度の変化のなかで地方分権化にも力をいれると言明した．これを受けて一部の伝統的支配者や村長たちの中に，土地に対する権限強化や伝統文化に見直しを訴える動きがでてきた．森林保護区に関するリテタ首長の発言の言説も，このような政治的背景の中で広まったのである．植民地時代に白人政権に「奪われた」森林保護区に対して自らの「正当な権利」を主張し始める環境は整っていたといえよう．

　この言説がまったく根拠のないものとは思えない点もみられる．実際に人々が森の中に移住する仕方を見てみると，森林保護区内への入植（森林破壊）は，首長の任命を受けた村長の管理のもとで秩序立っておこなわれているからである．入植者たちは村長に入村料なるものを支払う．その金額は教えてもらえなかったが，入村料の存在自体は聞き取りで確認している．おそらく，森林保護区で新しく村長になった人たちも首長に何がしかの許可料を支払っているに違いない[105]．と考えると，森林保護区への人々の流入は首長は知りつつ黙認しているとしか考えられない．

　1990年代末にほかの森林保護区で，政府による強制退去が実施されたことがある．そのことを聞いたリテタ首長は，「自分が森林保護区への入村を

---

103) この葬儀の時にはムサナワサ氏は第2副大統領の地位を降りていた．また1991年に遭った交通事故の影響で政治家としての生命を終わったと思われていた．当時の彼の演説が生彩のないものだったため，2001年の大統領選挙に彼がMMDから立候補すると聞いた村人の中には，「彼に大統領が務まるはずがない」というものもいた．しかし，2001年の大統領選挙において彼は勝利し2002年以来ザンビアの大統領の職にある．
104) 全員が安全と考えたわけではなく，かつて警察に逮捕され結局森林保護区から追い出されてC村に落ち着いたジンバブウェ出身者たちは，森の中には入っていない．
105) この点は確認されていないが，別の森林保護区において環境省が不法侵入者の強制退去を決定した時に，首長がそれに非協力的な対応をして逮捕されるという事件が起きている．首長が積極的に関わっているケースもあると思われる．

認めたことはない」と主張しはじめたという[106]．

　C村から森林保護区に多くの人達が移っていくことになった理由には2代目村長の死も関係している．村長の死が急だったことと死に至るまでの病状が尋常でなかったことが人々に恐怖心を呼び起こした[107]．アフリカでは，村長の死を土地の汚れや地力の衰えと関連づけて考えることがある．この村でもそのことに言及する人がいた．しかしこの村の場合，2代目村長の死後C村を出て行く人が多かったのは，新村長がレンジェ中心主義を広言していたからである．それを嫌っていた他民族の人たちの中には，村長の死に関わる一般的言説を語って森の中に移っていった人もいると考えられる．いずれにしろ，森林保護区に入りたいと考えた人にとっては村長の死も恰好の理由となった．

　こうして，ダンボ畑でダンボ耕作をしたい農民，もっと広い土地が欲しい農民，村長の割り変え要求に嫌気をさした農民，などいろいろな理由をもつ農民達が首長発言や村長の死をきっかけに森林保護区の中に殺到することになった．UNIPからMMDへの政権の交替，新政権による新しい経済政策の開始など，この時代は森林保護区内に入るための理由とすべき言説が沢山あったということができる（第XI-2表参照）．

表 XI-2　森林保護区への入村時期に起きた事件

1990	複数政党制導入
1991	複数政党制民主主義運動（MMD）勝利
1992	トウモロコシの買い上げ廃止
	首長：土地権利証書の発行について言及
1994	首長：森林保護区への「入村許可」発言
1995	村長の死
1997	村長の地位を巡る対立
1999	村長の退位を求める動き

---

106) もともと森林保護区内への「入植」を快く思っていなかったC村村長は，このことを指して「首長は逃げた」と言っていた．
107) 畑で仕事をしていて腹痛を訴え，すぐに病院に入院してから僅か6日の命だったという．シャックリが止まらず，3日目には意識がなくなり，口や耳から大量の出血があったという．

4——灌漑農業の導入

 最後に，最近の新しい灌漑農業について述べておきたい．この灌漑農業は，緩い傾斜を持つダンボ地やその比較的水位の高い場所で，1.2 m×3 m の小さな圃場をたくさん作り，そこに足踏みポンプでくみ上げた水を水路で流し灌漑しようという小規模灌漑農業である．アフリカの農村部でこのような小規模灌漑農業をみたのは始めてであった．いつまで続くかわからないが，この村の今後を考える上で重要な挑戦だと考えるので，この計画が村に入ってきた経緯とそのやり方を見ておきたい．

 この計画の開始は2001年2月にヴィフォー (Vifor: Village Irrigation & Forestry) 計画に関係しているという2人の白人がD. M. 氏の家を訪問したことから始まる．彼らは我々が1995年に英文で出版したC村の調査報告書をザンビア大学の中央図書館で閲覧してこの村で小規模灌漑計画を実施してみようと考えたのだという．この村の人々のダンボ耕作の経験が灌漑農業に有利だと思ったのと，村長を通さず直接ダンボ耕作農民に接触することを狙っていた彼らの開発計画のポリシーにとって，新しい農業に積極的な進取の気性に富む農民がいるこの村が，開発に適していると考えたためだという．特に彼はD. M. の積極的なダンボ耕作に興味を持ち，彼の家に直接来たのである．

 彼らはD. M. の家のダンボ畑で，持参した足踏み式ポンプの実演をし，このポンプを購入するための組合を設立するよう訴えて帰っていった．彼は，ポンプは1式48万クワッチャであるが，頭金6万クワッチャを支払えば現物が支給され，残金は農作物の収穫後の12ヶ月以内に支払われればいいと説明したという．つまり，組合を設立すればその組合員に対しポンプ購入のための42万クワッチャのマイクロ・クレジットが設定されるということである．

 D. M. は足踏みポンプの機能に感心し，マイクロ・クレジットのやり方にも賛成であったので早速参加者を募ることにした．先ず村人の中から

10人を募り頭金の徴収を始めた．しかしここで問題が起きた．ヴィフォーの人達がD. M.の家を訪ね，ポンプの実演をしたばかりかD. M.らに組合の結成を呼びかけたにもかかわらず，村長にはいっさい挨拶をしていかなかったことに対し村長が腹を立てたのである[108]．村長はこの件を理由に，D. M. 氏に「（村からの）追放令」を出した[109]．この村長の横やりに嫌気がさした村人の中にはこの計画に参加することを取りやめる人も出て，8月には会員のうち6人が脱会する事態となった．

しかし9月にヴィフォー計画を推進しているトータル・ランド・ケアー (Total Land Care)の代表だというヘイズ氏が村を訪れ，組合の結成と初年度会費の徴収を改めて指示すると，いったん頓挫しかけたこのプロジェクトは再び息を吹きかえすことになった．このときヘイズ氏は，具体的な灌漑計画のマニュアルも提示した．1.2 m×3 mの小さな圃場を161枚作り，そこに高収量品種トウモロコシ（80枚），レイプ（30枚），マメ（10枚），キャベツ（8枚），グリーン・ペッパー（10枚），キュウリ（2枚），トマト（20枚）などを植える準備を整えるというものであった．そしてこのマニュアルにしたがって圃場を整備さえすれば，そこに植える野菜の種子と足踏みポンプは無償で与えるということが新たに伝えられた．

村長がこのプロジェクトに対して快く思っていないことを参加者たちがヘイズ氏に告げると，ヘイズ氏は自分がマラウィでやってきたプロジェクトでも同じように村人に直接働きかける方法をとってきて成功しており，今更変える気持ちはまったくないと固い決意を示した．この言葉を聞いて

---

108) 農村開発をどのようにやるかという点で試行錯誤がおこなわれているが，このヴィフォーのグループは戦略として村長を通さず直接農民に働きかける方法をとっていたという．

109) D. M. 氏は，ヴィフォーの人達が彼のところに直接来たのは，日本人（著者達）が出版した本をみて来たのであり，自分からしかけたことではないこと，まだ足踏み機の申し込みをしていないことの2点を説明し，彼の「追放令」はすぐに解除となった．同じ頃，彼のほかにも別の理由から「追放令」を受けていた村人がいたが，長老達が村長を説得することで，何とか追放は免れていた．法律的には村長は村人を一方的に追放することなどできないのであるが，3代目村長はなぜか当時「追放令」を頻発していた．

D. M. らは，たとえ村長がこのプロジェクトに反対であってもヘイズ氏の計画を止めることはできないだろうと考えた．そして D. M. らは直ちに会費（1 人 1 万 5000 クワッチャ）を集め，それをヘイズ氏に示して計画は開始されることになった．9 月に D. M. の家で計画開始式が執りおこなわれ，その 1 週間後には足踏みポンプが届けられた．

　足踏みポンプは子供たちでも水やりができ，重力式の灌漑は 1 度に広い面積に水やりができるので非常に効率的に見える．少なくとも 2003 年の収穫は満足のいくものであったようである．しかし，灌漑圃場の整備に時間がかかり，次年度以降の維持にも手間がかかるので，これがいつまで続くか分からない．一部の農民はこのプロジェクトの 2 年目に「トウモロコシの種子 2 kg が与えられただけで，あとは何もない」と不満げに言っていた．この農民は無償援助の中身に満足しただけで，新しい灌漑耕作の方法自体については満足しているわけではないという感じであった．この開発計画が村に定着するかどうかを判断するためには今少し時間がかかるであろう．

　この計画とは別に 2001 年に，C 村にもう 1 つの組合，「J. C. 灌漑クラブ，貯蓄，貸付け組合」が作られた．これは政府が実施する補助金の受け皿として創られたもので，C 村からは 21 人が参加した．この組合に参加すると，肥料（混合肥料 4 袋，尿素肥料 4 袋）とトウモロコシ 20 kg を，40 万 1075 〜 45 万 1000 クワッチャで購入することができるという．この価格は政府が 50％の補助金を出した価格で市場価格よりずっと安くなっている．

　このように，この村に国際的 NGO が入り込み，また政府による新しい補助金政策に対応した組合ができ，農民達の新しい活動が始まってきている．農民達は村長の反対にもかかわらず活動を続け，その運営にも自信を持ちつつあるようである．これは私たちが調査を始めた 10 年前には見られなかった新しい変化である．

5——村長職をめぐる争い

　前項で明らかにしてきたように，現在のC村では国際的NGOが村長をバイパスして直接村人にアプローチする時代になっている．これに対し村長はプロジェクトの中心人物に対し文書による「追放令」を出すという，これまた今までになかった対応をとっている．先代の村長に比べ3代目村長が寛容性に欠け強圧的行動をとることが多いという村民がいる．しかしそれは，村長のパーソナリティにのみ負わせられる問題ではなく村社会全体の変化を反映しているといえる一面もあると言わざるを得ない．3代目村長が就任して以来，彼の村長職を揺るがしかねない争いが何度も起きた．それらの争いに至る詳細な過程を探ることは一方の当事者であるP. C.が亡くなっているので今ではさらに難しくなっているが，ここでは1997年と1999年に起きた村長職をめぐる争いの顚末について私が聴き取った範囲で明らかにしておきたい．

　まず1997年に起きた争いであるが，これは日頃から3代目村長E. C.のやり方に不満を持っていた弟の副村長P. C.が火付け役になって起きた争いである．P. C.は，村の酒の席で村長に対する不満をしきりに述べた後，その場にいた従兄弟（父の妹の息子）のL. S.に，かつての村長選の議論を持ち出し，「本来は君が村長になるべきであった」と唆けたのがことの始まりらしい（第IX-4図参照）．この点は当のP. C.も生前認めていた．

　1980年の村長選挙でJ. C.に敗れたL. S.は，母系相続によらないJ. C.の村長就任の正統性に日頃から疑問を投げかけていた．そのJ. C.が亡くなった時に，L. S.の村長就任の話がまったく出ず，すんなりとJ. C.の弟であるE. C.が3代目村長に就任したことにも当然疑問を持っていた．そのようなL. S.に，よりもよってE. C.の弟で副村長であるP. C.がL. S.の正統性を支持したのである．酒の席での話であったにもかかわらずL. S.はP. C.の支持に心を強くしたようで，後日彼はP. C.を伴って首長のもとに出かけて行ったのである．そこで彼らは，1980年の選挙による村長選出の不当性

第 XI 章　C 村の変容にみるポリティカル・エコロジー　233

については言及せず，もっぱら「現村長が村人の支持を得ていない」ことに力点を置き，村長交代の必要性を首長に訴えた．これに対し首長は，村民から村政に対する意見を直接聞きたいと述べ，後日意見徴収のために村を訪問することが約束された．

　村を訪れたに首長に対して P. C. は「現村長が首長の悪口を常日頃言っている」とさらに村長を貶めるような発言を繰り返したという．これは村長から聞いた意見で，P. C. はこの点については否定していた．どちらが真実かわからないが，この意見聴取のあと首長は，C 村の近くの村で開かれた地区村長会議の席で，E. C. を村長から外し，代わりに L. S. を C 村の村長にするつもりであることを明言した．この席に同席していた P. C. と L. S. は，この言葉を聞いて喜び，村人の表現を借りれば「まるでお祭り騒ぎ」のような様子で喜々として村に帰ってきたという．E. C. はこの会議に招待されていたが参加していなかった．

　この決定を村人の前で正式表明するために 98 年 6 月，首長は C 村に来村し，村 1 番の富農の家で会議を開くことにした．村人全員に参加召集がかけられていたが，集まった人数は少なく，これは村人の L. S. 支持を疑わせることになった．さらに，会議の直前に会場を提供したこの富農が「自分と L. S. との間で（村長になったあかつきの）地券発行の密約[110]があること」を首長に打ち明けたために，首長は L. S. の資質にも疑問をもち，彼は L. S. の村長就任発表を急遽取りやめることにしたのである．こうして，E. C. の村長廃位と L. S. の村長就任の件は撤回されることになった．

　富農[111]が直前になって首長に地券発行の密約の話をうち明けたのは，現村長による脅かしを恐れたからであろうと村人たちは言っていた．地券の発行には村長と首長の承認が必要である．事前に首長に地券発行の話が伝わっていないと，もし L. S. が村長になり，その直後に地券発行の一件が

---

110) この地券発行の件では，この富豪のほかに J. S. や D. M. の 2 人も含まれていた．この 3 人はすべてジンバブウェ出身者達である．
111) この富農は 1998 年にトマトを売りに出かけたルサカで急死した．彼の死は，この時の寝返り事件との関係でいろいろ村人の言の葉にのぼった．

首長のもとに上申されたとすれば，首長は L. S. と富農の間で選挙前の密約があったことを疑うであろう．当然現村長もその密約の存在を首長に訴え，首長も動かざるを得なくなる．そうすると，L. S. の村長失脚と富農たちの村からの追放といったシナリオが充分考えられる．その様な最悪のシナリオにならないように富農は L. S. の村長就任以前にこの話を首長に耳打ちしたのであるというのである．もし首長が地券発行に対して慎重な姿勢をとりたいと考えているのであれば，首長は L. S. 擁立を諦めるであろうという苦しい読みもあってのことである．この富農の読みは正しかったようで，最悪のシナリオにはならず L. S. の村長就任取り消しのみでことは収まった．もっとも現村長の怒りは収まらず，彼は弟の P. C. をこの事件の後すぐに副村長の職から外した．

　副村長の職を外された P. C. と村長との仲は悪化する一方で，私に対しても村長は弟の悪口を，弟は村長の悪口をまくし立てるような状況が続いた．そんな状況の中で 1999 年，また P. C. が中心となった村長引き下ろし事件が起きた．今度は村長家である C 家の中での家長の座をめぐる争いという形をとった．P. C. は前村長 J. C. の息子たちに対し，自分が E. C. に代わって C 家の家長になり村長になるつもりであるので味方になって欲しいと訴えた．E. C. は村長家 C 家の中でも必ずしも信頼が高いわけではなかったようである．J. S. の息子たちは P. C. の提案に賛成したのである．

　P. C. は最初に，1 人の上級村長を訪ねこの件で首長のところに同行してくれるよう頼んだ．その後で，前村長 J. C. の第 1 夫人の 6 人の息子たちのうち 4 人と第 2 夫人の息子の 1 人を同行し，首長に面会に行った．そこで P. C. は，C 家では多くのメンバーが E. C. の家長に満足していないことを訴えた．そして家長を選挙で決めるよう首長の方から申し渡して欲しいと訴えた．その話を聞いて首長はその訴えを受け入れる姿勢をみせた．C 村では村長家の家長は村長になることが予定されているといって良い．そこで P. C. は家長の選挙[112]を飛び越して一気に村人全員による村長選挙でもよいと訴えたのである．それに対して首長は，それには調査が必要であるので少し時間が欲しいと告げた．

首長がどの様な調査をしたのか誰も知らない．この件に関してP.C.にも村人にもインタビューがなされたということはなかった．しかしそのうち，いわば喧嘩両成敗のような形の結論が提示された．すなわち，P.C.の行動は遺憾であるが，村長のやり方に一定の批判があることも事実のようなので，P.C.を副村長に復帰させるようにというものであった．こうして2000年の5月に，村人全員の前で，E.C.とP.C.は握手をして表面上は1件落着となった．しかし，両者の関係はこれで仲直りとなったわけではない．その後も二人は互いに悪口を言いあっていた．

　地方分権化，伝統文化の復興，地券の承認権など，村長や首長が果たす役割が以前に増して高まっている一方で，国際的NGOの進出や組合の結成に見られる新しい個人レベルの活動も増えてきている．村長職をめぐる争いも，村長による村人の「追放劇」も，このような落ち着きのない社会変動の中でおきた軋轢やその解消のための出来事の1つなのかもしれない．農民たちの土地の用益権が外からの圧力によって必ずしも安全性が確保されているわけではないことを先に示したが，ここで明らかにしたことの顛末は，村長職の地位すら安全ではなくさまざまなアクターによって脅かされている実態を示すものであったといえよう．そして村長は，そのような不確実な地位を守るために彼なりの方法で必死に闘っているのである．ここでみたような村長職をめぐる争いをみると，「伝統」と非「伝統」とが奇妙に絡まり両者を区別して考えることを無意味にしている．確実にいえることは，何事でも起こりうるということと，その展開が当事者たちにとってもますます予測困難になってきているという現実である．村人に対する文書による追放命令と，それに対する村人の文書による反撃といった展開はその予測不可能さを象徴しているようである．

112）ここでP.C.がC家内部の家長の選挙を先におこなっておればひょっとしたらC家の家長の座は彼のところに移り，村長の座も彼のところに転がってきたかも知れない，と長老の1人は私に言っていた．

第XII章

変容の中での可能性の追求：2つの村からみられた農民の流動性と開放性

　本書で示したナイジェリアとザンビアの事例は，アフリカの農業や農村社会あるいは農民について考える場合に，何を物語っているのであろうか．それを知るためには，この2つの事例が持つ限界性と位置をまず明らかにしておかなくてはならない．先ず両国の特徴を比較検討し，次にそれぞれの国の中における2つの調査村の位置を確認しておきたい．その後で，両者に共通してみられる特性がないか検討してみたい．

1── ナイジェリアとザンビア

　第Ⅲ章と第Ⅷ章で示したナイジェリアとザンビアの植民地支配と独立後の政治・経済の変化をみると，明らかな相違と妙な類似が混在していることがわかる．明らかに異なる点の第1は，白人入植型と小農生産型といわれる植民地支配にみられる違いである．ザンビアは鉄道沿線部と鉱山地帯という地域的限定はあったものの，白人の入植を経験した．そしてアフリカ人は，白人入植者の農場や鉱山業とさまざまな関係を持った．彼らは農業労働者や鉱山労働者として雇用され，一方では白人が持ち込んだ犂耕や施肥農業をいち早く取り込み，トウモロコシ生産を急成長させた．鉱山労働者として働いた若者たちは組合を結成し，独立運動はもとよりその26年

後の政権交代にも大きな影響を与える政治勢力となった．

　それに対しナイジェリアでは，白人が入植することはなかった．白人といえば，間接統治者として「伝統的」支配構造の上に君臨する少数の行政官と，輸出農作物の買い上げとヨーロッパ製品の販売をおこなう商人たち，そしてキリスト教の宣教師たちが主体であった．商社の支店や教会が立地した南部の大都市を除けば，白人の姿を見かけることは極めて少なく，農民たちが白人と接触する機会は非常に限られたものであった．第2次大戦後に一時試みられたヨーロッパ式機械化農業はまったく普及せず，その後も植民地政府が食糧作物生産に積極的に関わることはほとんどなかった．ナイジェリアはサハラ以南アフリカの中では最も植民地支配者のプレゼンスが薄かった国の1つといえるであろう．

　独立後の政治的安定度の違いも大きかった．ナイジェリアは1960年の独立後しばらくして内戦（1967–70年のビアフラ戦争）に突入した．その後2度民政を経験したが，いずれも地域間対立による政治的混乱に直面し，それを理由に軍部が政治に介入し長期にわたり政権を握った（XII–1図）．軍事政権を支えたのは石油収入である．軍事政権は軍事力を背景にした強権政治をおこなう一方で石油収入の地方配分ではポピュリズムの立場をとり政治の安定をはかった．しかし，農業生産や農村開発に関する政策には熱心ではなかった．繰り返される軍事クーデターが，軍事政権の政策に一貫性を持たせることを困難にしていたことも，開発計画を頓挫させ，農村に開発政策の恩恵を及ぼすことがなかった原因の1つであろう．

　これに対しザンビアは，1964年の独立以降1991年の政権交代まで26年間UNIPの1党独裁が続いた．1980年までは南ローデシアの白人政権とそれを支援する南アフリカ共和国との軍事的対立が続き，政治的緊張がなかったわけではない．しかし，国内的にはその外部的緊張を利用する形でむしろUNIPによる独裁が続いたといえる．トウモロコシの買い上げ制度や補助金制度が，国民に浸透し得たのも長期にわたる1党独裁制のお陰だといってよいであろう．

　これほど違う歴史を経験しながらも，両国には類似した点もある．1つ

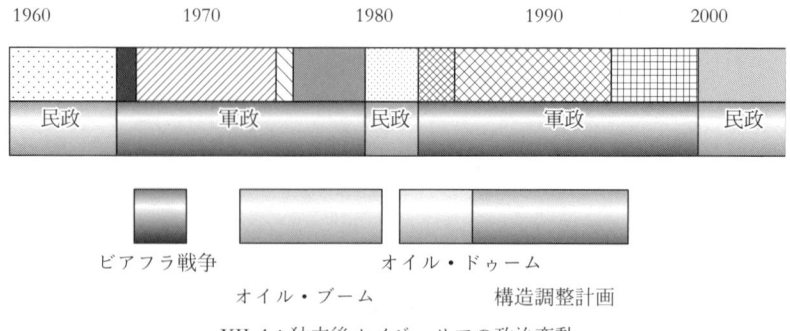

```
1960        1970        1980        1990        2000
```

| 民政 | 軍政 | 民政 | 軍政 | 民政 |

ビアフラ戦争　　　　　　　　オイル・ドゥーム
　　　　オイル・ブーム　　　　構造調整計画

XII-1：独立後ナイジェリアの政治変動

は経済的類似点であり，今１つは1990年代以降の政治的民主化の動きである．経済的類似点とは，両国とも鉱産物依存のモノカルチャー経済であり，独立後に経済の好況と不況の両方を経験してきたという点をあげることができる．

　ザンビア経済は銅に依存し，ナイジェリア経済は石油に依存してきた．ザンビア経済が好調であったのは銅価格が高かった1960年代で，ナイジェリア経済が好況であったのは原油生産が伸びている最中に原油価格の急上昇があった1970年代である．1970年代の世界銀行の世界開発報告をみると，両国は共に「中所得国」の欄に位置づけられ，サハラ以南アフリカ諸国の中では高い所得を誇っていた．しかし1980年代に入ると，最初はザンビアが，やがてナイジェリアが「低所得国」の欄に移され，両国とも一気にアフリカ諸国の中でも貧しい国の１つとなった（Andersson, Bigsten, and Persson 2000: 9）．この「中所得国」から「低所得国」への急激な格下げは，1980年代に両国が実施した通貨の切り下げによるところが大きい（XII-2図，XII-3図参照）．両国は1980年代に深刻な債務問題に直面し，構造調整計画の実施に踏み切り，この時に通貨の切り下げをおこなったのである．

　構造調整計画はほかの点でも両国に類似の変化をもたらしていた．構造調整計画の影響は，農民よりも都市部の賃金労働者に対して直接的で厳しい影響を与えた．このためナイジェリアでもザンビアでも1980年代末以降，向都離村が減り，都市から農村部へUターンする人が増えたといわれ

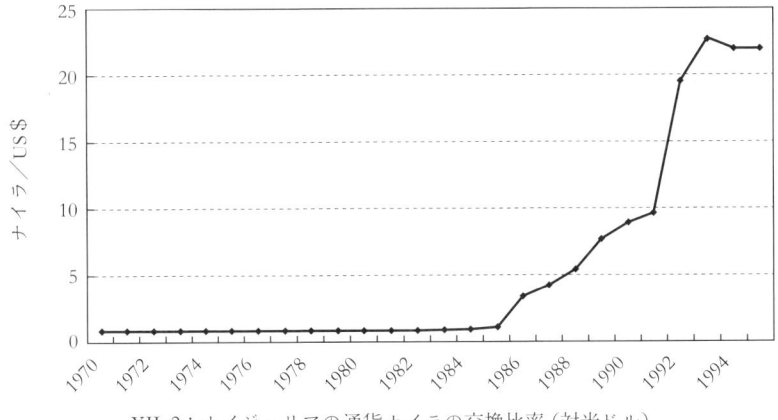

XII-2：ナイジェリアの通貨ナイラの交換比率（対米ドル）

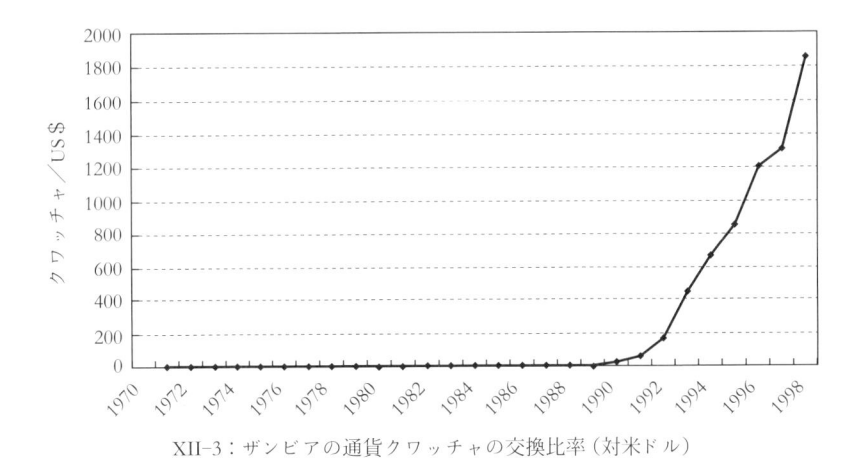

XII-3：ザンビアの通貨クワッチャの交換比率（対米ドル）

ている．通貨の切り下げによって輸入インフレが生じ物価が上昇し，公的部門の縮小で失業が増えた．補助金の削減によって農業生産財の価格は高騰し，農民にも影響を与えた．

　ナイジェリアの農村調査は，構造調整計画実施後あまり時間がたっていない時の調査であったため，その影響をみるためには時間が不充分であった．しかしそれでも若者たちの農村滞留が始まっていた．一方ザンビアの

方では，調査期間全体が構造調整計画の影響期間といってもよく，政策の相つぐ変動の中で農民たちがさまざまに対応している姿が見られた．

政治の民主化に関しては，ザンビアで1990年に複数政党制の導入がおこなわれその翌年に政権の交代があった．C村の人たちがこの政権交代を，大きな政治環境の変化と読み取っていたことについては第XI章で述べた．ナイジェリアの政治の民主化は本書で扱った1980年代には実現しなかったのであるが，1992年に実施が予定されていた大統領選挙に向けて1980年代末には若者たちが地方選挙に奔走していた．民政移管を就職の好機と見て，畑での労働を休んで政治に乗り出す2人の青年の姿は第VII章で示した．選挙を自分たちの生活と直結した問題と位置づけ，驚くほどのエネルギーを投入して活発に政治に関わっていた様は，2つの農村で共通にみられた．

2——2つの調査村の各国内での位置

ナイジェリアとザンビアでの調査村が，それぞれの国の中では対照的な経済的位置にある村であることは文中でも何度も繰り返してきた．ナイジェリアの調査村は，輸出農産物を生産することもなく，政治的中心地でもなく，経済的周辺部と呼んでよい地域にあった．これに対し，ザンビアの調査村は，ザンビア経済に見られる鉄道沿線地域と周縁部との空間的二重構造の中で，前者に属する中心部の地域にある村であった．

ナイジェリアの調査村では，オイル・ブーム以前の政府の開発政策が農民に対して直接働きかけた形跡をみることはできなかった．植民地政府の輸出農作物生産奨励策は，出稼ぎを通して間接的に調査村の農民に影響を及ぼしたにすぎない．

独立後のオイル・ブームは，周辺部であるこの地域にも直接・間接の両方で少なからず影響を与えた．調査村を突き抜けるように建設された片道2車線の高速道路建設とその高速道路沿いのニジェール河畔の町アジャオクタで始められた製鉄所建設工事の開始は日雇い労働者の徴募を通して地

域に直接的な影響を及ぼした．間接的影響としては出稼ぎを通しての波及効果をあげることができる．急速に増大する政府歳入の一部が州政府や地方政府に配分されると，州都や大都市で建築ブームが起き就業機会が増大した．農村部の若者たちはこの機会を利用して，都市へ出稼ぎにでた．その増大の早さは，ココア・ブーム期の出稼ぎを凌ぐものであった．オイル・ブームはこの意味で，それ以前のいかなる開発計画もなしえなかったインパクトを周辺部の農村に与えたといえる．

1986年に開始された構造調整計画は，オイル・ブーム期に拡大した都市部における雇用機会を縮小させた．それは周辺部の農村社会に対して出稼ぎ先の減少という形でさまざまな影響を与えた．高学歴若年層の農村滞留といった形での潜在失業の増大は，1990年，1991年の調査時点でも非常に深刻であったが，その状況は2000年に久しぶりに村を訪ねたときにも一向に改善していなかった．これに対し，構造調整計画の重要な柱の1つであった補助金の削減の影響は，もとよりその恩恵を受けたことのないこの村の農民にとっては何ほどの影響も与えていなかった．

これに対しザンビアの調査村では，植民地時代からさまざまな政策の影響を受けた農民の姿がみられた．まず，ヨーロッパ人による土地占拠と賃労働創出政策の影響を受け，多くの人々が移動を余儀なくされた．さらに独立後は構造調整政策や，政治の民主化の影響を受け，農業生産もめまぐるしく変化した．ザンビアの調査地では，政府の農業政策の影響が直接各農家世帯に及んでいるといっても過言ではない状況がみられた．

ナイジェリアの連邦政府が打ち出す農業政策の多くは，一般の農民にとっては遠い存在であった．これに対しザンビアの農業関連政策は各農家世帯の農業生産に直結する内容を持っていた．前者の主たる関心が換金輸出作物生産におかれ，後者の目的が主食作物であるトウモロコシの生産管理におかれたいたことの違いが大きい．ナイジェリアでは，OFN計画や「緑の革命」において食糧作物生産増大が謳われたが，その波及効果は，地域的に限定されていた．当然周辺部にある調査村では何らの計画も実施されなかった．これに対し，ザンビアの農業政策は，主食作物トウモロコシ

の買い上げ価格の管理や肥料に対する補助金の交付などを通じ，農民に直接的な影響を与えた．とりわけ交通の便の良い調査村においては，政府の農業政策は農民たちの日常会話の中にも出てくる話題となり，その政策にどのように対処すべきか農民たちが常に考えなければならないものとなっていた．

また，市場へのアクセスの良さは，この村におけるダンボ耕作を急拡大させ，農民の現金収入の増大に寄与した．補助金削減による肥料の価格高騰はこの村の農民たちの肩の上にも重くのしかかってきたが，ダンボ耕作による現金収入のある農民は，それによってその価格上昇分を吸収することができた．

さらに最近では，この村のダンボ耕作の発展に興味を持った国際NGOが村に進出し，農民たちの中にまったく新しい小規模灌漑計画に取り組む者もあらわれた．構造調整計画によって公定買い上げ価格制度が廃止され，トウモロコシ生産からソルガム生産に回帰する遠隔地の農業がある一方で，この調査村ではますます農業の集約化を高めている．

構造調整計画は，ナイジェリアにおいてもザンビアにおいても地域間の分化を促進しているようである．構造調整計画の実施後，ナイジェリアではココアの買い上げ価格が急上昇し，ココア・ベルトの農村部は，1980年代末に一時ココア・ブームで沸き立った．しかし私の調査村では，そのような好景気とは無縁であった．

以上みてきたように，異なる国の2つの村の農業を比較するためには，それらの村が国家の中で置かれている政治的経済的位置や，村がたどってきた歴史の検討が不可欠であるといえよう．そのことを確認した上でのことであるが，以下では2つの村でみられた人々の行動に焦点を当て，そこに共通点がみられないか検討してみたい．

3──共通する特性

2つの調査村で見られた農業とそれを担う農民たちの行動には大きな違

第 XII 章　変容の中での可能性の追求　243

いが見られた．しかし，これら 2 つの村で見られた農業や農民たちの行動は，比較すべき何ものも持たない，2 つの別個のものであろうか．

　農業や農民の行動にみられる共通性や特性を比較検討する方法として，農業経済研究や社会学における議論を手懸かりにする方法がありうる．それにはアフリカ農民の性格論争や出稼ぎ労働の性格規定に立ち戻って議論を展開することが 1 つの方法であろう．しかしそれでは，本書の第 II 章でさまざまな新しい分析概念を検討してきた意味が無くなるし，また村の調査で得られた断片的な出来事を，既存の専門分野の概念で整序するとなると，せっかくの地域研究の醍醐味も失われてしまう気がする．

　第 II 章で紹介したポリティカル・エコロジー論も，経済学や人類学から分析視点や概念を借用し展開している．その意味では既存の専門分野の概念と無縁ではない．しかしそこにみられる視点と概念にはミクロな地域研究の成果をより具体的レベルで理解しようとする意欲がみられるので，ここではそれらに，アフリカの農業論やアフリカ農民論の新展開のための鍵が秘められていることを期待して，2 つの村で観察された農民の行動にみられる特性について検討してみたい．2 つの村の人々の行動を，彼らが置かれているところの社会経済的状況との関連性の中で捉え直すことで，マクロとミクロな視点の間に見られる乖離の問題を解く鍵も得られるかもしれない．

(1) 高い流動性

　ナイジェリアの場合もザンビアの場合も，人々の空間的移動性が大きいことに驚かされる．ナイジェリアの場合，植民地時代からココア・ベルトへの出稼ぎが盛んで，オイル・ブーム期以降は出稼ぎ先がナイジェリア国内に広く拡散してきた．ココア・ベルトに出稼ぎに行った農民の中にはココア生産農民となり出稼ぎ先に土地を手に入れた人もいる．これらの出稼ぎ村と故郷 E 村との間を人々は頻繁に往来し，彼らは労働力や資金の援助をおこなう一方，この出稼ぎのネットワークを新品種作物の入手や求職活動にも活用している．

出稼ぎは人々の社会的移動も促進した．E村の出稼ぎではオイル・ブーム期とその後の経済不況期に，農家世帯員とそれ以外の世帯員の双方で職業に大きな変化がみられた．1980年代後半には，かつて賃金所得世帯員の間にしか見られなかった職業に，農家世帯員の人が積極的に参入した．

　ザンビアでの農民たちの移動は，白人入植地である南部アフリカの特殊性を反映して，ナイジェリアで見られたものとはその理由はまったく異なっていた．ザンビアの調査村はそもそも歴史が浅く，調査開始時にはまだ拡大途上にあった．入村者の移動理由には，白人入植者による土地占拠の歴史や銅鉱山におけるアフリカ人労働者徴募政策の影響が刻印されていた．1990年代末になると村からの転出者が急速に増え始めた．人々はさまざまな理由で村を離れ森林保護区やほかの農村地帯に移っていった．このためナイジェリアの場合に比べ，移動に伴う職業変化は少なかった．

　人々の社会的流動性には違いが見られたものの，ザンビアでもナイジェリアと同じように人々は空間的に流動していることにかわりがない．農民の移動の理由や形態が多様性を示すことは，彼らを取り巻く社会経済的状況や歴史的背景が多様であるからであるということになるが，そのことは彼らの対応が柔軟性に富んでいることをも示しているといえる．2つの村の農民たちは，極めて柔軟にかつ活発に流動しているということである．

(2) 多生業・多就業性—巧みなのか，必死なのか—

　ナイジェリアの調査で，人々が出稼ぎ先での職業をよく変えることが明らかになった．特にその変化はオイル・ブーム期とその後の経済不況期に激しく，しかもそれは短期間になされていた．1960年の独立以前には比較的明確な違いが見られた農家世帯員と非農家世帯員の職業が，1980年代には前者が後者の後を追いかけるように変化を遂げ，一方後者は新しく自営業者を増やすように変化させるといった具合であった．

　変化の結果農家世帯は，家族員の中に多様な職業を持つようになったばかりではなく，出稼ぎ先を空間的にも拡散させてきた．それは，1960年代以前のココア・ベルトへの出稼ぎを支えてきた単純な拡大家族のネット

ワークを，異次元の多就業ネットワークに組み替えてきたことを意味している．E 村が植民地時代から現在に至るまで一貫してナイジェリアの周辺部の出稼ぎ村であるというマクロな理解の仕方はけっして間違ってはいない．しかしその出稼ぎの内容は，経済環境の変化にあわせて大きな変化を遂げてきたといえる．

　これに対しザンビアの村では，多生業が農業生産の内部で異なる形で実現されていた．それは，アップランドにおけるトウモロコシ栽培に加え，ダンボにおける換金作物（野菜）栽培，さらには小規模灌漑といった集約的農業へのシフトを強めるといった変化で実現されていた．市場アクセスの良さがこの村のダンボ耕作を発展させてきたのであるが，構造調整計画の実施がその動きを加速させたといえる．銅鉱業が停滞し都市部での就業機会が増えない状況の下で，ダンボ畑での野菜栽培拡大はこの村の農業を近郊農業型に変えつつある．1990 年代末には，庭に 2 坪程の小屋を建てそこで砂糖や塩，洗剤，油，タバコなどの日用品を小分けして売る「キオスク」を開業することが流行した．あまりに短期間に多くの「キオスク」が開店したために過当競争が生じ，いくつかの店はほどなく閉店した．しかし 2001 年になって今度は，一部の農家が NGO の指導の下，足踏みポンプを使う小規模灌漑農業を始めた．農民たちは，アップランドのトウモロコシ栽培のみに依存せず，ほかの経済活動に積極的に取り組んでいるのである．

　このような農民たちの経済活動にみられる変現性を彼らのブリコラージュ能力とみる見方がある．しかし，その激しい変化を，彼らを取り巻く社会経済的環境との関係性の中で捉え直すと，Berry (1993) がいうようにそれは資源へのアクセスをめぐる休みのない働きかけに起因する対処能力であって，ある意味で「必死な」経済活動の結果と考えることができる．その能力は，Richards (1985) が明らかにした自ら実験する農民が示す能力に相通じるところがあるが，実験という言葉からイメージされる余裕を持った試みというより，「必死な」試みといった方がより正確ではなかろうか．資源へのアクセスが必ずしも制度的に保証されない中で，それをより確かなものにするための可能性を探る，休みのない活動とみるべきでは

写真 XII-1　家の一部屋をこのような「キオスク」に改造して，塩，洗剤，砂糖，マッチなどの日用品を小売りにすることが1990年代末に流行した．

ないかということである．

(3) 開放系の中で農業・農村をみる―相対化する農業？―

　ナイジェリアの村では長期化する経済不況の結果1980年代後半に高学歴若年層が村に大量に滞留することになった．経済不況が長期化し農村に滞留するようになった高学歴若年層は，農業をおこないつつ非農業の職に就くことを夢見ており，それが耕作形態の変化にも影響を与えていた．彼らにとっては耕作に費やす労働時間と政治運動に没頭する時間とが競合していた．そこには農業が若者たちの心の中ではほかの職業と同じレベルに位置づけられ競合関係にある姿が見られる．彼らは，出稼ぎ先でも就職口を探し，働き口さえあれば何時でも村を離れるつもりでいる．彼らにとっては，農業は1つの経済活動である．その意味で農業は彼らの中にあってはほかの職業との間で相対化されているといえる．

第 XII 章　変容の中での可能性の追求　247

　しかしながら，彼らが農業とそのほかの職業との間を自由に移動できるかというと，現実にはそのような状況は無い．そのため彼らは農村に不本意ながら留まっている．若者たちが農業を相対化してみるようになってきたものの，現実のナイジェリアの経済状態は，とりわけ 1980 年代後半以降の経済状態は，彼らに農業以外の職業を提供できる状況にはなっていないのである．

　同じことはザンビアの例でもいえる．ザンビアの場合，ナイジェリアに比べて非農業の職がより一層限られている．幸い調査村が農業生産条件に恵まれた地域にあったこともあって，農民達はその好条件を生かして農村内部での生産活動の多角化を試みていた．彼らは農業の中でダンボ耕作を拡大し，非自給的な生産活動を活発化させる一方，自宅で「キオスク」を開店したり国道沿いに常設の小売り店舗を出すといった形の非農業活動に積極的に乗り出していた．2001 年から始まった足踏みポンプによる小規模灌漑は，アップランドのトウモロコシ栽培やダンボ耕作に比べれば労働投下量も資本投下量も格段に大きい集約的農業である．農民たちは，政府の農業政策の変化に対応してこのようなまったく新しい種類の農業にも積極的に乗り出しているのである．

(4) アフリカ農民の「変わり身の速さ」

　アフリカの村を継続して見ていると，年ごとの変化の激しさに戸惑うことがある．ナイジェリアの出稼ぎ村では農家世帯のメンバーの入れ替わりが激しかった．若者たちはココア・ベルトで農業労働者として働いたり都市に出かけてさまざまな職業に就いていた．選挙運動に熱中したかと思えば，次に会った時には師範学校に入学し，教員になるのかと思ってみていると案に反して立派なヤム畑を作る熱心な農民になっていたという具合である．その変化は私の予想を超えるもであった．

　ザンビアの村でも「変わり身が速い」と驚かされる変化にいくつも遭遇した．突然養鶏を始めたと思ったら翌年には取りやめ，つぎにキオスクを始めたと思ったら数年後には閉店し，そしてつぎには小規模灌漑をおこなう

といった農民がいた．組合を作れば政府補助の肥料の交付を受けることができると聞けば，村人は難なく組合を結成する．かつてグループで借りた貸付金の返還ができずに警察に牛車を差し押さえられた経験があった人も，新しいNGOの計画の話が来ればまた参加するといった具合である．村の隣の森林保護区への「入植」の動きも素早いものであった．

これらの「変わり身の速さ」は，先に述べた流動性の高さや多生業，多就業指向に関係した表面的な変化にすぎないのかもしれない．というのは，このような変わり身の速さの一方で，農民にとって基礎的な食糧生産（ナイジェリアではキャッサバ，ソルガム，ヤム，ザンビアではアップランドのトウモロコシ）は放棄されていないからである．世帯の誰かが「変わり身の早い」変化を遂げていても，ほかの世帯員が基礎的な食糧生産をしっかりと維持している．ナイジェリアの場合では，世帯の中の一部，特に若者たちが出稼ぎに出て，新しい職業に就くものの，故郷における食糧生産は継続されている．いやむしろ，食糧生産が継続しうる条件，例えば弟が農業の立派な担い手になるなどの条件が整わない限り若者たちの出稼ぎは許されないといった方が正しい．

食糧生産の耕作形態にも，栽培作物の比重にも変化がみられるのであるが，食糧を自給する体制は保持されている．ザンビアでも，ダンボ耕作やキオスク開業は，小売店舗経営や小規模灌漑農業ともども，アップランドにおけるトウモロコシ栽培との組み合わせの上で発展してきているといえる．

農民たちの「変わり身の速さ」も，長期間続けられてきている農業生産を放棄する変化の速さではなく，ほかの活動を追加的に加える時の変化の速さを意味しているということであろう．とすれば，農民が農業生産を相対化しているといっても，それは農業生産の中で基礎的部門をなす自給的食糧生産を放棄して，別の生業活動に一気に重心を移すということを意味していない．アフリカ農民は，積極的に変貌しているようにみえて他方でまったく変わらない基層部分を保持しているという2面性をもっているのである．変化に対して見せる2つの姿，積極性と抵抗性との併存こそが，

本書のタイトルにした農民が「可能性を生きる」ことの内容だといえるのであろう．

　アフリカの農業研究に1里塚を標す成果をまとめた杉村（2004）の書評において，アフリカ小農の中に今も強く「平準化指向」が残っているとする氏の考えに疑義を呈したことがある（島田 2004）．しかし実のところ私自身もアフリカ農民の「平準化」指向が無視できるほど無意味化していると確信を持っていえるわけではない．そのような農村社会に出会っていないからである．ただし私は，「変わり身の速さ」にみられる表面的変化も，累積することによって言わば基層の一部を成すに至ると考えており，その新たな累積が基層部分に変化をもたらす契機を探ることが今後の農業研究，農民研究にとって重要であると考えている．既存の資源へのアクセスのチャンネルを閉ざすことなく新たなアクセス・チャンネルを追加すること，つまり過去の制度や社会関係を維持しながら新しい制度や社会関係を創成することが，いつまでも可能なのか，しかもそれが前者の本質的な変化なしに継続できるのかといった点が現在問われていると考える．

参考文献

1. 日本語文献

赤羽裕 1971.『低開発経済分析序説』岩波書店.

安食和宏・島田周平 1990. 70年代以降のナイジェリア農村における農業経営の変化——エビヤ村の事例を通して——. アフリカ研究 37：11-26.

アマルティア，セン著，鈴村與太郎訳 1988.『福祉の経済学——財と潜在能力——』岩波書店.

荒木茂 2006 南部アフリカ諸国における土地制度と共同体資源管理：1. GISを用いた共有地の線引きと衛星画像による観察『日本アフリカ学会第43回学術大会 研究発表要旨集』19

池野旬 1989.『ウカンバニ——東部ケニアの小農経営——』アジア経済研究所.

池谷和信 1993. ナイジェリアにおけるフルベ族の移牧と牧畜経営. 地理学評論 66(7)：365-382.

池谷和信 1993. 都市の中の牧畜民——ナイロビのマサイとソマリ——. アフリカレポート 16：23-27.

池谷和信 1994. ボツワナの僻地開発——カデ地区の道路工事・民芸品生産をめぐって——. アジア経済 35 (11)：54-69.

遠藤貢 2001. アフリカをとりまく「市民社会」概念・言説の現在. 平野克己編『アフリカ比較研究』147-186. アジア経済研究所.

掛谷誠 1994. 焼畑農耕社会と平準化機構. 大塚柳太郎編『講座 地球に生きる3 資源への文化適応——自然との共存のエコロジー——』121-145. 雄山閣.

掛谷誠 1998. 焼き畑農耕民の生き方. 高村泰雄・重田眞義編著『アフリカ農業の諸問題』59-86. 京都大学学術出版会.

児玉谷史朗 1993. ザンビアにおける商業的農業の発展. 児玉谷史朗編『アフリカにおける商業的農業の発展』アジア経済研究所研究双書 423：63-124. アジア経済研究所.

児玉谷史朗 2000. ザンビア，チネナ村の人口移動. 島田周平編『アフリカ小農および農村社会の脆弱性増大に関する研究』（平成9年度～11年度科学研究費補助金研究成果報告書）. 128-137.

後藤晃 1978. 西ナイジェリアにおけるココア栽培の発展と食糧作物栽培——商品作物栽培小農民の行動パターン——. 細見真也編『アフリカの食糧問題と農民』209-234. アジア経済研究所.

ロバート, D. パットナム著．河田潤一訳 2001.『哲学する民主主義——伝統と改革の市民的構造』NTT出版.

佐々木高明 1970.『熱帯の焼焼』古今書院.

島田周平　1977．ナイジェリアのココアベルト形成過程．アジア経済　18（4）：55-70．
島田周平　1978．西部ナイジェリアにおける食糧生産．細見真也編『アフリカの食糧問題と農民』165-207．アジア経済研究所．
島田周平　1983．ナイジェリア――石油ブーム下の食糧不足――．長谷山崇彦・小島麗逸編『第三世界の食糧問題』（アジアを見る眼シリーズ65）133-157．アジア経済研究所．
島田周平　1987．ヨルバランドにおけるイグビラ人の労働移動．古賀正則編『第三世界をめぐるセグリゲーションの諸問題』185-208．一橋大学．
島田周平　1989．70年代以降ナイジェリアの農村社会変容の一断面――労働力移動にみるエビヤ村の事例から――．人文地理　41（4）：27-49．
島田周平　1992．『地域間対立の地域構造』大明堂．
島田周平　1994．農民のポリティカル・エコロジー．吉田昌夫・小林弘一・古沢紘造編著『よみがえるアフリカ』96-102．日本貿易振興会．
島田周平　1995．熱帯地方の環境問題を考えるための新視角――脆弱性論とポリティカル・エコロジー論――．田村俊和・島田周平・門村浩・梅津正倫編著『湿潤熱帯環境』67-74．朝倉書店．
島田周平　1996．ナイジェリアの経済変化と食糧生産構造変化．細見真也・島田周平・池野旬共著『アフリカの食糧問題』85-149．アジア経済研究所．
島田周平　2002．ザンビアにおける移住農民の悩みと対応．小倉充夫編『南部アフリカにおける地域的再編と人の移動』（1999年度-2001年度　科学研究費補助金（基盤研究A（2））研究成果報告書）13-30．
島田周平　2004．書評：杉村和彦著『アフリカ農民の経済――組織原理の地域比較』文化人類学　69-3：460-465．
杉村和彦　1987．「混作」をめぐる熱帯焼畑農耕民の価値体系――ザイール・バクム人を事例として――．アフリカ研究　31：1-24．
杉村和彦　2004．『アフリカ農民の経済――組織原理の地域比較――』世界思想社．
田中二郎・掛谷誠・市川光雄・太田至編著　1996．『続自然社会の人類学――変貌するアフリカ――』アカデミア出版会．
半澤和夫・島田周平・児玉谷史郎　1994．ダンボの土地利用と農業生産――ザンビア・チネナ村の事例――．開発学会　4（2）：31-40．
林武　1969．『現代地域研究論』（アジア経済研究所所内資料）アジア経済研究所調査研究部．
廣瀬昌平・若月利之編著　1997．『西アフリカ・サバンナの生態環境の修復と農村の再生』農林統計協会．
星昭・林晃史著　1978．『アフリカ現代史Ⅰ：総説・南部アフリカ』山川出版社．
細見眞也・島田周平・池野旬　1996．『アフリカの食糧問題――ガーナ・ナイジェリア・タンザニアの事例――』アジア経済研究所．
松田素二　1996．『都市を飼い慣らす――アフリカの都市人類学――』河出書房新社．
松田凡　1988．オモ川下流低地の河岸堤防農耕――エチオピア西南部カロの集約的農法

――.アフリカ研究 32：45-67.
ミント, H. 著　結城司郎次・木村修三共訳　1965.『低開発国の経済学』鹿島研究所出版会.
室井義雄　1989.ナイジェリアにおける農業開発政策――北部の大規模灌漑計画とハウサ農民：「カノ・リバー計画」の事例――.吉田昌夫編『80年代アフリカ諸国の経済危機と開発政策』147-178.アジア経済研究所.
室井義雄　1989.ナイジェリアにおける農村社会の変容――石油ブーム下の総合農村開発計画とハウサ社会――.林晃史編『アフリカ農村社会の再編成』193-225.アジア経済研究所.
室井義雄　1992.『連合アフリカ会社の歴史：1879～1979年――ナイジェリア社会経済史序説――』同文舘.
矢内原勝　1971.アフリカ経済の特質.小堀巌他編『現代の世界：アフリカ』308-333.ダイヤモンド社.

2. 英語文献

Abalu, G. O. I., Abdullahi, Y. and Imam, A. Y. 1984. *The Green Revolution in Nigeria?*. Zaria Nigeria: Institute for Agricultural Research, Samaru, Ahmadu Bello University.

Abumere, S. I. 1978. Traditional agricultural systems and staple food production. In *A Geography of Nigerian Development*, eds. by J. S. Oguntoyinbo et al., Ibadan: Heinemann Educational Books.

Adegboye, R. O. 1966. Farm Tenancy in Western Nigeria. *The Nigerian Journal of Economic and Social Studies* 8 (3): 441-454.

Adejuwon, O. 1972. Agricultural areal differentiation in the cocoa producing areas of Western Nigeria. *The Journal of Tropical Geography* 35: 1-10.

Afolayan, A. A. n.d. *Rural Migration and Socio-economic Conditions of the Source Region; Ebira Division, Nigeria.*

Agboola, A. A. 1979. *An agricultureal atlas of Nigeria*, Oxford: Oxford University Press.

Aguda, A. S. 1991. Spatial growth patterns in manufacturing: Kwara State, Nigeria. *Singapore Journal of Tropical Geography* 12 (1): 1-11.

Aluka, S. A. 1972. Industry in the rural setting. In *Rural development in Nigeria: Proceedings of the 1972 Annual Conference of the Nigerian Economic Society*: 213-235.

Andersson, P.-A., Bigsten, A. and Persson, H. 2000. *Foreign aid, debt and growth in Zambia*. Uppsala: Nordiska Afrikainstituent.

Bassett, T. J. 1988. The political ecology of peasant-herder conflicts in the northern Ivory Coast. *Annals of the Association of American Geographers* 78: 453-472.

Bates, Robert H. 1976. *Rural responses to industrialization: A study of village Zambia*. New Haven: Yale University Press.

Beck, U. 1992. *Risk society: Towards a new modernity*. London: Sage.

Bennett, J. 1984. *Political ecology and development projects affecting pastoral peoples in East Africa* (Land Tenure Center Research Paper 80). Madison: Land Tenure Center, University. of Wisconsin.

Berry, S. S. 1967. *Cocoa in Western Nigeria, 1890-1940; a study of an innovation in a developing economy* (University of Michigan Ph.D.).

Berry, S. S. 1975. *Cocoa, Custum and Socio-economic Change in Rural Western Nigeria*. Oxford: Clarendon Press.

Berry, S. S. 1984. Oil and the Disappearing Peasantry: Accumulation, Differentiation and Underdevelopment in Western Nigeria. *African Economic History* 13: 1-22.

Berry, S. S. 1989. Social institutions and access to resources. *Africa* 59 (1): 41-55.

Berry, S. S. 1993a. *Socio-economic Aspect of Cassava Cultivation and Use in Africa: Implications for the Development of Appropriate Technology* (COSCA Working Paper 8). Ibadan: International Institute of Tropical Agriculture.

Berry, S. S. 1993b. *No Condition is Permanent: The Social Dynamics of Agrarian Change in Sub-Saharan Africa*. Madison: The Univ. of Wisconsin Press.

Black, Richard 1989. Regional political ecology in theory and practice; a case study from northern Portugal, *Tansactions of the Institute of British Geographers New Series* 15: 35-47.

Blaikie, P. l985. *The political economy of soil erosion in developing countries*. London: Longman.

Blaikie, P. and Brookfield, H. 1987. *Land degradation and society*. London: Methuen.

Blaikie, P., Cannon, T., Davis, I. and Wisner, B. 1994. *At risk: Natural hazards, people's vulnerability, and disasters*. London: Routledge.

Bonat, Z. A. 1989. Agriculture. In *Nigeria since Independence; The First Twenty-five Years: Vol. II; (The Economy)*, eds. Kayade, M. O. & Usman, Y. B., 48-85. Ibadan: Heinemann, Educational Books (Nigeria).

Bryant, Raymond L. and Sinead Bailey 1997. *Third world political ecology*. London: Routledge.

Central Bank of Nigeria 1986. *Economic and financial Review*. Lagos

Central Bank of Nigeria 1992. *Impact of Structural Adjustment Programme (SAP) on Nigerian Agriculture and Rural Life, Vol. I: The National Report*, Lagos, CBN/NISER.

Chipungu, S. N. 1988. *The state, technology and peasant differentiation in Zambia: A case study of the Southern Province 1930-1986*. Lusaka: Historical Association of Zambia.

Chambers, Robert 1989. Editional Introduction: Vulnerability, coping and policy. *I. D. S. Bulletin* 20 (2): 1-7.

Cleaver, F. 2001. Institutional bricolage, conflict and cooperation in Usangu, Tanzania, *IDS Bulletin*, 32 (4): 26-35.

Croll, Elisabeth and Parkin, D. eds. 1992. *Bush base: Forest farm; culture, environment and development* London: Routledge.

di Castri, Francesco and Hadley, Malcolm 1986. Enhancing the credibility of ecology: Is interdiciplinary research for land use planning useful? *GeoJournal* 13 (4): 299-325.

Dreze, Jean and Sen, Amartya eds. 1990. *The political economy of hunger, Vol. I: Entitlement and well-*

being. Oxford: Clarendon Press.

Dreze, Jean and Sen, Amartya eds. 1990. *The political economy of hunger, Vol. II: Famine prevention*. Oxford: Clarendon Press.

Dreze, Jean and Sen, Amartya eds. 1993. *The political economy of hunger, Vol. III: Endemic hunger*. Oxford: Clarendon Press.

Essang, S. M. 1973. The 'Land Surplus' Notion and Nigerian Agricultural Development Policy. *West African Journal of Agricultural Economics* 2 (1): 58–70.

Famoriyo, S. 1972. Land Tenure and Food Production: An Analytical Exposition, *West African Journal of Agricultural Economics* 1 (1):. 239–253.

Famoriyo, S. 1979. *Land Tenure and Agricultural Development in Nigeria*, Ibadan: Nigerian Institute of Social and Economic Research.

Ferguson, James 1990. Mobile workers, modernist narratives: A critique of the historiography of transition on the Zambian copperbelt [Part one]. *Journal of Southern African Studies* 16(3): 385–412.

Ferguson, James 1990. Mobile workers, modernist narratives: A critique of the historiography of transition on the Zambian copperbelt [Part two]. *Journal of Southern African Studies* 16(4): 603–621.

Forrest, T. 1981. Agricultural policies in Nigeria 1900–78. In *Rural development in tropical Africa*, Heyer, eds. J., Roberts, P. and Williams, G., 222–258. New York: St. Martin's Press.

Galletti, R., Baldwin, K. D. S. and Dina, I. O. 1956. *Nigerian cocoa farmers: An economic survey of Yoruba cocoa farming families*. London: Oxford University Press.

Goldman, Abe 1995. Threats to sustainability in African agriculture: searching for appropriate paradigms. *Human Ecology* 23 (3): 291–334.

Güsten, R. 1968. *Studies in the staple food economy of Western Nigeria*. Munchen: Weltforum Verlag.

Helleiner, Gerald K. 1966. *Peasant agriculture, government, and economic growth in Nigeria*. Homewood: Richard D. Irwin.

Hjort af Ornas, A. 1992. *Security in Afican drylands: research, development and policy*. Uppsala: Reserch Programme on Environment and International Security, Departments of Human and Geography, Uppsala University.

Hjort af Ornas, A. and Salih, M. A. Mohamed eds. 1989. *Ecology and politics; environmental stress and security in Africa*. Uppsala: ScandinavianInstitute of African Studies.

Hodder-Williams, Richard 1983. *White farmers in Rhodesia, 1890–1965: A history of the Marandellas District*. London: Macmillan.

Hogendorn, Jan S. 1978. *Nigerian groundnut exports: Origins and early development*. Zaria: Ahmadu Bello University Press.

Holling, C. S. 1973. Resilience and stability of ecological systems. *Annual Review of Ecology and Systematics* 4: 1–23.

Ibwebuike, R. U. 1975. *Barriers to Agricultural Development: A Study of the Economics of Agriculture in Abakaliki Area, Nigeria* (Stanford University PhD.).

International Institute of Tropical Agriculture 1989. *Annual Report 1988/89*, Ibadan: I. I. T. A.

Johnston, R. J., Taylor, P. J., Watts, M. J. 1995. *Geographies of global change: Remapping the world in the late twentieth century.* Oxford: Blackwell.

Johnson, R. W. M. 1960. *African agricultural development in Southern Rhodesia, 1945-1960.* Stanford: Food Research Institute, Stanford University.

Kodamaya, S. 1995. Population change in Chinena village. In *Agricultural production and environmental change of dambo: A case study of Chinena village, Central Zambia* ed. S. Shimada. Sendai: Tohoku University.

Kurfi, Ahmadu 2005. *Nigerian general elections 1951-2003: My roles and reminiscences.* Ibadan: Spectrum Books.

Kwara State, Ministry of Economic Development n.d. *Kwara State, Statistical Digest 1970-72.* Ilorin (Nigeria): Kwara State.

Lagemann, J. 1977. *Traditional African Farming Systems in Eastern Nigeria: An Analysis of Reaction to Increasing Population Pressure.* Munchen: Welt Forum Verlag.

Leach, M., R. Mearns and Scoons, I. 1997. Environmental entitlements: A framework for understanding the institutional dynamics of environmental change. *IDS Discussion Paper* 359.

Makoni, Tonderai 1980. The Rhodesian economy in a historical perspective. In *Zimbabwe, towards a new order: An economic and social survey* (United Nations, Conference on Trade and Development Working papers 2) New York: UNCTAD.

Martin, A. 1956. *The oil palm economy of the Ibibio farmer.* Ibadan: Ibadan University Press.

Mayer, J. D. 1996. The political ecology of disease as one of new focus for medical geography. *Progress in Human Geography* 20 (4): 441-456.

McCracken, John 1986. British Central Africa. In *The Cambridge history of Africa, Vol. 7; from 1905 -1940*, ed. Roberts, A. D., 602-648. Cambridge: Cambridge University Press.

McPherson, M. F. 2004. The role of agriculture and mining in sustaining growth and development in Zambia. In *Promoting and sustaining economic reform in Zambia,* eds. Hill, C. B. and McPherson, M. F., 295-341. Cambridge, Massachusetts: Harvard University Press,

Mehta, L., M. Leach and I. Scoones 2001. Editorial: Environmental governance in an uncertain world, *IDS Bulletin*, 32 (4): 1-9.

Mortimore, M. J. 1972. Land and population pressure in the Kano close-settled zone, Northern Nigeria. In *People and land in Africa South of the Sahara: Readings in social geography,* ed. Prothero, R. M., 60-71. London: Oxford University Press.

Muntemba, M. 1977. Thwarted development: A case study of economic change in the Kabwe Rural District of Zambia. In *The roots of rural poverty in Central and Southern Africa,* eds. Palmer, R. and Parsons, N., 345-364. London: Heinemann.

Nigeria, Federal Ministry of Economic Development 1963. *National Development Plan 1962-68.* Lagos.

Nigeria, Federal Ministry of Agriculture 1980. *The Green Revolution: A Food Production Plan for Nigeria (Final Report).* Lagos.

Nigeria, Federal Ministry of Agriculture and Water Resources, n. d. *Establishment of agricultural statistics and agro-data bank.* Lagas.

Nigeria, Federal Ministry of Economic Development 1975. *Third National Development Plan 1975-80.* 2 Vols.Lagos.

Nigeria, Federal Ministry of Economic Development n.d. *Third National Development Plan 1975-80,* Vol. I. Lagos.

Nigeria, Federal Ministry of Information n.d. *Second National Development Plan 1970-74: Programme of Post-war Reconstruction and Development.* Lagos.

Nigeria, Federal Ministry of National Planning n.d. *Fourth National Development Plan 1981-85,* Vol. I, Tables 32.1 & 32.4. Lagos,

Nigeria, Federal Ministry of Statistics 1996. *Annual abstract of statistics.* Lagos

Oguntoyinbo, J. S. & Richards, P. 1978. Drought and the Nigerian farmer. *Journal of Arid Environment* 1: 165-194.

Okali, Christine 1989. Issues of resource access and control: A comment. *Africa* 59 (1): 56-60.

Okigbo, P. N. C. 1962: *Nigerian National Accounts 1950-57.* Enugu: Government Printer.

Okuneye, P. A. 1992. The Problem of Declining Food Production. In *Rural Development Problems in Nigeria,* eds. Olanrewaju, S. A. and Falola, T., 56-82. Avebury: Aldershot.

Olanrewaju, S. A. and Falola, T. 1992. The prospect for Rural Development. In *Rural Development Problems in Nigeria,* eds. Olanrewaju, S. A. and Falola, T., 174-183. Avebury: Aldershot.

Olayemi, J. K. 1972. Increased Marketing as a Strategy for Generating Increased Food Production; The Nigerian Experience. *West African Journal of Agricultural Economics* 1 (1): 86-109.

Olatunbosun, D. 1975. *Nigeria's neglected rural majority.* Ibadan: Oxford Univ. Press.

Oni, S. A. 1972. Increased Food Production through Agricultural Innovations in Nigeria, *West African Journal of Agricultural Economics* 1 (1): 145-165.

Oyaide, O. F. J. 1981. Agricultural Input Supply and Distribution Policy in the Fourth National Development Plan. In *The Crop Subsector in the Fourth National Development Plan 1981-85 (Proceedings of a Workshop Organized by the Federal Ministry of Agriculture, August 29-30, 1979),* eds. Idachaba, F. S. et al., 23-50. Lagos: Federal Ministry of Agriculture.

Parpart, J. L. 1983. *Labor and capital on the African copperbelt.* Philadelphia.

Peet, R. and Watts, M. 1993. Introduction: development theory and environment in an age of market triumphalism. *Economic Geography* 69: 227-253.

Peet, R. and Watts, M. 1996. Liberation ecologies: Environment, development, social movements. London: Routledge.

Prothero, R. M. 1957. Migratory Labour from Northwestern Nigeria. *Africa* 27: 251-161.

Pryer, Jane1989. When breadwinners fall ill: Preliminary finding from a case study in Bangladesh. *I. D. S. Bulletin* 20 (2): 49-57.

Redclift, M. 1984. *Development and the environmental crisis: Red or green alternative?* London: Methuen.

Richards, P. 1985. *Indigenous agricultural revolution: Ecology and food production in West Africa.* Londono: Hutchinson Education.

Robert, Andrew 1969. The political history of twentieth-century Zambia. In *Aspects of Central African history*, ed. Ranger, T. O., 154-189. London: Heinemann Educational Books.

Sani, Habibu Angulu 1993. *Sociology of the Ebira Tao people of Nigeria*. Ilorin, Nigeria: University of Ilorin Press.

Sani, Habibu Angulu 1997. *Has history been fair to the Atta?* Okene, Nigeria: Desmon Tutu Publishers.

Schultz, Jürgen 1976. *Land use in Zambia; Part 1: The basically traditional land use systems and their regions*. München : Weltforum Verlag.

Scoones, Ian, et al. 1996. *Hazards and opportunities: Farming livelihoods in dryland Africa; lessons from Zimbabwe*. London: Zed Books.

Scoones, Ian 1996. *Living with uncertainty: New directions in pastoral development in Africa*. London: Intermediate Technology.

Scoones, I., Devereux, S. and Haddad, L. 2005. Introduction: New Directions for African agriculture. *IDS Bulletin* 36 (2): 1-16.

Sen, Amartya 1981. Poverty and famines: An essay on entitlement and deprivation. Oxford: Clarendon Press.

Sen, Amartya 1990. Food, economics, and entitlements. In *The political economy of hunger, Vol. I: Entitlement and well-being*, eds. Dreze, Jean and Sen, Amartya, 34-52. Oxford: Clarendon Press.

Shimada, S, 1977. Intensification process of land use in Southern Nigeria. *Science Reports, Tohoku University, 7thser. (Geography)* 27 (2): 201-217.

Shimada, S. 1979. Development of road transport and the growth of cocoa production in Western Nigeria. *Science Report, Tohoku University, 7th Series (Geography)* 29 (1): 11-29.

Shimada, S., 1985. Review of studies on agricultural production in Nigeria, *Science Report of the TohokuUniv. 7th Ser. (Geography)* 35 (2): 47-67.

Shimada,S. 1986. Change in Labor Migration in Rural Area of Nigeria -Case Study of Ebiya Village, Kwara State-. *Science Reports of the Tohoku Univ. 7th Ser. (Geography)* 36 (2): 53-74.

Shimada, S. 1991. Economic change and labor migration in rural Nigeria. *Geographical Review of Japan*, 64 (2) (Ser. B): 79-97.

Shimada, S. 1995. Dambos in rapid socio-economic change in countries of Southern Africa. In *Agricultural production and environmental change of dambo; A case study of Chinena village, Central Zambia*, ed. S. Shimada, 1-17. Sendai: Tohoku University.

Sobhan, Rehman 1990. The politics of hunger and entitlement. In *The political economy of hunger, Vol. I: Entitlement and well-being*, eds. Dreze, Jean and Sen, Amartya, 79-113. Oxford: Clarendon Press.

Swift, Jeremy 1989. Why are rural people vulnerable to famine? *I. D. S. Bulletin* 20 (2): 8-15.

Taal, Housainou 1989. How farmers cope with risk and stress in rural Gambia. *I. D. S. Bulletin* 20 (2): 16-17.

The Land Use Act: Report of a National Workshop held at the University of Lagos May 25-28 (1981)

1982. Lagos: Lagos University Press.

The National Accelerated Food Production Program and Extension Work n.d.. Ibadan: N. A. F. P. P.

Udo, R. K. 1970. *Land Use Policy and Land Ownership in Nigeria.* Lagos: Ebieakwa Ventures.

Udo, R. K. 1982. *Food production and Agricultural Development Strategies in Nigeria.* (*I. D. E. Joint Research Program Series*, 31) Tokyo: Institute of Developing Economies.

United Nations, Food and Agriculture Organization 1966. *Agricultural development in Nigeria, 1965–1980.* Rome: FAO.

United Nations, Food and Agriculture Organization 1987. *Production Yearbook 1977*, (Vol. 31). Rome: FAO.

Upton, M. 1967. *Agriculture in South-western Nigeria* (Development Studies, No. 3). Reading: University of Reading.

Watts, M. 1983. *Silent violence: Food, famine and peasantry in Northern Nigeria.* Berkeley: Univ. of California Press.

Watts, M. J. and Bohle, Hans G. 1993. The space of vulnerability: The causal structure of hunger and famine. *Progress in Human Geography* 17 (1): 43–67.

Wells, J. C. 1974. *Agricultural Policy and Economic Growth in Nigeria 1962–1968*, Ibadan: Oxford Univ. Press.

White, H. J. Leavy and V. Seshamani 2005. Agricultural development in Zambia's Northern Province: Perspectives from the field level. *IDS Bulletin* 36 (2): 132–138.

Yanaihara, K. 1999. Economic ties between workers and thier agricultural homeland in Nigeria and Zambia. *African Study Monographs* 14 (3): 169–187.

3. 週刊誌

AED special report, Nigeria, (May 1986)

Africa: The International Business Economic and Political Monthly 1983 (April). 140: 19.

West Africa 1983 (Jan.). 31: 246.

West Africa, 1986 (12 May)

West Africa 1989 (2–8 October). 1639.

West Africa 1992 (30 March–5 April). 539–541

あとがき

　この本を書き終えて今大きな心残りが3つある．1つは本書がポリティカル・エコロジー論を紹介しておきながら，その理論の核心的研究課題である環境問題に正面から取り組めなかった点である．

　ナイジェリアのC村では，キャッサバの連作で畑の地力低下が懸念される状態にあった．一部の畑では表層土の浸食が進み，下方浸食が始まった場所では，幅1.5 m，深さ60 cmのガリーが畑の中央に走っていた．しかし，それがヤム栽培からキャッサバ栽培への変化とどのような因果関係にあるのか，たとえあるとして，それを数年間の現地調査でどのように明らかにするか，私には適切な調査方法が思いつかなかった．

　ポリティカル・エコロジー論の1つの貢献は，環境問題を政治的フレームワークの中で捉え直してみるという点にある．環境に対する政治的影響は，数年の時間スケールで見極められる問題ではないことが多い．ナイジェリアの場合はまさにこのようなケースで，社会経済的変化の耕作形態に対する影響までは明らかにできたが，この耕作形態の変化が，C村の農業生産条件としての環境にどのような影響を与えたかは結局明らかにできなかった．この点がC村の調査で心残りの点である．

　これに対しザンビアでは，政治が直接に環境破壊を引き起こす事例を，森林保護区への「入植」問題でみることができた．これはまさしくポリティカル・エコロジー論で説明するより他に手段のない環境破壊であったといえる．自然現象としての環境破壊は航空写真を見るだけで一目瞭然なのであるが，人々を森に「入植」させた様々な言説や行動の全体像がすべてはっきりしたわけではない．「森林保護区に入っても良い」という安全神話が創られてくる政治的過程をダイナミックに描くために今少し歴史的に掘り起こしてみなければない．そんな思いを抱いていたのであるが，この問題に関して最も重要な鍵を握る人物であるリテタ首長が2004年2月に

亡くなり，彼の1994年の発言の真偽のほどは永遠に聞くことはできなくなった．もっとも，この問題はすでに国家レベルの政治問題となってしまっており，彼に聞いても真実が聞けるかどうかは分からなかったであろう．

いずれにしろナイジェリア，ザンビアの両方における調査で，環境問題をポリティカル・エコロジー論的視点で見るという点では本書は未完であるといわざるを得ない．この点は今後も調査を続けて行きたいと考えている．

もう1つ心残りとなっている点は，呪術の問題である．本書では呪術に関してあまり触れなかった．農民たちと話していると，毎日のように呪術の話に出くわす．私が新しい事実に直面した時にその理由や背景を質問すると，返事のなかに呪術に関する語りがでてくることが多い．大げさにいえば，人の死，事故，争い事に関する説明には必ず呪術が絡まってくるといって良いほどであった．本書で呪術について触れたのは，第VI章3-(2)と第X章3-(1)，3-(2)のみであったが，これは私が耳にした呪術の話のほんの一部にすぎない．本書では書かなかったが，C村の村長の座を巡る争いにも呪術の話が出てきたし，ナイジェリアの選挙についても呪術が絡んでいた．第XII章で述べた流動性の中にも呪術が関与しているものがある．村長の呪術が怖くて他の地へ移ったというMo家の例はその1例である．ナイジェリアのココア・ベルトで会った出稼ぎ者の中にも，妻の死の原因を疑った妻方親族が呪術をかけるのではないかと恐れ，エビラの土地を逃れたという人がいた．

第XII章で述べた「変わり身の速さ」も呪術と無関係ではないところがある．予期せぬ災難に直面した時の自己了解が呪術と結びつけば，その災難に関連したことから一時も早く退避することが望ましい．舎飼いの鶏が次々に死んで行くことを伝染病とは考えず呪術のためと理解すれば，直ちに養鶏を止める方が安全なのである．外から見ていて唐突に思える「変わり身の速さ」の中にも案外呪術が関与している可能性があるのである．

呪術には，実際に薬物を使用するものもあるといわれている．しかし実

際に薬物使用があるかどうかよりも，呪術の力を信じる共同確信（「幻想」ではない）があれば，それで呪術は実体的な影響力を持つことになる．

　1990年代以降ナイジェリアにおいてもザンビアにおいても新興宗教の動きが活発になってきている．人々が新興宗教に改宗するにあたっても呪術が様々な形で関わっていることが多くの調査で明らかにされている．ある人は呪術との関わりを禁止する既存の宗教から逃れて呪術を容認する新興宗教に走り，また別の人は，呪術から逃れるために新興宗教に入信するといった具合である．いずれにしろ，呪術は人々の心の中では宗教との関わりをも左右する大きな存在なのである．

　本書で取り上げた農民も呪術と深く関わっていることは間違いない．それにもかかわらず本書ではあまり呪術については触れなかった．あまりに人々が多くの事象に呪術を絡めることに，ある種の「安易さ」を感じることもあった．出来事の背景の説明を簡便に打ち切る手段として用いられているのではないか，と思う時すらあった．逆説的であるが，人々が呪術の力を日常的に口にすればするほど，それは呪術の隠然たる力を失わせているのではないか，と思うこともあった．しかしながら，共同確信としての呪術の力はいまだ存在することは否定できないので，この点に関しては現在調査を進めているザンビアにおけるHIV・エイズの影響に関する調査で今後も検討して行きたいと考えている．

　最後に，この本を書くには多くの人達のお世話になっている．とりわけC村とE村の人達には多大な迷惑をかけている．インタビューに付き合ってくれるだけでも大変なのに，個人的問題に関わることまで時として無遠慮に質問してしまう私に対して，辛抱強く付き合ってくれた村人たちには感謝の言葉もない．

　E村では本書でa, bとして挙げた2人の若者とaの兄に通訳として聞き取り調査を全面的に支えてもらった．彼らに心よりお礼を言いたい．またC村では前村長の推薦を受けた2人の優秀な調査補助員に通訳をお願いしたが，この2人の存在がなければ我々の調査は上手く行かなかったであろう．彼らがあまりに優秀であることが逆に新村長の懐疑心を呼び起こし，

1990年代後半以降，新村長の2人に対する態度が厳しいものとなってきた．様々な紆余曲折を経て，彼らに調査補助をしてもらえなくなったのであるが，そのことの影響はたちまちに現れ，改めて彼らの能力の高さを痛感させられたものである．我々と一緒に仕事をすることになってから彼らが直面した様々な問題の大きさを思うと，彼らにはどれだけ感謝をしてもし尽くしきれない気持ちである．

また，度重なる調査の結果，友人となりさまざまな私的な相談も受けるようになった副村長のP. C., 村長と土地紛争をしてその存在感を際だたせていたJ. S., 4人の妻にダンボ畑を等分し自主耕作させていたD. M. は，すべて亡き人となってしまった．特に調査報告書を楽しみにしていたD. M. とJ. S. には，調査の結果を報告するチャンスを永遠に失ってしまった．彼らの期待に応えられなかったことが最後の心残りである．

ところで，私たちが調査の3年目にとりまとめた英文の中間報告書が多くのNGOをこの村に呼び込むことになった．これらの活動は我々が予期しない程にさまざまな影響を村にあたえた．D. M. のように，このことに対し感謝の言葉を述べる人もいたが，おそらく快く思ってない人々もいたであろう．10年を越える我々の調査が村にもたらしたものの大きさを想うと，心安らかとはいえない気持ちになる．村の人たちとのいろいろなつきあいを思い起こすと様々な想いが交錯する．これを機会にお礼と感謝の気持ちを申し上げたい．

またナイジェリアとザンビアの現地調査では，本文でも触れたように多くの研究者の協力を得た．その方々，安食和宏（三重大学），池谷和信（国立民俗学博物館）遠藤匡俊（岩手大学），児玉谷史朗（一橋大学），境田清隆（東北大学），鈴木啓助（信州大学），隅田裕明（日本大学），半澤和夫（日本大学），松本秀明（東北学院大学），R. K. Udo教授（イバダン大学名誉教授），G. M. Kajoba上級講師（ザンビア大学），A. A. Afolayan教授（イバダン大学）［いずれも現職］各氏にも心よりお礼を申し上げておきたい．児玉谷氏と半澤氏は本文でも述べたようにC村の共同調査者である．非常に多くの情報を共有させてもらっており，その情報なしではこの本は書けなかったと

思う．お2人には特に重ねて感謝を表したい．そして一緒に村で調査をすることは遂に実現しなかったのだが，ナイジェリアでもザンビアにおいても共に現地調査をして多くのことを教えていただいた故矢内原勝先生にも，遅きに失したのであるがこの場をかりて感謝の言葉を捧げたい．

　本書の出版にあたっては，京都大学学術出版会の鈴木哲也さんと高垣重和さんに大変お世話になった．鈴木さんにはタイトルを決める時に，高垣さんには読みやすくするために構成上のアドバイスを受けまた写真の挿入や索引作りなどでも大変お世話になった．厚くお礼を申しあげたい．なお本書の刊行にあたって平成18年度科学研究費補助金研究成果公開促進費（課題番号 185329）の交付を受けている．

　最後に，この本の上梓を待たず亡くなった母に感謝の気持ちを述べることをお許し願いたい．

　本書の一部は，既発表論文をもとに大幅に修正し書き加えたもので構成している．もとになった論文の初出は以下のとおりである．

　第 II 章：「ナイジェリア農業研究の新しい地平―ポリティカル・エコロジー論の可能性をめぐって―」（池野旬編『アフリカ農村変容とそのアクター』1998 アジア経済研究所所内資料）pp. 1-29

　第 III 章，第 IV 章，第 VI 章：「ナイジェリアの経済変化と食糧生産」（細見真也・島田周平・池野旬共著『アフリカの食糧問題―ガーナ・ナイジェリア・タンザニアの事例―』1996 アジア経済研究所）pp. 85-149

　第 V 章：「70年代以降ナイジェリアの農村社会変容の一断面―労働力移動に見るエビヤ村の事例から―」『人文地理』41-4（1989）pp. 27-49.

索　引

[あ行]

アクセス　16, 28, 33-34, 178, 188, 197, 199, 201, 208, 222, 242, 245, 249
　　　　──・チャンネル（──のチャンネル）　11, 32-35, 37-38, 249
アグボーラ（A.A. Agboola）　96, 121
アジャオクタ（AJaokuta）　74-76, 81, 124, 134, 138, 240
アタ（Atta）　136-138
アタル（Ataru）　135
アップランド　186, 188-192, 194-202, 204, 207, 210-211, 222, 225, 245, 247-248
アド・エキティ（Ado-Ekiti）　105
アドゴ（Adogo）　104
アバコーン（Abercorn）　143
アビオラ（M.K.O. Abiola）　128
アフリカ的市民社会　38
イガラ（Igara）　105
イギリス　42-46, 97, 135, 138, 143-144, 146-147, 179
イギリス南アフリカ会社（British South African Company）　141-142, 144
イグビラ（Igbira または Igbirra）　72, 135-137 →エビラ
イグビラ進歩派連合（IPU: Igbirra Progressive Union）　137
イグビラ部族連合（ITU: Igbirra Tribal Union）　136
イサコレ（isakole）　85
イシャギ（ishagi）　85
イスラム教徒　76
1党制　155
一般畑　186, 188-192, 196-197, 199-200
一夫多妻　77-79
イバダン（Ibadan）　47, 73, 104
イビビオ（Ibibio）　48
イボ（Ibo）　48, 75
イレヒ（irehi）　77
イロリン（Ilorin）　43, 74, 87-91, 134
姻戚関係　176-177, 199
インフォーマル部門　89-90
ヴィクトリア（Victoria）　168
ヴィフォー（Vifor: Village Irrigation & Forestry）　196, 229-230

植え付け　100-101, 104-106, 112, 114, 120, 123, 129-130, 192
雨季　14, 104, 112, 114, 119-120, 180-183, 186, 188-189, 192, 194, 207, 211, 213-214, 217, 221
エイズ（HIV・エイズ）　214, 218, 220, 222
エガニ（Egani）　104
エクエチ（Ekuechi）の祭　125
エスニシティ　19
エスニック　32, 75, 135, 170, 172
エド（Edo）　87
エビラ（Ebira）　7, 47, 72-75, 79, 85, 87, 96-98, 100, 121, 126, 135-138, 140, 145 →イグビラ
遠征隊　141
エンタイトルメント　11, 18-19, 21-30, 35-36
オイル　51-52, 155
　　　　──・ドゥーム　124, 132, 139
　　　　──・ブーム　36, 50, 58, 63, 71, 81, 88-89, 91, 95-96, 124-125, 131-132, 134, 137, 139, 240-241, 243-244
オヴィンブンドゥ（Ovimbundu）　166
王立アフリカ会社（Royal African Company）　43
王領地（Crown Land）　144, 148, 168
オケネ（Okene）　75-76, 89, 98, 134-135
オケヒ（Okehi）　75, 135
オケングウェ（Okegwe）　135
オバサンジョ（O. Obasanjo）　65
オヒノイ（Ohinoyi）　137
オマディヴィ（Omadivi）　135-136
オモロリ（A.M.S. Omolori）　137
親方　90
オヨ（Oyo）　45

[か行]

外国人追放令　94
開発福祉10カ年計画　45
回復能力（resilience）　21-23, 28
カウンダ（K.D. Kaunda）　150, 152, 157-158, 215
拡大家族　79, 178, 192, 210, 222, 244
過剰な死　210, 214-215, 217, 221
河川流域開発　53, 66

河川流路保護法（The Streambank Protection Regulation, 1952）148-149
カノ（Kano）43, 97
カブウェ（Kabwe）141, 168, 170
カフエ（Kafue）盆地　169
為替政策　50, 69
灌漑農業　53, 229, 245, 248
乾季　53, 104, 112, 114, 120, 149, 188, 193-194
環境認知　15, 21, 36
環境破壊　2, 12, 15-17
換金作物　9, 40, 43-47, 49, 57, 70, 80-81, 83-84, 88, 97-98, 100, 131, 140, 146, 152, 154, 193, 201, 245
間植・混作（栽）22, 122
乾燥サバンナ帯　96-97
カンチョンチョ・ダンボ（Kダンボ）161-163, 165, 167, 171, 174-177, 179, 184-187, 190-194, 196-197, 199, 201-203, 205, 210-211, 214-215, 221, 225
干魃　1, 51, 55
危機回避　11, 28
飢饉　12, 15, 18, 21, 24-28
ギニア・サバンナ帯　96
基本財産（endowment）24, 26, 29
キャッサバ（cassava）1, 40-41, 45, 55, 59-60, 62-63, 67, 75, 77, 96, 98-101, 103-106, 112-114, 120-123, 127-128, 130, 133, 160, 248
休閑　46, 54, 106, 112, 122, 130-131, 189-190
求職　33-34, 82, 91, 123, 125-129, 133, 138, 243
共同耕作　123, 179, 192, 199-200, 207, 210-214, 217, 222
共同体的土地所有　52-53, 58
共同労働（オトゥ・オパ：otu-opa）102, 125-128
居住地規制　141
クーデター　126, 237
クラン　103-104
クワッチャ（Kwacha：ザンビア通貨）152, 158, 196, 208, 216, 221, 226, 229, 231, 239
クワラ（Kwara）州　7, 74-75, 90, 133-134, 137
軽労働　119-121, 123, 130
原住民指定地（Native Reserve）144, 148-149, 180-181
原住民土地耕作法（Native Land Husbandry Act）148
講（エパ・アデー）102
工業開発会社（INDECO: Industrial Development Corporation）151
国際的NGO　9, 231-232, 235
耕作形態　3, 72-73, 95-96, 100, 121, 123-124, 130, 132-133, 139, 164, 246, 248
鉱山　140-145, 147-150, 152, 155, 165, 168-170, 236, 244
交渉力　30-31, 34, 150
構造調整　3, 15, 19, 50, 52, 67-71, 81, 132-133, 155, 157-159, 238-242, 245
耕地整理　100, 102, 118-120, 123
コギ（Kogi）州　74, 134
ココヤム（cocoyam）1, 40, 96, 98-99
国際通貨基金（IMF）157
国際熱帯農業研究所　54, 105
国民共和会議（NRC: National Republican Convention）128
国民食糧自給作戦（OFN）52, 54, 71
ココア（cocoa）43-44, 47-48, 70-71, 73, 82-83, 85, 87, 97, 103, 131, 145-146, 241-242
——生産　43, 47-48, 71, 85, 140, 145, 54, 58
——生産農民　47-48, 69, 145, 243
——・ベルト　9, 47-49, 73, 75, 78, 80, 82-85, 88-89, 96, 98, 103-104, 106, 131-133, 140, 145, 242-244, 247
互酬性　38
孤児養育　217, 219-222
互助組織　102
児玉谷史朗　145-146, 155-156, 163-165, 170, 199
国家食糧生産推進計画（NAFPP）
国家農業マーケティング・ボード（Namboard: National Agricultural Marketing Board）155
コッパーベルト（Copper-Belt）142, 145, 165
小麦　55-56, 58
雇用労働　100-103, 121, 123
ゴールドマン（A. Goldman）21, 23
根茎作物　55
根栽型　96

[さ行]
財産処理　26-27, 29
債務問題　71, 155, 238

ササゲ　98-101, 112, 114
雑穀型　96
サバンナ (savanna)　53
ザリア (Zaria)　97
3地域分立制　57
ザンビア統合銅鉱山 (ZCCM: Zambian Consolidated Copper Mines)　155
ザンビアの黄金時代　150
ザンベジ (Zambezi)　142
自家消費　59, 98-100, 105, 182
静かな土地 (silent land)　144
失業者　70, 82, 91, 115, 134, 168
湿潤サバンナ帯　96-97
私的土地所有　36, 53
品物群 (commodity bundles)　24, 29, 35
社会民主党 (SDP: Social Democratic Party)　128
若年労働力　100, 103, 132
自由会議 (Liberal Convention)　127-128
周辺　42, 97-98
　──化　20, 22
　──部　9, 74, 240-241, 245
自由放任主義　50-51, 72
州本位 (statism)　91, 95
重労働　14, 95, 100, 103, 119-121, 123, 130
呪術　207, 209
樹木権　48
小農　14, 16, 43-45, 52, 70, 140-141, 146, 151, 161-162, 236, 249
商品作物　97, 100
植民地開発福祉法　45
食糧　18, 24, 27-28, 51, 56, 64, 68, 153, 158-159, 221, 248
　──作物　1, 9, 44-48, 57-58, 62-64, 67, 70-72, 80-81, 85, 97-98, 131, 146, 237, 241
　──生産　1, 9, 40-42, 45-58, 63-67, 69, 72, 80-85, 88, 96, 103, 131-133, 248
　──不足　14, 28, 41, 50-51, 53, 55-56, 58, 65, 71, 132, 182
食糧・道路・農村インフラストラクチャー理事会 (DFRRI)　68
ショナ (Shona)　170-171, 192, 211
人口センサス　41
信託地 (Trust Land)　144
新品種　58, 104, 154, 243
人民連帯党 (People's Solidarity Party)　127

森林　165, 182, 223
　──保護官　183-184, 193, 227
　──保護区　165, 168, 176-177, 183-185, 190, 196-197, 202-203, 206-207, 210, 215, 223-228, 244, 248
スイカ　188-189, 192, 194-196, 220
スウィフト (J. Swift)　24, 26-27, 29-30
スクーンズ (I. Scoones)　2-3, 30
スーダン・サバンナ帯　96
スワカ (Swaka)　207-208
請求　27-29, 35
脆弱性 (vulnerability)　11, 17-23, 26-27, 32, 35
生態人類学　12-13, 16
製鉄所　76, 81, 124, 134, 138, 240
性別分業　100
世界銀行　2, 238
セーフティ・ネット　222
セルクウェ (Selukwe)　179, 181
セン (A. Sen)　18, 21, 23-30
全国均一価格制度　159
潜在能力　25
相互扶助　1, 28, 79, 102, 213
相対的貧困　27
粗放化　34, 132
ソルガム (Sorghum)　40, 46, 55, 58-59, 61-63, 67, 96, 98-101, 112-114, 120, 122-123, 168-169, 182, 242, 248

[た行]
第1次国家開発計画 (F.N.D.P.: First National Development Plan, 1966-1971)　151-152
第1次国家開発計画 (1962-68)　56
耐干性　16
第三世界　12, 17
第4次国家開発計画 (1981-85)　64-65
対処　1, 18-19, 23, 32-33, 47, 147, 188, 242, 245
大統領選挙　126, 128, 157-158, 227, 240
第2外国為替市場 (SFEM)　68
第2次国家開発計画 (S.N.D.P.: Second National Development Plan, 1972-1976)　153, 188
第2次国家開発計画 (1970/71-1973/74)　57
第2次大戦　44-45, 141, 146-147, 169-170, 237
第2の徴税機構　45

滞留　115, 130, 133, 239, 241, 246
タバコ　147, 154, 156, 245
単一作物栽培　121-122
タンザニア　171, 174, 177, 225
ダンボ (dambo)　7, 149, 161-163, 171, 174, 180, 182, 186, 188-196, 200-202, 222, 229, 242, 245, 247-248
地域間比較　4-5
地域間分業　48-49
地域研究　3-5, 243
地券　233-235
チテメネ (citemene)　160, 168, 170
チパタ (Chipata)　143
地方政府　7, 57, 91, 137-138, 241
チャーチル (Sir W.L.S. Churchill)　46
中央州 (Central Province)　154, 170, 176, 226
中心地　9, 91, 240
チョグド (Chogudo)　136
貯蔵　27-28, 62
賃金労働 (イバロ)　102, 141
　　　──者　70, 80-81, 85, 87, 89, 91-92, 95, 132, 144-145, 148-149, 152, 238
追放令　230, 232
低湿地　7, 149, 161-163, 180, 186, 201
出稼ぎ　1, 33-34, 36, 47-48, 53, 72-73, 75, 78-80, 82-86, 95-96, 98, 100, 103-104, 106, 123, 125-126, 131, 139-141, 144-145, 147-148, 150, 240-241, 243-248
天災　20
天水農業　53
銅　155-156, 167, 238
統一民族独立党 (UNIP: United National Independence Party)　150
同郷集団　33
東部ナイジェリア　48, 51, 54
トウモロコシ　55, 58-59, 62-63, 67, 96, 98-101, 112, 114, 120, 122, 145-146, 149, 151, 153-154, 156-160, 168-169, 182-183, 186, 188-189, 192, 195-196, 203-204, 206, 213, 215-217, 220, 222, 224-225, 228, 230-231, 236-237, 241-242, 245, 247-248
独立　40, 50, 53, 56, 67, 71-72, 137, 146, 149-152, 169, 236-238, 240-241, 244
トータル・ランド・ケアー (Total Land Care)　230
土地配分法 (Land Apportionment Act)　143, 148, 179

土地用益権　36, 85, 131, 168, 208, 211
土地利用法　53
特許状　141
徒弟制　90
トマト　163, 186, 188-189, 192, 194-196, 200, 220, 230, 233
取り込み戦術　32-33
トンガ (Tonga)　146, 167, 171-172, 174, 176-177, 192, 196, 208

[な行]
ナイジェリア共和党 (Republican Party of Nigeria)　127
ナイジェリア国民会議 (Nigerian National Congress)　127
ナイジェリア国民党 (NPN: National Party of Nigeria)　128
ナイジェリア人民戦線 (People's Front of Nigeria)　127
ナイラ (Naira：ナイジェリア通貨)　64-65, 68-69, 91, 106, 239
南部アフリカ　140, 244
南部ナイジェリア　47, 53, 55, 74
西アフリカ・ココア統制局　44, 70
ニジェール (Niger) 川　74, 76, 97-98, 240
二重構造　140, 143-145, 151, 154, 156, 159, 165, 240
ニヤサランド (Nyasaland)　146-150, 170
任命首長 (Warrant Chief)　135-136
ネオ・マルクス主義　13
ネオ・マルサス学派　12
ネットワーク　32-34, 38, 133, 243, 245
年雇労働　48
農外活動　129-131
農業開発計画 (ADPs)　46, 52, 54, 63, 66, 71
農業近代化政策　2
農業・農村マーケティング・ボード (Agricultural Rural Marketing Board)　156
農業労働者　47-48, 82-85, 88, 90, 92-93, 96, 102-103, 106, 123, 131, 147, 180, 226, 236, 247
農事暦　188-189
呪い　105-106, 205

[は行]
パ・アルディ (Pa Arudi)　136
排他的権利　37, 105

索引　269

白人大規模農場　146
白人入植型　141, 144, 236
バセット（T.J. Bassett）　16
畑地見回り　116-118, 120, 130
パットナム（R.D. Putnam）　38
ババンギダ（I. Banbangida）　67, 94, 126-127
パーム　43-44, 47, 146
　　　――核（palm kernel）　43, 47
　　　――油（palm oil）　43, 47
バロ（Baro）　97
半澤和夫　163-165
播種　101, 212-213, 225
ビアフラ（Biafra）戦争　51, 55, 57-58, 91, 131, 237
東アフリカ　140
ヒマワリ　153-154, 188-189
日雇い労働　240
貧困削減　2
ファーガソン（J. Ferguson）　145
フォート・ジェイムソン（Fort Jameson）　143-144
不確実性　23, 26, 30-36
複数政党制　228, 240
複数政党民主主義運動（MMD: Movement for Multiparty Democracy）　155
ブライアント（R.L. Bryant）　12, 18, 20, 22
フラニ（Fulani）　13, 135
プランティン（plantin）　1, 40
プランテーション　43-44, 97, 140
ブリコラージュ（bricolage）　37-38, 245
ブレイキー（P. Blaikie）　16
ブロークン・ヒル（Broken Hill）　142, 165, 168-169
分節国家　135
閉鎖生態系　12-13
平準化　200, 249
ベイレイ（S. Bailey）　12, 18, 20, 22
ベヌエ（Benue）川　74, 97
ベネット（J. Bennett）　16
ベリー（S.S. Berry）　32-34, 36, 42, 48, 85, 133
北部ナイジェリア　16, 44, 46, 51, 53, 55, 66-67, 97, 135-138
母系相続　162, 232
補助金　50, 69, 71, 132, 156-159, 194, 213, 231, 237, 239, 241-242
ポリティカル・エコロジー（political ecology）　3, 5, 8, 11-20, 31, 34-35, 42, 72, 124, 210, 243
ボール（H.G. Bohle）　18-19, 21-22, 28

[ま行]
マーケティング・ボード（M.B.: Marketing Board）　45, 56, 68, 146, 156, 159
マショナランド（Mashona Land）　141
マラウィ（Malawi）　146, 161, 230
マルチング（mulching）　120, 129-130
ミオンボ（miombo）　165, 171, 202, 223-225
3つのRの発展　42
緑の革命　52, 64-66, 68, 71, 241
ミドル・ベルト（Middle Belt）　74, 96-97, 121
ミリミル（mielie-meal）　158, 182
民主化　15, 157, 238, 240-241
民政移管　126-128, 240
ミンナ（Minna）　97
ムカンワンジ（Mukamwanji）　163, 165, 184, 197, 223
ムバラ（Mbala）　143
ムヤマ（Muyama）森林保護区　165, 223
ムワナワサ（L. Mwanawasa）　226
ムンズィ（Munzi）　178
綿花　43, 131

[や行]
矢内原勝　133, 140
ヤム（yam）　1, 47, 55, 59-60, 62-63, 67, 96, 98-102, 104-105, 112, 114, 118-120, 122-123, 129-130, 247-248
用益権　34, 36, 53, 85, 103, 145, 188, 190, 196-197, 199-203, 208, 235
ヨルバランド（Yobuba Land）　43, 88, 104, 133

[ら行]
ライフサイクル　83, 96
ラゴス（Lagos）　43, 97, 105, 133
落花生　43-44, 46-47, 97-101, 146, 156, 182-183, 189, 192, 195
ラディカル地理学　12
ラント（Rand）　141
リスク　17-19, 30-32, 35
リーチ（M. Leach）　26, 29-30
リテタ（Liteta）首長　169, 173-174, 182, 223-224, 226-227
ルウェマウェ・ダンボ（L ダンボ：Luwe-

mawe) 168, 183-185, 201
レイプ（葉菜） 163, 186, 188-189, 193, 195, 200, 230
レンジェ（Lenje） 165-166, 169-170, 172-174, 177, 192, 228
連邦政府 57, 69, 88, 91-92, 94, 241
労働時間 73, 115-120, 125, 129-130, 246
労働節約的 130
ローカル・ガーバメント（LG: Local Government） 68, 73, 75, 128-129, 134
ロシア 124
ローズ・リビングストン研究所（Rhodes-Livingstone Institute for Social Research） 6
ローデシア原住民労働局（RNLB: Rhodesian Native Labour Bureau） 142
ローデシア・ニヤサランド連邦（Federation of Rhodesia and Nyasaland） 146-147, 149

[わ行]
ワッツ（M. Watts） 16, 18-19, 21-22, 28
罠かけ 116-118
ンドラ（Ndola） 181-182, 215-216

著者略歴

島田周平（しまだしゅうへい）

1948年　富山県生まれ.
1971年　東北大学理学部地学科地理学卒業
アジア経済研究所調査研究員，東北大学理学部助教授，立教大学文学部助教授，同教授，東北大学理学部教授，京都大学大学院人間・環境学研究科教授を経て
1998年　京都大学大学院アジア・アフリカ地域研究研究科教授（現在に至る）．
1989年　理学博士（東北大学）．

主要著書・論文

『地域間対立の地域構造―ナイジェリアの地域問題―』　大明堂，1992年．
Agricultural production and environmental change of dambo ―a case study of Chinena village, Central Zambia―, Institute of Geography, Faculty of Science, Tohoku Univ. 1995年．
「70年代以降ナイジェリアの農村社会変容の一断面―労働力移動に見るエビヤ村の事例から―」『人文地理』1989年，41-4，27-49．
Economic change and labor migration in rural Nigeria Geographical Review of Japan 1992年，64-2, 79-97．
A study of increased food production in Nigeria: The effect of the Structural Adjustment Program on the local level, African Study Monographs, 1999年，20（4），175-227．
「新しいアフリカ農村研究の可能性を求めて―ポリティカル・エコロジー論との交差から―」（池野旬編『アフリカ農村像の再検討』アジア経済研究所　1999年，205-254）
「ナイジェリア農村部の社会福祉」（『世界の社会福祉』第11巻　アフリカ・中南米・スペイン，旬報社　2000年，109-139）

アフリカ　可能性を生きる農民
環境―国家―村の比較生態研究　　　　　　　ⓒShuhei Shimada 2007

2007年2月10日　初版第一刷発行

著　者　島　田　周　平
発行人　本　山　美　彦
発行所　京都大学学術出版会
　　　　京都市左京区吉田河原町15-9
　　　　京　大　会　館　内　（〒606-8305)
　　　　電　話（075）761-6182
　　　　FAX（075）761-6190
　　　　URL http://www.kyoto-up.or.jp
　　　　振　替　01000-8-64677

ISBN 978-4-87698-699-6　　印刷・製本　㈱クイックス東京
Printed in Japan　　　　　　定価はカバーに表示してあります